华夏英才基金学术文库

Theory and Practice of Remediation
of Heavy Metal Contaminated Soil

重金属污染土壤修复
理论与实践

张乃明　等编著

U0389894

化学工业出版社
·北京·

本书系统介绍了土壤重金属污染的来源、形成过程、健康风险和修复技术及案例分析，以期为重金属污染土壤修复提供科学依据和理论指导。全书共分九章，主要介绍了土壤重金属的性质、来源与危害；土壤重金属元素的背景值与环境容量；重金属在土壤中的迁移转化行为，包括形态特征、迁移转化规律和长期累积的危害与健康风险；重金属污染土壤的物理修复、化学修复、植物修复、微生物修复和联合修复五类修复技术措施的概念特点、技术原理与方法、修复技术实际应用示范工程案例分析等。

本书可供从事土壤污染控制及修复的工程技术人员、科研人员和管理人员参阅，也可供高等学校环境科学与工程、化学工程及相关专业师生使用。

图书在版编目（CIP）数据

重金属污染土壤修复理论与实践/张乃明等编著. —北京：化学工业出版社，2017.2（2021.9重印）
ISBN 978-7-122-28546-1

Ⅰ.①重… Ⅱ.①张… Ⅲ.①土壤污染-重金属污染-修复-研究 Ⅳ.①X53

中国版本图书馆 CIP 数据核字（2016）第 278756 号

责任编辑：刘兴春　刘　婧　卢萌萌　　　　　　　　装帧设计：关　飞
责任校对：宋　夏

出版发行：化学工业出版社（北京市东城区青年湖南街 13 号　邮政编码 100011）
印　　装：北京虎彩文化传播有限公司
787mm×1092mm　1/16　印张 16¼　字数 358 千字　2021 年 9 月北京第 1 版第 5 次印刷

购书咨询：010-64518888　　　　　　　售后服务：010-64518899
网　　址：http://www.cip.com.cn
凡购买本书，如有缺损质量问题，本社销售中心负责调换。

定　　价：98.00 元

《重金属污染土壤修复理论与实践》
编著人员名单

编著者：张乃明　包　立　王宏镔
　　　　夏运生　秦太峰　康日峰
　　　　康宏宇　段永蕙　史　静

序

1972 年 6 月联合国在斯德哥尔摩召开第一次全球人类环境会议，我国是在此之后才逐渐开始关注环境问题的，最初关注的重点是大气和水环境的污染，对土壤环境污染问题的认识与重视程度相对滞后。直到 20 世纪 80 年代初（"六五"期间）才把湘江谷地和松辽平原土壤环境背景值研究列入国家科技攻关计划，"七五"期间启动包括全国31 个省、市、自治区在内的土壤元素环境背景值调查研究和典型土壤类型的环境容量研究，这为我国环境土壤学科的发展与土壤污染防治工作的开展奠定了扎实的基础。进入 20 世纪 90 年代后期，随着经济的快速发展，土壤环境污染的问题也日益凸显。据农业部进行的全国污水灌区调查统计，在约 $1.4 \times 10^6 \mathrm{hm}^2$ 的污水灌区中，遭受重金属污染的土地面积占污水灌溉区面积的 64.8%，其中轻度污染的占 46.7%，中度污染的占9.7%，重度以上污染的占 8.4%。

为全面摸清我国土壤环境污染状况，根据国务院统一部署，2005 年 4 月至 2013 年12 月，环保部与国土资源部联合开展了全国首次土壤污染状况调查工作；2011 年 4 月国务院正式批复了《重金属污染综合防治"十二五"规划》，明晰了重点防控对象和地方政府及有关部门的责任；2013 年《国务院办公厅关于印发近期土壤环境保护和综合治理工作安排的通知》（国办发 [2013] 7 号），对近期土壤环境保护的工作目标、主要任务、保障措施都提出了明确的要求。2014 年 4 月 17 日土壤污染调查结果正式公布，数据显示全国土壤总的点位超标率为 16.1%，耕地土壤点位超标率为 19.4%；污染类型以无机型为主，其中镉、汞、砷[1]、铜、铅、镍 6 种重金属点位超标率分别为 7.0%、1.6%、2.7%、2.1%、1.5%、4.8%。总体看南方土壤污染重于北方，其中西南、中南地区土壤重金属超标较为严重。可见我国的土壤污染以重金属为主，而土壤重金属污染具有在土壤中移动性差、滞留时间长、不能被微生物降解等特点，并可经水、植物等介质进入食物链最终影响人类健康。2016 年 5 月 28 日，国务院正式发布《土壤污染防治行动计划》，到 2020 年，全国土壤污染加重趋势得到初步遏制，土壤环境质量总体保持稳定，农用地和建设用地土壤环境安全得到基本保障，土壤环境风险得到基本管控。这对污染土壤修复的理论与技术提出了更高的要求。

目前国内有大量被重金属污染的工业场地和耕地土壤亟待修复与治理，张乃明教授

---

[1] 砷为非金属，在本书中同重金属一起表述。

长期在土壤环境保护领域从事科研与教学工作，由他编著的《重金属污染土壤修复理论与实践》得到华夏英才基金的资助，出版之时正遇国务院印发《土壤污染防治行动计划》（简称"土十条"），真是恰逢其时。其实早在"七五"攻读硕士学位期间，张乃明就作为攻关技术骨干参加了全国土壤元素环境背景值的研究工作，他既有扎实的理论基础，又有比较丰富的实践经验。本书是一部学术水平高、应用性强的学术著作，相信本书的出版可为我国重金属污染土壤的修复与安全利用提供重要的科学依据与理论指导，同时也希望有更多更好的土壤重金属污染修复技术成果面世，服务于我国的土壤环境保护事业。

中国工程院院士 魏复盛

2016 年 8 月

前　言

　　重金属是最常见的一类环境污染物质，土壤是大气、水和农业生产等各种重金属污染来源的最终归宿。由于土壤是固、液、气三相共存极为复杂的体系，因此土壤环境污染不像大气与水体污染那样容易被人们发现，土壤重金属污染的隐蔽性、累积危害的长期性和不可逆性决定了重金属污染土壤的修复是一项十分艰巨和极具挑战性的工作。实际上土壤重金属污染涉及工业、农业、人类的生产与生活许多方面，一方面重金属从矿石采掘开始，直到成为工业品或成品中的组分，在各个阶段都可能扩散进入土壤；另一方面农业利用污水灌溉、施用化学肥料、城市垃圾、污泥和农药等生产活动也增加了土壤环境中重金属的污染负荷。

　　土壤遭受重金属污染的典型事例最早可追溯到 130 多年前发生在日本足尾铜矿山的公害事件，那里由于铜矿山废水排入农田使土壤中铜含量高达 200mg/kg，不仅造成水稻严重减产，而且最终使矿山周围农田变为不毛之地。进入 20 世纪 50～60 年代，相继发生了举世瞩目的"八大公害事件"，其中发生在日本的"骨痛病"和"水俣病"公害事件就是土壤受到重金属镉和汞污染的两个典型代表。公害事件的痛苦经历有力地推动了人们对土壤重金属污染问题的不断探索，目前有关重金属污染土壤的修复已成为当代土壤科学和环境科学研究的前沿热点领域。

　　进入 21 世纪，伴随着经济的高速增长，我国土壤污染的总体形势也日趋严峻，污染面积在扩大、污染程度在加剧，这其中重金属是最主要的污染物。据不完全统计，全国受污染的耕地约有 1.5 亿亩（1 亩≈666.7m^2，下同），每年因重金属污染的粮食达 $1.2×10^7$t，造成的直接经济损失超过 200 亿元。土壤重金属污染不仅造成重金属在农作物中积累，并通过食物链危害人体健康；而且直接影响到土壤生态系统的结构和功能，最终将对整个生态安全构成威胁。可以说土壤的重金属污染已成为我国当前最为突出的环境问题之一，特别是近年来重金属污染事件频发，直接影响经济发展、社会稳定和人民群众的健康。土壤重金属污染问题引起国家的高度重视，原国家环境保护总局根据国务院的统一部署于 2005 年启动了全国性的土壤污染调查工作；2011 年国务院正式批复通过了《重金属污染综合防治"十二五"规划》；2013 年 1 月国务院办公厅又发文部署我国近期土壤环境保护和综合治理工作；2016 年 5 月《土壤污染防治行动计划》正式颁布实施，这充分体现了国家对土壤环境保护工作的重视。但与国家需求形成鲜明对比的是土壤重金属污染修复与防治的科技支撑还比较薄弱，成熟的修复技术还比较缺乏，在此背景下我们萌生了编著一本系统介绍重金属污染土壤修复原理方法与应用案例专著的想法，并有幸得到华夏英才基金的资助和化学工业出版社的大力支持。

本书共分九章，第一章为绪论，第二章主要介绍土壤重金属的性质、来源与危害；第三章论述土壤重金属元素的背景值与环境容量；第四章介绍重金属在土壤中的迁移转化行为。从第五章到第九章分别论述物理修复、化学修复、植物修复、微生物修复和联合修复等五类重金属污染土壤修复技术措施的概念、技术原理、修复应用实例。本书由张乃明教授提出编著提纲并进行统稿定稿，各章的编写分工如下：第一章由张乃明、包立、秦太峰执笔，第二章由包立执笔，第三章由张乃明、段永蕙执笔，第四章由张乃明、段永蕙执笔，第五章由包立执笔，第六章由史静、康日峰执笔，第七章由王宏镔执笔，第八章由夏运生执笔，第九章由夏运生、包立、张乃明、康宏宇执笔。

在本书的构思与申报阶段先后得到云南省委统战部、中国环境监测总站的魏复盛院士和南京农业大学潘根兴教授的指导与帮助，特别是魏复盛院士还在百忙之中亲自为本书作序，在此表示衷心感谢！本书的出版恰逢国务院印发《土壤污染防治行动计划》（简称"土十条"），希望本书能为我国土壤重金属污染综合防治与修复提供理论支撑与实务指导。

由于作者学识水平所限，书中不足和欠妥之处在所难免，敬请读者与同行指正。

张乃明

2016 年 7 月于春城昆明

目　录

第一章

绪　论

第一节　土壤重金属污染问题

一、土壤重金属污染

重金属通常是指相对密度大于 5 的所有金属元素，按此定义元素周期表中属于重金属元素的有 40 多种，但从环境科学的角度，人们更多关注的是其中污染来源广泛、生物毒性较大的重金属元素，具体包括汞、镉、砷、铅、铬、镍、铜、锌、钒、锰、锑等，其中前 5 种元素因其毒性大被称为"五毒元素"。土壤遭受重金属污染的典型事例最早可追溯到 19 世纪发生在日本足尾铜矿山的公害事件，那里由于铜矿山废水排入农田使土壤中铜含量高达 200mg/kg，不仅造成水稻严重减产，而且最终使矿山周围农田变为不毛之地。进入 20 世纪 50～60 年代，相继发生了举世瞩目的"八大公害事件"，其中发生在日本的"骨痛病"和"水俣病"公害事件就是土壤受到重金属镉和汞污染的两个典型。公害事件的痛苦经历有力地推动了人们对土壤环境重金属污染问题的认识与关注，研究的视角从最初的重金属来源调查、含量分析、形态转化、对农作物生长发育的障碍等扩展到重金属在土壤-植物系统中的迁移转化、空间分布、长距离输送、食物链中累积和对人体的小剂量累积慢性毒害以及重金属污染土壤的治理与修复等方面，目前这一领域已成为当代土壤科学和环境科学研究的前沿热点。

土壤环境重金属污染指由重金属或其化合物通过各种途径进入土壤造成的污染。土壤重金属污染研究实际上涉及工业、农业、人类的生产与生活许多方面，虽然污染种类很多，但重金属是对土壤环境影响比较大的重要的污染物类型。一方面重金属从矿石采掘开始，直到成为工业品或成品中的组分，各个阶段都可能在环境中扩散进入土壤；另一方面农业利用污水灌溉、施用化学肥料与农药、城市垃圾、污泥的农业利用等生产活动也增加了土壤环境中重金属的负荷。土壤重金属元素的污染分自然污染和人为污染两种类型，未受到人类活动影响土壤中的本底值或地球化学背景值本来就比较高，甚至超过土壤环境质量标准限值的污染，属于自然污染；环境科学所指的土壤重金属污染主要由采矿、废气排放、污水灌溉施肥和使用重金属制品等人为因素所致。

英国早期开采煤炭、铁矿、铜矿遗留下的土壤重金属污染经过 300 年依然存在。1996～1999 年期间，英格兰和威尔士尝试挖出污染土壤并移至别处，但并未从根本解决问题。从 20 世纪中叶开始，英国陆续制定相关的污染控制和管理的法律法规，并进行土壤改良剂和场地污染修复研究。

日本的土壤重金属污染在 20 世纪 60～70 年代非常严重，其经济的快速增长导致了全国各地出现许多严重环境污染事件，被称为日本四大公害的"痛痛病"、"水俣病"、"第二水俣病"、"四日市病"中，就有三起和重金属污染有关。

荷兰在工业化初期也曾出现土壤污染问题。从 20 世纪 80 年代中期开始，荷兰就加强了土壤的环境管理，完善了土壤环境管理的法律及相关标准。国土面积为 $4.15 \times 10^4 km^2$ 的荷兰每年要花费 4 亿欧元修复 1500～2000 个场地，到 2015 年基本修复全部污染土壤。

工业、城市污染的加剧，农用化学物质种类、数量的增加，使得土壤重金属污染日益严重。目前，世界各国土壤存在不同程度的重金属污染，全世界平均每年排放 Hg 约 $1.5 \times 10^4 t$、Cu $3.4 \times 10^6 t$、Pb $5.0 \times 10^6 t$、Mn 为 $1.5 \times 10^7 t$、Ni $1.0 \times 10^6 t$。土壤是这些重金属污染的最终归宿。

曾几何时人们对重金属污染问题是何等陌生，一直到 20 世纪 70 年代初，人们还认为包括重金属污染在内的一系列环境问题与我国无关，污染问题与公害事件是发达的资本主义国家特有的。改革开放短短的 30 多年，我国的经济建设取得举世瞩目的成就，一跃成为全球第一的贸易大国和第二大经济体，但经济高速发展的背后也付出巨大而沉重的资源环境代价。发达国家近 200 年才累积出现的环境污染问题在我国短短 30 年内全部重现，而且有过之而无不及。抛开大范围长时间的空气污染和雾霾天气不说，全国十大河流水质监测断面半数超标和 80% 以上湖泊富营养化也不管，仅就土壤环境污染的面积与程度也是全球最严重的。据国土资源部和环境保护部联合发布的全国土壤污染调查公报显示：全国土壤总的超标率为 16.1%，其中轻微、轻度、中度和重度污染点位比例分别为 11.2%、2.3%、1.5% 和 1.1%。污染类型以无机型为主，有机次之，复合型污染比重较小，无机污染物超标点位占全部超标点位的 82.8%。此外，耕地土壤点位超标率为 19.4%，其中轻微、轻度、中度和重度污染点位比例分别为 13.7%、2.8%、1.8% 和 1.1%。土壤状况调查结果表明，中重度污染耕地大体在 5000 万亩（1 亩≈$666.7 m^2$，下同）左右。但如果加上轻度污染的耕地土壤和污染程度不同的非耕地土壤，保守估计我国污染土壤总面积在 1.5 亿亩以上，这其中重金属污染土壤占有较大的比重。据中国环境监测总站的资料显示，我国重金属污染中，最严重的是镉污染、汞污染、铅污染和砷污染，其中，受镉污染和砷污染的比例最大，约分别占受污染耕地的

40％。近年来有关重金属污染的事件更是频繁发生，据农业部门近5年来对农业环境质量定位监测的结果，湘江流域农产品产地受重金属污染的面积已逾118万亩，其中重度污染的约19万亩，占16％；中度污染的约39万亩，占33％；轻度污染的超过60万亩，占50％多。湘江流域已成为湖南全省重金属污染的重灾区，主要污染物为镉、砷等，尤以镉的污染最为严重，土壤中镉的超标率高达64％，产出的含镉大米，给食品安全带来了巨大威胁。

近几年我国重金属污染事件更是频繁发生，以2009～2010年为例：①2009年4月，湘江重金属污染威胁4000万人饮用水安全；②2009年7月，山东省南涑河出现突发性砷化物超标现象；③2009年8月，湖南武冈市企业污染造成千余儿童血铅超标；④2009年8月，陕西凤翔县某冶炼公司致几百名儿童血铅含量超标；⑤2009年8月，云南昆明东川区200多名儿童血铅超标；⑥2009年9月，福建龙岩上杭县100多名少儿血铅含量超标；⑦2009年10月，河南济源千名儿童血铅超标，32家污染企业停产；⑧2009年12月，广东清远工业区多名儿童血铅超标；⑨2010年1月，江苏大丰市51名儿童血铅含量超标；⑩2010年3月，四川隆昌县渝箭镇部分村民血铅检测结果异常；⑪2010年3月，湖南郴州超300人血铅中毒，涉事的3家未经环评的企业被关闭；⑫2010年7月，云南大理鹤庆县84名儿童疑似血铅超标。

据我国环境保护部统计，2009年环境保护部接报的12起重金属、类金属污染事件，致使4035人血铅超标，182人镉超标，引发32起群体事件。

儿童血铅超标、癌症发病率增加等事件媒体频繁报道。2010年第九届亚太烟草会议报道，我国13个知名品牌香烟中检测出含有铅、砷和镉等重金属成分等不胜枚举。另外一个受到广泛关注的食品安全问题也与土壤环境污染密切相关，事实上没有洁净的土壤，哪来安全的食品？近年来发生的镉大米事件就是最好的证明。

二、土壤重金属污染治理初步提上议事日程

新形势下重新审视与认识土壤重金属污染问题，就要吸取发达国家特别是日本的教训，因为20世纪70年代，日本经历了经济高速发展，环境保护让位于工业和矿产开采，重金属污染事件在全国各地都有发现。当然，人们对重金属的污染有一个循序渐进的认识过程，最早发现的是那些影响植物生长的重金属，例如镍和铬，随后人们发现镉虽然不会影响水稻的生长，但镉非常容易被水稻吸收富集到籽粒，人体摄入含过量镉的大米会损伤人的肾脏，同时使人体骨骼中的钙大量流失，导致病人骨骼软化、身体萎缩、关节疼痛，骨痛病就是这样发生的。

令人欣慰的是进入21世纪，包括重金属污染在内的土壤污染问题已经引起国家的高度重视，土壤环境保护继大气和水污染防治之后开始摆上重要议事日程，具体表现如下。

1. 启动立法工作

截至2012年年底，我国有关环境污染方面的法律法规已有50部之多，《中华人民

共和国宪法》《中华人民共和国环境保护法》《中华人民共和国固体废物污染环境防治法》《中华人民共和国水污染防治法》，以及行政法规、部门规章和地方性法规规章当中对重金属污染防治的规定均有涉及，这些规定在一定程度上对防治重金属污染起到了积极的作用。但当前我国尚未形成系统性的重金属污染防治体系，规定分散、可操作性不强的法律法规不能满足重金属污染防治的要求，这主要表现在我国缺少重金属污染防治的专项立法，重金属污染防治的监管体制不健全；同时，现行的环境标准无法应对不断突显的环境问题。

实际上我国土壤污染状况已经影响到耕地质量、食品安全甚至人体健康，因此开展土壤污染防治立法已迫在眉睫。2006 年，环境保护部和国土资源部按照国务院部署，联合启动了首次全国土壤污染状况调查，预算资金达 10 亿元，当时计划到 2010 年完成。也是在 2006 年，环境保护部委托相关领域专家起草了《中华人民共和国土壤污染防治法》建议稿，其中也有专家学者建议叫作《土壤环境保护法》；目前该法律的专家意见稿已经完成，并提交有关部门征求意见，在完善之后将提交全国人大审议。

2. 完善土壤环境保护的相关标准规范

我国现行的土壤环境质量标准制定于 20 世纪 90 年代。当时由于土壤环境方面基础资料累积不足，以及国内土壤环境分析条件的匮乏，在土壤重金属指标的筛选方面与其他发达国家和地区有一定的差距。2006 年，国家环保总局（现环境保护部）提出了中国土壤环境保护标准体系框架建议，形成了《土壤环境质量标准》修订草案。2007 年为贯彻《中华人民共和国环境保护法》，防治土壤污染，保护土壤资源和土壤环境，保障人体健康，维护良好的生态系统，确保展览会建设用地的环境安全性，我国制定了首个《展览会用地土壤环境质量评价标准（暂行）》（HJ/T 350—2007）。该标准按照不同的土地利用类型，规定了展览会用地土壤环境质量评价的项目、限值、监测方法和实施监督。标准选择的污染物共 92 项，其中无机污染物 14 项、挥发性有机化合物 24 项、半挥发性有机化合物 47 项、其他污染物 7 项，适用于展览会用地土壤环境质量评价。

3. 重金属污染事件频发的警示作用

2008 年，我国相继发生了贵州独山县、湖南辰溪县、广西河池、云南阳宗海、河南大沙河 5 起砷污染事件。2010～2011 年，我国陆续发生了 23 起血铅事件，给当地群众造成了极大的身心伤害。实际上连续爆发的重金属污染事件是自然界发出的警示信号，解决过去发展富集、遗留下来的重金属污染问题，已经迫在眉睫。铅、镉、汞、铬、锌和类金属砷带来的污染，都被划在这个范围之内。

4. 土壤重金属污染问题引起国家重视

2009 年在国家层面，重金属污染的问题已经进入领导人的视线，不仅把重金属污染作为 2009 年国务院环保专项行动督查的重点，要彻查全国重金属污染隐患，而且在 2009 年 9 月还召开了全国重金属污染防治会议，以及一份由环保部牵头拟定的《重金属污染综合整治实施方案》，经由多个中央部门修改后，已经提交到国务院。也是在2009年，国务院办公厅发布了《国务院办公厅转发环境保护部等部门关于加强重金属污染防治工作指导意见的通知》（国办发〔2009〕61号）。

2010年《中国环境状况公报》显示，截至2010年年底，全国共采集土壤、农产品等各类样品213754个，获得有效调查数据495万个、点位环境信息数据218万个、照片21万张、制作图件近11000件；建成全国土壤污染状况调查数据库和样品库，数据总量达1TB，入库样品数量为54407份，组织完成全国土壤污染状况调查总报告和专题报告；针对重金属类、石油类、多氯联苯类、化工类污染场地和污灌区农田土壤等开展试点研究，完成12项试点工程、18份研究报告和7部污染土壤修复技术指南草案，完成了《土壤保护战略研究报告》。

5. 运筹帷幄，规划先行

2011年我国首个"十二五"专项规划——《重金属污染综合防治"十二五"规划》获得国务院正式批复，并成为"十二五"期间国务院批复的第一个专项规划。规划中重金属被划分为两类：第一类为铅、汞、镉、铬、砷；第二类为铊、锰、铋、镍、锌、锡、铜、钼等。规划内容包括抓污染源监管，全面整治污染源排放，加大淘汰落后产能，加快清洁化生产，重点解决历史遗留问题；手段包括源头控制，预防为先，大力调整产业结构，严格环境准入条件，加强对重点区域防控规划。

规划要求，到2015年，重点区域铅、汞、铬、镉和类金属砷等重金属污染物的排放比2007年削减15%。对未进行环评和"三同时"验收的企业，一律停产整顿；对未予引用水源地的企业，一律停产关闭；对污染治理设施不正常运行，长期超标排放的企业，一律停产治理；对发现重大环境安全隐患的企业，一律停产整改；对整改不到位的企业，坚决予以关闭。规划中被纳入重点监控名单的4452家企业，来自新疆、宁夏、青海、甘肃、陕西、西藏、云南、贵州、四川、广东、广西、湖南、湖北、河南、山东、江西、安徽、福建18个省区。内蒙古、江苏、浙江、江西、河南、湖北、湖南、广东、广西、四川、云南、陕西、甘肃、青海14个省区被列为重点治理省区。

随后环境保护部发布了《国家环境保护标准"十二五"发展规划》，将修订土壤环境质量标准，建立包括农用地、居住类用地和工业用地等的土壤环境质量标准体系，进一步完善有毒有害物质控制指标；以保护人体健康为目标，以健康风险评估为手段，制定相关标准，启动污染土壤风险评估、污染场地土壤修复目标值确定和场地人体暴露参数调查等标准研究制定工作，初步建立工业污染场地环境风险管理与污染控制标准体系。

6. 土壤环境保护上升为政府主要任务

2012年10月31日时任总理温家宝主持召开了国务院常务会议，研究部署土壤环境保护和综合治理工作。会议提出，要将保护土壤环境、防治和减少土壤污染、保障农产品质量安全、建设良好人居环境作为当前和今后一个时期的主要目标，进一步摸清土壤环境质量状况，建立土壤环境质量调查、监测制度，构建土壤环境质量监测网，完善相关政策、法规和标准，实施"土壤环境保护工程"，加快形成国家土壤环境保护体系，逐步改善土壤环境质量。会议确定了以下主要任务。

（1）严格保护耕地和集中式饮用水水源地土壤环境。确定土壤环境优先保护区域，建立保护档案和评估、考核机制。国家实行"以奖促保"政策，支持工矿污染整治、农业污染源治理。

（2）加强土壤污染物来源控制。强化农业生产过程环境监管，控制工矿企业污染，加强城镇集中治污设施及周边土壤环境管理。

（3）严格管控受污染土壤的环境风险。开展受污染耕地土壤环境监测和农产品质量检测，强化污染场地环境监管，建立土壤环境强制调查评估制度。

（4）开展土壤污染治理与修复。以受污染耕地和污染场地为重点，实施典型区域土壤污染综合治理。

（5）提升土壤环境监管能力。深化土壤环境基础调查，强化土壤环境保护科技支撑。

会议要求落实企业保护土壤环境的主体责任；充分发挥市场机制作用，吸引社会资金参与土壤环境保护；引导和鼓励公众积极参与和支持土壤环境保护。

2013年1月23日《国务院办公厅关于印发近期土壤环境保护和综合治理工作安排的通知》即国办发〔2013〕7号文件，明确了到2015年土壤环境保护的工作目标和主要任务，其中主要任务包括：①严格控制新增土壤污染；②确定土壤环境保护优先区域；③强化被污染土壤的环境风险控制；④开展土壤污染治理与修复；⑤提升土壤环境监管能力；⑥加快土壤环境保护工程建设。

2013年2月，环境保护部与保险监督管理委员会联合印发了《关于开展环境污染强制责任保险试点工作的指导意见》（下简称"《意见》"）。《意见》明确三类企业必须强制投保社会环境污染强制责任险，否则将在环评、信贷等方面受到影响。业内人士表示，这是利用市场手段防治环境污染的有益尝试，将规范高污染企业的危废处理行为。

2013年12月初，环境保护部对《土壤环境保护和综合治理行动计划（送审稿）》进行审议。新一届政府为应对严峻的环境污染设计三大环保行动计划，分别针对大气污染、水污染及土壤污染治理。《土壤环境保护和综合治理行动计划》主要围绕耕地和饮用水源地土壤保护等5个方面推动土壤环境监测体系建设。《土壤环境保护和污染治理行动计划》的重点是实施重度污染耕地种植结构调整，开展污染地块土壤治理与修复试点、建设6个土壤环境保护和污染治理示范区。土壤直接关系到人类可持续发展，联合国把2015年定为"国际土壤年"，旨在唤起全世界对土壤保护的关注。在2015年全国两会上，土壤污染防治成了代表委员们热议的话题。同时还启动了全国土壤污染状况详细调查和土壤环境保护工程第一批重点项目，推进了土壤污染治理与修复。发展是硬道理，但绝不能因发展而牺牲环境。"环境污染是民生之患、民心之痛，要铁腕治理。"李克强总理在作政府工作报告时的铿锵话语引起了代表委员们的共鸣：土壤污染防治，刻不容缓！

第二节　土壤重金属污染治理与修复研究进展

一、土壤重金属污染治理与修复概述

针对重金属污染修复治理，国内外专家学者开展了大量的基础研究与应用技术开发。根据处理方式以及处理后土壤位置是否改变，污染土壤治理技术可分为原位（In situ）治理和异位（Ex situ）治理。异位治理环境风险较低，见效快且系统处理预测性较高，但成本高、对环境扰动大。原位钝化修复则是指利用化学、生物等措施改变重金属污染物的生物有效性和迁移性，减少植物对重金属的吸收，鉴于土壤重金属污染常常涉及面积很大，各种工程修复措施的成本过高，相对来说，原位治理则更为经济实用，操作简单。原位钝化修复技术是一种经济高效的面源污染治理技术，符合我国可持续农业发展的需要，受到土壤、环境学家越来越广泛的关注。

根据治理工艺及原理的不同，污染土壤治理技术可分为工程治理、物理化学修复和生物修复三大类。物理化学修复主要包括固化/稳定化、电动修复、络合淋洗、蒸汽浸提、氧化还原等。生物修复包括动物修复、微生物修复和植物修复等。利用物理、化学以及生物等措施改变土壤中重金属污染物的化学形态和赋存状态，降低其在环境中的迁移以及生物有效性，减少重金属在生物体内的富集，主要以化学固定法和微生物修复技术为代表。

重金属污染土壤的原位钝化修复指向污染土壤添加一种或多种活性物质，通过调节土壤理化性质以及沉淀、吸附、络合、氧化-还原等一系列物理化学反应，改变重金属元素在土壤中的化学形态和赋存状态，降低其在土壤中可移动性和生物有效性，从而降低这些重金属污染物对环境受体（如动植物、微生物、水体和人类等）的毒性，达到修复污染土壤的目的（Kumpiene et al.，2008；Guo et al.，2006），活性物质如黏土矿物、磷酸盐、有机物料等。

二、土壤重金属污染修复技术研究进展

土壤重金属污染具有隐蔽性、长期性和不可逆性等特点。土壤中有害重金属富集到一定程度，不仅会导致土壤退化，农作物产量和品质下降，而且还可以通过径流、淋失作用污染地表水和地下水，恶化水文环境，并可能直接毒害植物或通过食物链途径危害人体健康。目前，世界各国对土壤重金属污染修复技术进行广泛的研究，取得了可喜的进展。具体有如下几种修复技术措施。

（一）工程措施

主要包括客土、换土和深耕翻土等措施。通过客土、换土和深耕翻土与污土混合，

可以降低土壤中重金属的含量，减少重金属对土壤-植物系统产生的毒害，从而使农产品达到食品卫生标准。深耕翻土用于轻度污染的土壤，而客土和换土则是用于重污染区的常见方法，在这方面日本取得了成功的经验。工程措施是比较经典的土壤重金属污染治理措施，它具有彻底、稳定的优点，但实施工程量大、投资费用高、破坏土体结构、引起土壤肥力下降，并且还要对换出的污土进行堆放或处理。

（二）物理化学修复

1. 电动修复

电动修复是通过电流的作用，在电场的作用下，土壤中的重金属离子（如 Pb、Cd、Cr、Zn 等）和无机离子以电渗透和电迁移的方式向电极运输，然后进行集中收集处理。研究发现，土壤 pH 值、缓冲性能、土壤组分及污染金属种类会影响修复的效果。

该方法特别适合于低渗透的黏土和淤泥土，可以控制污染物的流动方向。在砂土上的实验结果表明，土壤中 Pb^{2+}、Cr^{3+} 等重金属离子的除去率也可达 90％以上。电动修复是一种原位修复技术，不搅动土层并可以缩短修复时间，是一种经济可行的修复技术。

2. 电热修复

电热修复是利用高频电压产生电磁波，产生热能，对土壤进行加热，使污染物从土壤颗粒内解吸出来，加快一些易挥发性重金属从土壤中分离，从而达到修复的目的。该技术可以修复被 Hg 和 Se 等重金属污染的土壤。另外，可以把重金属污染区土壤置于高温高压下，形成玻璃态物质，从而达到从根本上消除土壤重金属污染的目的。

3. 土壤淋洗

土壤固持金属的机制可分为两大类：一是以离子态吸附在土壤组分的表面；二是形成金属化合物的沉淀。土壤淋洗是利用淋洗液把土壤固相中的重金属转移到土壤液相中去，再把富含重金属的废水进一步回收处理的土壤修复方法。该方法的技术关键是寻找一种既能提取各种形态的重金属，又不破坏土壤结构的淋洗液。目前，用于淋洗土壤的淋洗液较多，包括有机或无机酸、碱、盐和螯合剂。Blaylock 等检验了柠檬酸、苹果酸、乙酸、EDTA、DTPA 对印度芥菜吸收 Cd 和 Pb 的效应。吴龙华研究发现 EDTA 可明显降低土壤对铜的吸收率，吸收率和解吸率与加入的 EDTA 量的对数呈显著负相关。土壤淋洗以柱淋洗或堆积淋洗更为实际和经济，这对该修复技术的商业化具有一定的促进作用。

（三）化学修复

化学修复就是向土壤投入改良剂，通过对重金属的吸附、氧化还原、拮抗或沉淀作用，以降低重金属的生物有效性。该技术关键在于选择经济有效的改良剂，常用的改良剂有石灰、沸石、碳酸钙、磷酸盐、硅酸盐和促进还原作用的有机物质，不同改良剂对重金属的作用机理不同。施用石灰或碳酸钙主要是提高土壤 pH 值，促使土壤中 Cd、Cu、Hg、Zn 等元素形成氢氧化物或碳酸盐结合态盐类沉淀。如当土壤 pH＞6.5 时，Hg 就能形成氢氧化物或碳酸盐沉淀。廖敏等研究发现，在低石灰水平下，土壤有机质的羟基和羧基与 OH^- 反应，促使土壤可变电荷增加，有机结合态的重金属增多，并且 Cd^{2+} 与 CO_3^{2-} 结合生成难溶于水的 $CdCO_3$。在沈阳张士污灌区的试验表明，每公顷土壤施用 1500～1875kg 石灰，籽实含镉量下降 50%。关于磷酸盐和硅酸盐固化土壤重金属的技术研究报道较多，一般认为该物质可使土壤中重金属形成难溶性的沉淀。如向土壤中投放硅酸盐钢渣，对 Cd、Ni、Zn 的离子具有吸附和共沉淀作用。水田土壤中的 Cd 以磷酸镉的形式沉淀，磷酸汞的溶解度也很小。沸石是碱金属或碱土金属的水化铝硅酸盐晶体，含有大量的三维晶体结构和很强的离子交换能力，从而能通过离子交换吸附和专性吸附降低土壤中重金属的有效性。有机物可促使重金属以硫化物的形式沉淀，同时有机物中的腐殖酸能与重金属离子形成络合物或螯合物以降低其活性。有人研究指出，利用一些对人体无害或有益的金属元素的拮抗作用，也可以减少土壤中重金属元素的有效性。化学修复是在土壤原位进行的，简单易行。但并不是一种永久的修复措施，因为它只改变了重金属在土壤中存在的形态，金属元素仍保留在土壤中，容易再度活化危害植物。

（四）生物修复

生物修复是利用生物技术治理污染土壤的一种新方法。利用生物削减、净化土壤中的重金属或降低重金属毒性。由于该方法效果好，易于操作，日益受到人们的重视，成为污染土壤修复研究的热点。

1. 植物修复技术

重金属超富集植物的发现是植物修复技术的基础，其发现带动了植物修复技术研究的发展。1977 年 Brooks 等（Pilon-smits，2005）首先提出超富集植物概念，当时定义为地上部 Ni 含量达到或超过 $1000\mu g/g$（干重）的植物。后来，随着其他重金属超富集植物的陆续发现，重金属超富集植物也指能够吸收土壤中过量的重金属并能转运和富集在它们的地上部的一类植物，定义为一些自然生长在重金属污染的土壤中，能在它们的地上部富集超过 1000mg/kg（干重）Ni、10000mg/kg（干重）Zn 或 Mn、1000mg/kg（干重）Co 或 Cu、100mg/kg（干重）Cd 的植物。

1983 年，美国科学家 Chaney 提出了利用超富集植物清除土壤中重金属污染的思想，即植物修复（Phytoremediation）（陈怀满等，1996）。它实际上是指将某种特定的植物种植在重金属污染的土壤上，而该种植物对土壤中的污染元素具有特殊的吸收富集能力，将植物收获并进行妥善处理（如灰化回收）后可将该种重金属移出土壤，达到污染治理与生态恢复的目的。随着科学技术的发展，近年来，科学家们提出了既能实现净化目标，又能产生良好的经济效应，并具有良好开发价值的生物修复技术（阎晓明等，2002）。

重金属污染植物修复的优点是显而易见的，虽然近年来的研究较多，但还存在很多不足，制约植物修复的进一步应用，主要表现在以下方面：①目前发现的超富集植物只是对某一种重金属具有超富集性，还未发现具有广谱重金属超富集特性的植物（林治庆等，1989），这在当今土壤污染多是复合污染的情况下应用有一定局限性；②超富集植物品种较少，且大多数生长在一些偏远的受采矿活动影响的地区，超富集植物有一定的适生范围，在一定的气候和土壤条件下生长，应用范围较小（周风帆等，1989）；③植株大都比较矮小，生物量较低，生长比较慢，修复污染较严重土壤的周期长，且大多根系较短，只能清除土壤表层的重金属；④目前对超富集植物吸收重金属的机制研究，特别是对超富集植物根吸收重金属并转运到地上组织以及重金属的累积与忍耐等一些生理生化机制的研究进展缓慢，阻碍了超富集植物分子机制以及转基因超富集植物的研究（唐莲等，2003）。

植物修复技术是一种利用自然生长或遗传培育植物修复重金属污染土壤的技术。根据其作用过程和机理，重金属污染土壤的植物修复技术可分为植物提取、植物挥发和植物稳定三种类型。

(1) 植物提取　即利用重金属超富集植物从土壤中吸取金属污染物，随后收割地上部并进行集中处理，连续种植该植物，达到降低或去除土壤重金属污染的目的。目前已发现有 700 多种超富集重金属植物，富集 Cr、Co、Ni、Cu、Pb 的量一般在 0.1% 以上，Mn、Zn 可达到 1% 以上。遏蓝菜属是一种已被鉴定的 Zn 和 Cd 超富集植物，Baker 和 McGrath 研究发现，土壤含 Zn 444mg/kg 时，遏蓝菜地上部 Zn 的含量可达到土壤的 16 倍。柳属的某些物种能大量富集 Cd；印度芥菜对 Cr^{6+}、Cd、Ni、Zn、Cu 的富集量可分别达到土壤中含量的 58 倍、52 倍、31 倍、17 倍和 7 倍；芥子草等对 Se、Pb、Cr、Cd、Ni、Zn、Cu 具有较强的累积能力；Robinson 报告了高生物量 Ni 超累积植物，每公顷吸收提取 Ni 量可达 168kg；高山蒿属类可吸收高浓度的 Cu、Co、Mn、Pb、Se、Cd 和 Zn。我国学者对植物提取也进行了一些研究，如在我国南方发现一批 As 超富集植物；刘云国等利用 10 种超富集植物对 Cd 污染土壤进行修复研究；蒋先军等发现印度芥菜对 Cu、Zn、Pb 污染的土壤有良好修复效果。

(2) 植物挥发　其机理是利用植物根系吸收金属，将其转化为气态物质挥发到大气中，以降低土壤污染。目前研究较多的是 Hg 和 Se。湿地上的某些植物可清除土壤中的 Se，其中单质占 75%，挥发态占 20%～25%。挥发态的 Se 主要是通过植物体内的 ATP 硫化酶的作用，还原为可挥发的 CH_3SeCH_3 和 $CH_3SeSeCH_3$；Meagher 等把细菌体中的 Hg 还原酶基因导入芥子科植物，获得耐 Hg 转基因植物，该植物能从土壤中吸收 Hg 并将其还原为挥发性单质 Hg。

(3) 植物稳定　利用耐重金属植物或超富集植物降低重金属的活性，从而减少重金属被淋洗到地下水或通过空气扩散进一步污染环境的可能性。其机理主要是通过金属在根部的富集、沉淀或根表吸收来加强土壤中重金属的固化。例如，植物根系分泌物能改变土壤根际环境，可使多价态的 Cr、Hg、As 的价态和形态发生改变，影响其毒性效应。植物的根毛可直接从土壤交换吸附重金属增加根表固定。植物稳定技术指利用植物根际的一些特殊物质，使土壤中的污染物转化为相对无害物质的一种方法。适用于固化污染土壤的理想植物应是一种能忍耐高含量污染物、根系发达的多年生常绿植物。这些植物通过根系分解、沉淀、螯合、氧化还原等多种过程可使污染物惰性化。实际上，此种方法与植物挥发技术类似，区别在于植物挥发技术将污染物迁出土壤，而植物稳定技术只是将其转化为相对环境友好的形态。

2. 微生物修复技术

微生物在修复被重金属污染的土壤方面具有独特的作用。其主要作用原理是：微生物可以降低土壤中重金属的毒性；微生物可以吸附富集重金属；微生物可以改变根际微环境，从而提高植物对重金属的吸收、挥发或固定效率。如动胶菌、蓝细菌、硫酸还原菌及某些藻类能够产生胞外聚合物与重金属离子形成络合物；Macaskie 等分离的柠檬酸菌，分解有机质产生的 HPO_4^{2-} 与 Cd^{2+} 形成 $CdHPO_4$ 沉淀；李志超发现有些微生物能把剧毒的甲基汞降解为毒性小、可挥发的单质 Hg；Frankenber 等以 Se 的微生物甲基化作为基础进行原位生物修复。耿春女等利用菌根吸收和固定重金属 Fe、Mn、Zn、Cu 取得了良好的效果。

(五) 农业生态修复

农业生态修复主要包括两个方面：一是农艺修复措施，包括改变耕作制度，调整作物品种，种植不进入食物链的植物，选择能降低土壤重金属污染的化肥，或增施能够固定重金属的有机肥等措施，来降低土壤重金属污染；二是生态修复，通过调节诸如土壤水分、土壤养分、土壤 pH 值和土壤氧化还原状况及气温、湿度等生态因子，实现对污染物所处环境介质的调控。我国在这一方面研究较多，并取得了一定的成效。但利用该技术修复污染土壤周期长，效果不显著。

(六) 植物-微生物联合修复

为了克服上述修复技术的不足，不少科学家将植物-微生物联合体系的作用与传统的修复方法综合形成组合修复技术，为最大限度地去除土壤中的重金属和短期内进入应用推广提供可能，例如植物-化学改良剂修复技术、植物-微生物修复技术、植物-土壤动物修复技术、植物-真菌修复技术等组合技术。

微生物可以促进超富集植物生长、提高重金属吸收。其中植物内生细菌作为一类特殊的与植物共生菌类，其在植物修复中的应用得到了研究者的关注（朱雪竹等，2010）。内生细菌生长在植物体内，具有稳定的生长环境，易获得有机物质（TriPlett，1996），与其他微生物相比可对植物产生更稳定的影响（Harish et al.，2008）。在重金属污染土壤的修复中，逐渐尝试利用内生细菌与植物的共生关系促进修复进程（Doty，2008；Weyens et al.，2009）。从技术可行性角度分析，内生细菌定殖技术简易可行，适宜在植物修复工程中应用。模拟自然界中植物内生细菌入侵途径，实践证实可以通过根系浸渍（Chanway et al.，2000）、浸种（Mastretta et al.，2009；Puente et al.，2009）、针刺注射接种、叶面喷施（Backman et al.，2008）等方法将目标内生细菌定殖于超富集

第一章 绪论

植物体内，获得具有所需特性的植株。植物修复中转基因技术已用于改善植物吸收、转运和固定重金属特性，提高植物修复效率（Kramer et al.，2001；Pilon et al.，2003）。相对于植物转基因技术，工程菌技术更加简单、方便。利用工程内生细菌的重金属抗性，有望快速提高超富集植物抗性，提高修复效率。目前对内生菌株基因功能的研究以及工程内生细菌对植物定殖的研究、基因性状的表征，为外源基因在植物修复中的应用奠定了基础（Wei et al.，2006；Chen et al.，2007）。丛枝菌根（*arbuscular mycorrhiza*，AM）是自然界中普遍存在的高等植物与微生物共生的现象（Smith et al.，1997）。丛枝菌根真菌可以通过多种方式或途径影响植物的矿质营养和生长发育过程，在植物逆境生理及群落稳定（Koide et al.，2002）中有着重要作用。在重金属（如 Zn、Cd）污染情况下，丛枝菌根能够通过菌丝对金属产生固持作用（Joner et al.，2002）以及菌根际 pH 值变化（Li et al.，2001）等强化根系对重金属的屏障作用，减少重金属向植物地上部的运转，同时有效改善植物矿质营养状况，从而增强植物对重金属污染胁迫的适应能力（Leyval et al.，2002）。

利用微生物和植物联合对重金属污染土壤进行修复是提高生物修复效果的有效措施（Morgan et al.，2005）。目前对植物-微生物联合修复的研究主要集中于根际微生物与其宿主植物，但根际微生物在实际应用中往往会对多变的土壤环境不适应或者受到土壤本土微生物竞争及原生动物的吞噬等作用（Newman et al.，2005），造成效果不稳定。植物内生菌是寄居在植物体内但并不使植物表现出特定症状的一类微生物，它们生活在植物组织内部，长期以来与宿主植物形成了紧密的共生关系，在植物病害防治与生物修复中均显出独特的优点（Sturz et al.，2000），但目前有关利用内生菌与宿主植物联合修复土壤重金属污染方面的报道还很少。

三、土壤重金属污染修复技术研究展望

采用工程、物理化学和化学方法修复重金属污染土壤，具有一定的局限性，难以大规模处理污染土壤，并且能导致土壤结构破坏、生物活性下降和土壤肥力退化。农业生态措施又存在周期长、效果不显著的特点。生物修复是一项新兴的对土壤扰动小的修复技术，具有良好的社会效益、生态综合效益，并且易被大众接受，因此具有广阔的应用前景。以下几个方面将成为该领域研究的重点。

1. 超累积植物筛选与培育

超富集植物是在重金属长期胁迫条件下的一种适应性突变的结果，往往生长缓慢、生物量小、气候环境适应性差，具有很强的富集专一性。因此，筛选、培育吸收能力强，同时能吸收多种重金属元素，且生物量大的超富集植物是生物修复的一项重要任务。

2. 分子生物学和基因工程技术的应用

随着分子生物技术迅猛发展，将筛选、培育出的超富集植物和微生物基因导入生物

量大、生长速度快、适应性强的植物中去已成为现实，因此，利用分子生物技术提高植物修复的实用性方面将有可能取得突破性进展。

3. 生物修复综合技术的研究

重金属污染土壤的修复是一个系统工程，单一的修复技术很难达到预期效果，必须以植物修复为主，辅以化学、微生物及农业生态措施，增加重金属的生物有效性，促进植物的生长和吸收，从而提高植物修复的综合效率。因此，生物修复综合技术将是今后重金属污染土壤修复技术的主要研究方向。

第三节　我国土壤中重金属相关问题研究历程

与发达国家和地区相比，我国土壤重金属污染防治工作起步较晚。从总体上看，目前的研究工作基础还比较薄弱，土壤重金属污染防治的技术体系尚未形成。回顾我国有关土壤重金属污染问题研究的历史，可以看出实际上科学家对土壤中重金属污染问题的关注与我国土壤环境问题出现基本一致，概括起来可分为萌芽起步、奠定基础和快速发展三个的阶段。

一、萌芽起步阶段（1949～1979 年）

新中国成立之初，百废待兴，包括土壤污染在内的环境污染问题尚未出现，土壤科学工作者更多是从改良障碍土壤、提高耕地土壤肥力、增加作物产量的角度开展土壤科学研究，20 世纪 50 年代后期开始，利用城市污水灌溉农田的面积逐步扩大，同时钢渣、粉煤灰、垃圾、污泥等固体废弃物开始用于农业，广大科技工作者开始关注污水灌溉和固体废弃物利用对土壤可能产生的不利影响，土壤中包括重金属元素在内的各种污染物的分析检测方法成为当时研究探索的重点。与此同时土壤是否受到污染、如何判断的问题开始提出，相应有关土壤环境背景值的研究开始涉及。最先关注的金属元素是铜、锌、铁、钼、锰，因为这 5 种元素既是植物生长必需的微量营养元素，同时也属于重金属元素。进入 20 世纪 70 年代，由于环境问题开始显现，一些地区结合土壤环境质量调查与评价，做了一些局部的土壤环境背景值的测定，代表性的如"北京西郊环境质量评价""北京东南郊环境污染调查及防治途径研究"中测定了土壤中砷、汞、铬、锌、铅、镉的背景值。1977 年初，在中国科学院的主持下，组成了专题性的中国科学院土壤背景值协作组，与有关科研单位、高等院校及环境保护机构合作，先后开展了北京、南京及广州等地区土壤、水体和生物等方面的背景值研究。1979 年，中国科学院在昆明召开了环境背景值学术讨论会，并以论文形式编辑出版了《环境中若干元素的自然背景值及其研究方法》一书。

二、奠定基础阶段（1979~2000年）

1979~1983年，原农牧渔业部环境保护科研检测所组织了科研、高校、环保等二十几个主要单位协作，在北京、上海、黑龙江、吉林、四川、贵州、陕西、浙江、天津、江苏、山东、新疆、广东13个省市进行了农业土壤中汞、镉、铅、铬、砷、锌、铜、镍、氟的背景值的调查研究。1983~1985年，土壤背景值列入我国"六五"科技攻关项目中，重点围绕湘江谷地和松辽平原两个典型区域深入开展土壤背景值调查研究工作。到1986年，也就是国家第七个五年计划期间，中国环境监测总站承担，魏复盛教授主持的"中国土壤元素环境背景值研究"列入"七五"科技攻关计划，土壤环境背景值研究分析元素由最初的几种主要有毒重金属元素，扩展到60多种化学元素，研究区域扩展到全国除台湾以外当时的29个省市自治区，并注意了土壤环境背景获取和实际应用相结合，同时开展对主要土壤的环境容量、污染承载负荷、污水土地处理系统、土壤环境质量评价、土壤环境质量演变机制、各种污染物在土壤中的迁移转化行为与危害、控制土壤污染的工程技术与方法、土壤生态建设等方面的研究。总之，在"六五"和"七五"期间，国家科技攻关项目支持开展农业土壤背景值、全国土壤环境背景值和土壤环境容量等研究，积累了大量宝贵的我国土壤环境背景数据，在此基础上制订并于1995年颁布了我国第一个《土壤环境质量标准》(GB 15618—95)。

三、快速发展阶段（2000至今）

进入21世纪，伴随着经济的快速发展，包括土壤污染在内的环境污染问题越来越突出，引起了科学家、政府和社会的广泛关注。这个阶段呈现如下特点。

（一）在科学研究方面

土壤修复进入国家自然科学基金委的目录，与土壤污染有关的基础研究和技术研发项目先后得到国家"973计划""863计划"和科技支撑计划的资助，重金属污染土壤修复的基础理论不断完善，发表论文数量直线上升。"十五"以来，国家相关部门也组织开展了土壤环境基础调查工作。1999年，国土资源部开展了多目标区域地球化学调查。截至2014年，已完成调查面积$1.507 \times 10^6 \text{km}^2$，其中耕地调查面积13.86亿亩，占全国耕地总面积的68%。2005~2013年，环境保护部会同国土资源部开展了首次全国土壤污染状况调查，调查面积约为$6.3 \times 10^6 \text{km}^2$。2012年，农业部启动了农产品产地土壤重金属污染调查，调查面积16.23亿亩。另外，环保和农业部门也对主要污水灌溉区、金属矿区、主要粮食产区、重要农产品产地、地表水饮用水水源地等土壤环境质量进行了长期监测。

"十二五"期间，环境保护部已在部分省市开展试点，着手研究制定全国土壤环境质量监测网建设方案，拟在全国布设土壤环境质量监测基础监测点位和风险监测点位。

同时，利用整合环保、国土、农业等部门有关土壤环境监测、农产品质量检测、污染源调查、土地利用等数据，建立全国土壤环境基础数据库，构建土壤环境信息化管理平台，实现资源共享。

在省级层面与土壤重金属污染相关的几个代表性的研究成果如下。

1. 福建省土壤重金属污染分类标准与评价体系研究

福建农林大学王果教授主持完成的该项研究成果，其创新之处主要体现在：①证实了10种元素的土壤-植物全量及有效量基转移系数随土壤元素全量及有效量的升高而呈幂函数降低的规律；②提出了以有效量为基础计算转移系数的方法，并证明有效量基转移系数比全量基转移系数更具合理性；③修正了植物对土壤元素的富集能力的估算方法；④提出以高风险指示作物为基础，建立区域土壤环境质量基准体系中土壤污染元素二级限量指标；⑤建立了酸性土壤有效砷的 $0.5mol/L\ NaH_2PO_4$ 提取法；⑥在研究的基础上建立了有效量与全量双指标的第二级污染元素土壤环境质量基准指标。

2. 云南工矿区重金属重度污染土壤环境风险控制技术研究

云南省是著名的有色金属王国，有色金属矿产资源丰富。然而，矿产资源开采、冶炼、加工过程带来的土壤重金属污染不容忽视，土壤污染调查点位超标率高于全国平均水平。因此，针对土壤重金属污染修复技术研究迫在眉睫。云南农业大学、云南省土壤培肥与污染修复工程实验室张乃明教授带领的创新团队，经过反复试验，开发成功低成本、高效率的广谱型重金属复合钝化剂，采取原位钝化和原位钝化＋植物修复技术工程示范获得成功。实际上在海拔高、养分低、质量差的土壤上种草本来就很难，在重金属污染严重的矿区种草就更加不容易，项目组在矿区土壤施用钝化剂后，播种的黑麦草长得郁郁葱葱、一片生机。项目实施前，土壤中铜、锌、铅、镉的含量均超出我国土壤环境质量二级标准，上述四种重金属元素的可交换态含量分别是 3.6mg/kg、28.98mg/kg、35.87mg/kg、0.46mg/kg；经过钝化修复治理措施，四种元素可交换态分别降为 1.84mg/kg、11.46mg/kg、16.88mg/kg、0.13mg/kg，钝化效率分别达到 48.75%、60.46%、52.94%和71.74%。

就目前我国农田土壤重金属污染状况来看，湖南、江西、云南、贵州、四川、广西等有色金属矿区土壤重金属污染尤为严重。我国西南地区（云南、贵州、广西等）土壤重金属背景值远高于全国土壤背景值，如镉、铅、锌、铜、砷等。这主要是由于重金属含量高的岩石（石灰岩类）在风化成土过程中释放重金属而富集在土壤中的缘故。大中城市郊区以污水灌溉农田土壤重金属污染为主，其中蔬菜，特别是叶类蔬菜超标比较明显，部分地区，玉米和小麦的镉、铅、汞等重金属污染超标也比较明显，但应该注意到对玉米、小麦重金属超标现象仍然需要考虑大气污染源的输入，而不一定全部来自土壤污染。

在重金属污染土壤修复方面，钝化修复是目前采用比较多的一类修复技术。国内外在农田土壤重金属污染钝化修复中，使用的钝化剂材料主要包括：①黏土矿物，如海泡石、蒙脱土、膨润土、凹土、高岭土等；②碳材料，如以秸秆、果壳等为原料制备的生物炭、黑炭、骨炭等；③含磷材料，如钙镁磷肥、羟基磷灰石、磷矿粉、磷酸盐等；④硅钙材料，如石灰、石灰石、碳酸钙镁、硅酸钠、硅酸钙、硅肥等；⑤金属氧化物，如氧化铁、硫酸亚铁、硫酸铁、针铁矿、氧化锰、锰钾矿等；⑥有机物料，如畜禽粪便、腐殖酸、泥炭、有机堆肥等；⑦工业废弃物，如粉煤灰、钢渣、赤泥等。但在实际农田使用中，应尽可能避免使用工业废弃物作为钝化修复剂，以免给农田土壤带来新的二次污染或破坏土壤结构和理化性质及环境质量，对农田长期环境质量带来不可预测的不利影响。

总之，我国土壤污染修复技术研发虽然起步较晚，但近几年发展较快，一批自主发明的土壤修复技术开始进入工程示范阶段，一些国外先进的技术设备和修复材料也开始引进国内，一批耕地土壤污染治理与修复试点项目和污染地块修复工程项目开始启动。从事土壤污染治理与修复的咨询机构、专业修复和配套服务企业的数量急剧增加，土壤修复产业和市场发展迅速，已逐渐成为新兴的环保产业和新的经济增长点。

（二）在土壤污染防治立法方面

从世界范围来看，土壤环境保护立法始于 20 世纪 70 年代。各个国家土壤环境保护的立法背景和法律设计有所不同，从立法体例上看，既有专项立法模式，也有分散立法模式。专项立法模式将土壤环境保护和污染防治的相关内容作为单行法规进行立法。一些国家虽然没有制定专门的土壤环境保护或土壤污染防治的法律，但多在其《环境保护法》中设专章规定土壤环境保护或土壤污染防治的问题。

日本是世界上土壤污染防治立法较早的国家。20 世纪 60 年代，日本的"痛痛病"等公害事件诉讼的胜利推动了日本政府在环境治理方面的立法。为应对 1968 年发生的"痛痛病"事件所反映的农用地土壤污染问题，日本政府于 1970 年颁布了针对农用地保护的《农用地土壤污染防治法》，并分别于 1971 年、1978 年、1993 年、1999 年、2005 年和 2011 年进行了修订。随着日本工业化进程的不断加速，以六价铬等重金属污染为特点的城市型土壤污染日益显现。为进一步满足社会对城市型土壤污染的防治要求，日本于 2002 年颁布了《土壤污染对策法》，弥补了城市用地土壤污染防治法律方面的空白，成为日本土壤污染防治的主要法律依据。《土壤污染对策法》也分别于 2005 年、2006 年、2009 年、2011 年和 2014 年进行了修订，进一步完善了相关制度。

美国最主要的土壤污染防治立法是 1980 年颁布的《综合环境反应、赔偿与责任法》（又名《超级基金法》）。该法是受到拉夫运河填埋场污染事件的直接推动而出台的。该法实施后，被列入《国家优先名录》中 67% 的污染地块得到了治理修复，130 万英亩（1 英亩≈4046.9m²，下同）的土地恢复了生产功能，多数污染地块在修复后达到了商业交易之目的。此后，美国国会为缓解该法严厉的责任制度带来的影响，通过以下法案进行了 4 次修订完善：1986 年的《超级基金修正及再授权法》、1996 年的《财产保存、贷方责任及抵押保险保护法》、2000 年的《超级基金回收平衡法》和 2002 年的《小规模企业责任减免和综合地块振兴法》。虽然《超级基金法》也存在一些不足，但该法对于快速有效地解决美国污染地块的治理与修复问题起到了非常明显的作用，震慑了土壤的可能污染者，也为其他国家土壤污染防治提供了借鉴。

荷兰 1982 年制定了《暂行土壤保护法》，1986 年制定了《土壤保护法》。由于《暂行土壤保护法》是针对莱克尔克土壤污染事件而制定的暂行法律，它在土壤修复体制上存在着不能充分应对土壤污染的问题。1994 年 5 月，荷兰将 1986 年的《土壤保护法》和《暂行土壤保护法》两部法律合并为新的《土壤保护法》。由于土壤污染防治的需要，该法又分别于 1996 年、1997 年、1999 年、2000 年、2001 年、2005 年、2007 年、2013 年分别进行了修订。2013 年《土壤保护法》修订后的最大特点在于其整合了此前制定的各种零散的土壤保护法案、决议和判决等，形成了较为系统、全面的新的《土壤保护法》。

从各国土壤环境保护立法的模式来看，专项立法已经成为世界土壤污染防治立法的潮流。从立法的过程看，由于认识和经济水平等多方面的原因，各国土壤环境保护立法不追求一步到位，而是循序渐进，采用逐步修订的方式不断强化土壤污染控制，使法律始终与时代同步。在土壤环境保护法的修订过程中，完善对土壤污染控制的具体环节，同时培育与立法进程相适应的土壤污染修复产业。

（三）在政府监督管理方面

按照党中央、国务院决策部署，有关部门和地方积极探索，围绕土壤污染防治开展了许多卓有成效的工作。一是由国土资源部和环境保护部联合组织开展全国土壤污染状况调查，掌握了我国土壤污染特征和总体情况。二是积极开展土壤环境质量标准修订工作，制定了污染场地修复、展览会用地的土壤质量标准，将原来的土壤环境质量标准 GB 15618—1995 进行修改完善，分别按照建设用地土壤、农用地土壤、污染场地分类制定标准，增加了污染物的种类。三是抓好土壤重金属污染的源头治理，重金属污染具有长期性、累积性、潜伏性和不可逆性等特点，危害大、治理成本高。我国在长期的矿产开采、加工以及工业化进程中累积形成的重金属污染近年来逐渐显现，污染事件呈多发态势，对生态环境和群众健康构成了严重威胁。党中央、国务院对此高度重视，做出了一系列重要部署。2009 年 11 月，国务院办公厅转发了环境保护部等部门《关于加强重金属污染防治工作的指导意见》，明确了重金属污染防治的目标任务、工作重点以及相关政策措施。为切实抓好重金属污染防治，保护群众身体健康，促进社会和谐稳定，依据有关法律法规和国务院办公厅通知要求，环境保护部会同发展改革委员会、工业和信息化部、财政部、国土资源部、农业部、卫生部等部门编制了《重金属污染综合防治"十二五"规划》，启动土壤污染治理与修复试点项目。四是国务院编制印发《土壤污染防治行动计划》简称"土十条"，目标是到 21 世纪中叶，土壤环境质量全面改善，生态系统实现良性循环。具体指标是到 2020 年，受污染耕地安全利用率达到 90％左右，污染地块安全利用率达到 90％以上；到 2030 年，受污染耕地安全利用率达到 95％以上，污染地块安全利用率达到 95％以上。相信土壤污染防治行动计划的实施必将全面推动我国的土壤污染防治工作。

第四节 土壤重金属污染修复与治理对策

进入土壤中的重金属难以被土壤微生物降解，但可为植物所富集，重金属是在土壤中可以不断富集的污染物，有的甚至可能转化为毒性更强的化合物（如土壤中的汞在还原条件下，能形成甲基汞，其毒性是汞的数倍）。它可以通过植物吸收，在植物体内富集、转化，危害人类的健康与生命。更为严重的是这种由重金属在土壤中所产生的污染过程具有隐蔽性、长期性和不可逆性的特点。与大气污染和水污染不同，土壤污染不容易通过直接感官发现，往往需要经过专业的仪器分析才能获得，因而多年来其受关注程度要明显落后于大气污染和水污染。然而随着近年来城市化进程的不断推进和工业化步伐的加快、大量城市工矿企业的搬迁、工业废弃物排放量增加，作为大量污染物最终受体的土壤面临着严重的环境污染问题。2012 年，农业部已经对耕地中的部分重金属污染做了初步的调查，根据媒体报道，镉、铅、砷三种重金属的污染范围已相当广，几乎覆盖全国各个区域。2013 年国家环境保护部的一份文件亦指出：我国有 3.6×10^4 hm² 耕地土壤重金属超标，因此必须充分认识重金属污染土壤问题严峻形势并制定相应的对策。

一、进一步提高全社会对土壤重金属污染防治问题的认识

土壤重金属污染具有隐蔽性、持久性和间接性。近年来，由于土壤重金属污染而引发的各种问题引起了全社会的关注，特别是食品安全问题。但总体上来讲，人们对土壤重金属的危害认识还是不足，重视程度还远远不够，因此必须进行广泛宣传教育。从社会舆论导向层面引导人们充分认识土壤污染主要是人为原因引起，主要是人类活动造成了土壤污染和破坏。因此，防止污染和破坏的决定因素还是人类自身的觉悟和行为。通过宣传教育提高公众的认识，提高大家的环境意识。实际上真正的土壤污染防治离不开公众的参与，只有鼓励公众，让广大群众积极、主动地参与到土壤污染预防和治理的过程中来，才能起到事半功倍的效果。要加大宣传的力度，使广大群众，尤其是广大农民充分认识到土壤重金属污染的严重性，认识到这种污染直接与老百姓的生存环境及身体健康密切联系。充分利用广播电视、报纸杂志、网络等新闻媒体的主导作用，大力宣传土壤污染的危害以及保护土壤环境的相关科学知识和法规政策，确保各类土壤环境信息及时、准确发布，使公众了解土壤的危害及其与自身的利害关系。通过建立重点区域、重点污染行业群众监督机制，保障公众的土壤环境知情权。同时对全国各地潜在的土壤污染及事故，应对群众进行科普宣传教育，把土壤污染防治融入学校、工厂、农村、社区等的环境教育和干部培训中，引导广大群众支持和积极参与土壤防治工作，提高全民全社会对土壤重金属污染防治的认识。

二、尽快颁布《中华人民共和国土壤污染防治法》依法保护土壤环境

目前，我国土壤污染的总体形势不容乐观，部分地区土壤污染严重，在重污染企业或工业密集区、工矿开采区及周边地区、城市和城郊地区出现了土壤重污染区和高风险区；土壤污染类型多样，呈现出新老污染物并存、无机有机复合污染的局面；土壤污染途径多，原因复杂，控制难度大；土壤环境监督管理体系不健全，土壤污染防治投入不足，全社会土壤污染防治的意识不强；由土壤污染引发的农产品质量安全问题逐年增多，成为影响群众身体健康和社会稳定的重要因素。

此外，目前我国尚无一部行之有效的土壤重金属污染防治法。迫切需要建立类似于美国《超级基金法》的专门清洁治理污染场地的法律或法规，尽快制定并颁布《中华人民共和国土壤污染防治法》，依法保护土壤环境。建立污染土壤风险评估和污染土壤修复制度，按照"谁污染、谁治理"的原则，被污染的土壤或者地下水，由造成污染的单位和个人负责修复和治理。在全国土壤污染状况调查的基础上，建立健全土壤污染防治法律法规和标准体系，加强土壤环境监管能力建设，开展污染土壤修复与综合治理试点示范，建立土壤污染防治投入机制，增强科技支撑能力，加大土壤污染防治宣传、教育与培训力度。具体包括，进一步加大投入，不断提高环境监测能力，逐步建立和完善国家、省、市三级土壤环境监测网络，定期公布全国和区域土壤环境质量状况，制定土壤污染事故应急处理处置预案；降低现有农业措施关于施入土壤物质重金属含量标准，减少农田重金属污染；建立污染责任体系，充分体现污染者付费的原则以及预防为主的原则；加强对土壤重金属污染防治的管理力度，严格控制污染物排放避免超标，通过法律手段有效防治土壤重金属污染。

三、完善土壤环境质量标准和污染土壤修复标准等标准体系

不仅需要尽快制定并颁布《中华人民共和国土壤污染防治法》依法保护土壤环境，同时应该完善和改进现有的涉及重金属污染的相关法律、法规和标准体系。我国地域辽阔，各地土壤性质差异较大，现有的土壤环境质量标准和污染土壤修复标准等标准体系缺乏适用性；质量评定指标、污染指标少，我国现行的土壤环境质量标准已有 18 个年头，已经不适应当前实际，急需完善和修订。如 1995 年颁布的土壤环境质量标准，仅有 8 种重金属，一些重金属污染的标准过宽。因此迫切需要对现有标准进行修订和完善，国家和地方根据近年来全国土壤调查工作的成果和存在的问题，依据不同的应用目的制定不同的标准，增加重金属监控种类及制定地方标准等。建立重金属污染场地环境监管档案，建立和完善重金属污染场地与土壤环境风险评估体系，明确责任，协调各利益相关方关系，推动污染场地问题的有效解决，并完善土壤环境质量标准和污染土壤修复标准等标准体系。同时也应把土壤重金属污染的管理、利用与治理工作列入政府的议事日程，建立一个全国性的土壤重金属管理体系。

四、广开渠道筹集重金属污染土壤修复治理资金

当前中国污染土壤调查评估与治理修复工作的资金一般来自政府相关部门和土地开发商，资金来源有限且没有保障，修复治理工作难以开展，资金问题成为很多污染地块再开发的主要障碍。国家在政策层面上也不断加强了对污染土壤修复技术的研发工作的支持。根据《全国土壤环境保护"十二五"规划》，环境保护部启动了国家土壤污染防治与修复重大科技专项，技术研发成为政策扶持土壤修复的重点工作。专项将重点支持国内自主研发的生物治理技术工艺，以目前受重金属污染最为严重的内蒙古、江苏、浙江、江西等14个省区市为试点，全面启动砷、铅、铬、汞等重点污染物的源头减量和土壤修复治理工作。在财政支持上逐年加大了对修复技术和设备的研发资金支持。但有政府的资金支持远远不够，借鉴美国超级基金的案例，"目前，从各地污染土壤修复的实践来看，修复资金的筹措是一个重要的瓶颈问题"。中国土壤环境保护政策研究项目组建议，未来5~10年间，应通过修复工程试点，再综合考虑中国土地资源国有的特点和"谁污染、谁治理"的基本原则，探索合理的修复资金分配机制。资金来源可包括对污染企业征收的污染税、受污染地块的开发商出资、政府拨款、向责任人追回的治理费用、对逃避承担相关环境责任的公司及个人的罚款、当地社区和居民的集资、公益捐助、基金利息等。

五、联合攻关研发重金属污染土壤修复关键实用技术

我国在土壤污染治理技术方面已开展了数十年的研究，尤其"十五""十一五"期间的研发投入更高，已经累积了大量的重金属污染治理技术，部分成果已经进入集成示范与应用阶段。但不可否认，国内土壤修复技术市场仍然较为原始，过多依赖技术含量较低的异位处理，很容易造成二次污染。国内土壤修复技术，装备研发和升级非常急迫。攻克污染土壤修复技术，重点联合多院校部门研发污染土壤原位稳定剂、异位固定剂、受污染土壤生物修复技术、安全处理处置和资源化利用技术，实施产业化示范工程，加快推广应用，是未来重金属污染土壤修复发展的重要方向。

六、培养能够从事重金属污染土壤修复的应用型人才

针对经济社会发展和生态环境建设中国家急需解决的土壤重金属污染问题，我国在人才培养方面需要下工夫。污染土壤修复需要运用地球科学、化学、生命科学、材料科学、环境科学与工程、生态学、土壤学、计算机与信息科学等学科的先进理论、方法和技术，所以土壤修复行业需要各专业的复合型人才，而且还需要有修复经验的工程技术人员。各科研院所、中国环境保护产业协会、环保企业密切合作，为各个环境保护领域提供更多、更高水平的研究成果和技术人才。未来将更加注重重金属污染防治和土壤修复的复合人才培养，在科学研究上充分与产业协会及企业需求密切结合起来。开展该领

域共性与关键技术创新、开发、转化，承担领域内技术咨询与服务，促进多学科融合、产学研一体化，推进城市土壤污染控制与修复产业发展，为环保监管和决策部门提供技术支持和服务，开展国内外交流与合作，培养和造就优秀专业技术人才和管理人才队伍。

七、培育与扶持从事土壤污染修复的产业与龙头企业

我国土壤污染主要来自于工业、农业、生活废弃物，且具有隐蔽性、滞后性、累积性、不可逆性、发散性等特征，因而其危害和治理技术自有其不同于大气污染及水污染治理的特殊性。随着我国城市化和工业化进程的加快，越来越多的土壤重金属污染问题不断暴露出来，土壤重金属污染已经成为继大气污染和水污染之后，另一个必须面对的环境污染难题。我国土壤修复行业处于起步阶段，市场发展潜力广阔。目前国内土壤污染修复产业产值不足环保产业产值的1‰，这一数值远低于发达国家30％的水平，国内土壤修复行业存在巨大发展空间，估计其带动的相关产业总投资或将达千亿元。从根本上说，克服土壤重金属污染一方面需要从法规、政策、产业规划等宏观层面去引导和解决；另一方面需要从政府和社会层面大力培育与扶持从事土壤污染修复的环保产业与龙头企业的发展。目前我国的土壤污染治理市场刚刚起步，有资质有实力的企业不多，大部分企业都没有做好足够的技术、人力、经验储备，特别是技术方面，虽然取得了一定的进步，但是和发达国家相比，仍存在不小的差距。因此，在重金属污染土壤的修复方面需要大力培植和扶持一批具有自主创新能力的污染土壤修复的龙头企业。

第二章
土壤重金属元素的性质、来源与危害

重金属是土壤环境中具有直接和潜在危害的一类优先污染物，这类元素在化学概念上尚无严格的定义，一般根据金属元素的密度把金属分成重金属和轻金属，通常把密度大于 $4.5g/cm^3$ 或密度大于 $5.0g/cm^3$ 的金属元素称为重金属元素。本章主要介绍常见重金属元素的基本性质、污染来源与污染危害。

第一节　土壤中常见重金属元素的基本性质

一、重金属在土壤中的基本特征与形态

重金属元素在土壤中一般具有 2 个基本特征。

(1) 形态多变　随土壤 Eh 值、pH 值、配位体不同，常有不同的价态、化合态和结合态。形态不同引起有效性和毒性的不同。

(2) 很难降解　重金属污染元素在土壤中一般只能发生形态的转变和迁移，难以被微生物降解。土壤中重金属离子形态的划分方法有很多，但目前比较通用的划分方法为加拿大学者 Tessier 的五分法，即将土壤中的重金属分为离子交换态、碳酸盐结合态、铁锰氧化物结合态、有机硫化物结合态、残留态 5 种形态。

1）离子交换态。离子交换态的重金属在土壤环境中活性大，毒性强，易被植物吸收，也易被植物吸附、淋失或发生反应转为其他形态。

2）碳酸盐结合态。碳酸盐结合态受土壤条件影响，对 pH 敏感。pH 值升高会使游离态重金属形成碳酸盐共沉淀，当 pH 值下降时易重新释放出来进入环境。

3）铁锰氧化物结合态。土壤中 Cd、Pb、Zn 的铁锰氧化物占有效态比例较大，正常情况下可利用性不高。

4）有机硫化物结合态。有机硫化物结合态以重金属离子为中心离子，以有机质活性基团为配位体的结合或是硫离子与重金属生成难溶于水的物质，在氧化条件下，部分有机物分子会发生降解作用，导致部分金属元素溶出，对环境可能会造成一定的影响。

5）残留态。残留态的重金属与土壤结合最牢固，它的活性最小，毒性最小，几乎不能被植物吸收，一般存在于硅酸盐、原生和次生矿物的土壤晶格中。

二、常见重金属元素的基本性质

1. 汞 Hg（Mercury）

原子序数为 80。原子量为 200.59。汞是在常温常压下唯一以液态存在的金属，沸点 356.6℃，熔点－38.87℃，密度为 13.59g/cm³。汞内聚力很强，在空气中稳定，常温下蒸发出汞蒸气，汞蒸气有剧毒。天然的汞是汞的七种同位素的混合物。汞微溶于水，在有空气存在时溶解度增大。汞在自然界中普遍存在，一般动物植物中都含有微量的汞，因此我们的食物中，都有微量的汞存在，可以通过排泄、毛发等代谢。

汞不与大多数的酸反应，例如稀硫酸。但是氧化性酸，例如浓硫酸、浓硝酸和王水可以溶解汞并形成硫酸盐、硝酸盐和氯化物。与银类似，汞也可以与空气中的硫化氢反应。汞还可以与粉末状的硫反应，这一点被用于处理汞泄漏以后吸收汞蒸气的工具里（也有用活性炭和锌粉的）。汞具有恒定的体积膨胀系数，其金属活跃性低于锌和镉，且不能从酸溶液中置换出氢。一般汞化合物的化合价是＋1 或＋2，＋4 价的汞化合物只有四氟化汞。而＋3 价的汞化合物不存在。主要用途：汞的用途较广，常用于制造科学测量仪器（如福廷气压计、温度计等）、药物、催化剂、汞蒸气灯、电极、雷汞等。汞容易与大部分普通金属形成合金，包括金和银，但不包括铁。这些合金统称汞合金。冶金工业常用汞齐法（汞能溶解其他金属形成汞齐）提取金、银和铊等金属。在中医学上，汞用作制备治疗恶疮、疥癣药物的原料。汞可用作精密铸造的铸模和原子反应堆的冷却剂以及镉基轴承合金的组元等。由于其密度非常大，物理学家托里拆利利用汞第一个测出了大气压的准确数值。此外汞还可以用于制造液体镜面望远镜。利用旋转使液体形成抛物面形状，以此作为主镜进行天文观测的望远镜，价格为普通望远镜的 1/3。

2. 镉 Cd（Cadmium）

原子序数为 48。原子量为 112.41。镉是银白色有光泽的金属，熔点 320.9℃，沸点 765℃。密度为 8.65g/cm³。莫氏硬度为 2.0。有韧性和延展性。在潮湿空气中缓慢氧化并失去金属光泽，加热时表面形成棕色的氧化物层。高温下镉与卤素反应激烈，形成卤化镉。也可与硫直接化合，生成硫化镉。镉可溶于酸，但不溶于碱。镉的氧化态为

+1，+2。氧化镉和氢氧化镉的溶解度都很小，它们溶于酸，但不溶于碱。镉可形成多种配离子，如 $Cd(NH_3)$、$Cd(CN)$、$CdCl$ 等。镉的毒性较大，日本因镉中毒曾出现"痛痛病"。镉作为合金组土元能配成很多合金，如含镉 0.5%～1.0% 的硬铜合金，有较高的抗拉强度和耐磨性。镉（98.65%）镍（1.35%）合金是飞机发动机的轴承材料。很多低熔点合金中含有镉，著名的伍德易熔合金中含有镉达 12.5%。镉主要用于钢、铁、铜、黄铜和其他金属的电镀，对碱性物质的防腐蚀能力强。镉可用于制造体积小和电容量大的电池。镉的化合物还大量用于生产颜料和荧光粉。硫化镉、硒化镉、碲化镉用于制造光电池。镉具有较大的热中子俘获截面，因此含银（80%）铟（15%）镉（5%）的合金可作原子反应堆的中子吸收控制棒。镉还用于制造电工合金，如电器开关中的电触头大多采用银氧化镉材料，具有导电性能好、燃弧小、抗熔焊性能好等优点，广泛地用于家用电器开关、汽车继电器等。

3. 砷 As（Arsenic）

原子序数为 33。原子量为 74.92。砷有黄、灰、黑褐三种同素异形体。其中灰色晶体是最常见的单质形态，脆而硬，具有金属光泽（故砷单质也称为金属砷），易导热导电，易被捣成粉末。熔点 817℃（28 大气压，即 $2.828×10^6 Pa$），加热到 613℃，便可不经液态，直接升华，成为蒸气，砷蒸气具有一股难闻的大蒜臭味。砷的化合价为 +3 和 +5。第一电离能为 9.81eV（$1eV≈1.6×10^{-19}J$，下同）。砷很容易被细胞吸收导致中毒。砷可分为有机砷及无机砷，其中以无机砷毒性强。另外有机砷及无机砷又分为三价砷（As_2O_3）及五价砷（如 $NaAsO_3$），在生物体内砷价数可互相转变。砷与汞类似，被吸收后容易跟硫化氢根或双硫根结合而影响细胞呼吸及酵素作用；甚至使染色体发生断裂。砷单质很活泼，在空气中加热至约 200℃时，会发出光亮，于 400℃时，会有一种带蓝色的火焰燃烧，并形成白色的三氧化二砷烟。金属砷易与氟和氧化合，在加热情况下亦与大多数金属和非金属发生反应。不溶于水，溶于硝酸和王水，也能溶解于强碱，生成砷酸盐。工业用途中的砷的许多化合物都含有致命的毒性，常被加在除草剂、杀鼠药等中。砷为电的导体，被使用在半导体上。砷的化合物通称为砷化物，常运用于涂料、壁纸和陶器的制作。砷作合金添加剂生产铅制弹丸、印刷合金、黄铜（冷凝器用）、蓄电池栅板、耐磨合金、高强结构钢及耐蚀钢等。黄铜中含有微量砷时可防止脱锌。高纯砷是制取化合物半导体砷化镓、砷化铟等的原料，也是半导体材料锗和硅的掺杂元素，这些材料广泛用作二极管、发光二极管、红外线发射器、激光器等。砷的化合物还用于制造农药、防腐剂、染料和医药等。昂贵的白铜合金就是用铜与砷合炼的。此外，砷可用于行波管、各种微波设备和航空、航天用仪表等方面。砷在石油化工方面可用作催化剂。医药方面，砷自古以来就常为人类所使用，例如砒霜即是经常使用的毒药。砷也曾被用于治疗梅毒。

4. 铬 Cr（Chromium）

原子序数为 24。原子量为 51.996。铬是银白色有光泽的金属，纯铬有延展性，含杂质的铬硬而脆。固态密度 $7.19g/cm^3$。液态密度 $6.9g/cm^3$。熔点 1857.0℃。莫氏硬度为 9。铬能慢慢地溶于稀盐酸、稀硫酸，而生成蓝色溶液。与空气接触则很快变成绿色，是因为被空气中的氧气氧化成绿色的 Cr_2O_3 的缘故。铬与浓硫酸反应，则生成二氧化硫和硫酸铬（Ⅲ）。但铬不溶于浓硝酸，因为表面生成紧密的氧化物薄膜而呈钝态。在高温下，铬能与卤素、硫、氮、碳等直接化合。由于铬合金性脆，作为金属材料使用还在研究中，铬主要以铁合金（如铬铁）形式用于生产不锈钢及各种合金钢。金属铬用作铝合金、钴合金、钛合金及高温合金、电阻发热合金等的添加剂。氧化铬用作耐光、耐热的涂料，也可用作磨料，玻璃、陶瓷的着色剂，化学合成的催化剂。铬矾、重铬酸盐用作皮革的鞣料，织物染色的媒染剂、浸渍剂及各种颜料。镀铬和渗铬可使钢铁和铜、铝等金属形成抗腐蚀的表层，并且光亮美观，大量用于家具、汽车、建筑等工业。此外，铬矿石还大量用于制作耐火材料。铬的毒性与其存在的价态有关，六价铬比三价铬毒性高 100 倍，并易被人体吸收且在体内蓄积，三价铬和六价铬可以相互转化。天然水不含铬；海水中铬的平均浓度为 $0.05\mu g/L$；饮用水中更低。铬的污染源有含铬矿石的加工、金属表面处理、皮革鞣制、印染等排放的污水。铬是人体必需的微量元素。三价的铬是对人体有益的元素，而六价铬是有毒的。人体对无机铬的吸收利用率极低，不到 1%；人体对有机铬的利用率可达 10%～25%。铬在天然食品中的含量较低，均以三价的形式存在。

5. 铅 Pb（Plumbum）

原子序数为 82。原子量为 207.2。带蓝色的银白色重金属，熔点 327.502℃，沸点 1740℃，密度 $11.3437g/cm^3$，比热容 $0.13kJ/(kg \cdot K)$，莫氏硬度 1.5，质地柔软，抗张强度小。可用于建筑、铅酸蓄电池、弹头、炮弹、焊接物料、钓鱼用具、渔业用具、防辐射物料、奖杯和部分合金。铅合金可用于铸铅字，做焊锡；铅还用来制造放射性辐射、X 射线的防护设备；铅及其化合物对人体有较大毒性，并可在人体内富集，尤其破坏儿童的神经系统，可导致血液病和脑病。长期接触铅和它的盐（尤其是可溶的和强氧化性的 PbO_2）可以导致肾病和类似绞痛的腹痛。有人认为许多古罗马皇帝有老年痴呆症是由于当时使用铅来造水管（以及铅盐用来作为酒中的甜物）造成的。而且，人体积蓄铅后很难自行排出，只能通过药物来清除。

6. 锌 Zn（Zinc）

锌是一种蓝白色常用的有色金属，原子序数是 30，原子量是 65.39，密度 $7.14g/cm^3$，莫氏硬度 2.5，熔点 419.5℃。锌的化学性质比较活泼，在常温下的空气中，表面生成一层薄而致密的碱式碳酸锌膜，可阻止进一步氧化，当温度达到 225℃后，锌氧化激烈。燃烧时发出蓝绿色火焰，易溶于酸。世界上锌的全部消费中大约有 1/2 是用于镀锌，约 10% 用于黄铜和青铜，不到 10% 用于锌基合金，约 7.5% 用于化学制品，约 13% 用于制造干电池，以锌饼、锌板形式出现。锌可以用来制作电池，此外，锌具有良好的抗电磁场性能。锌的导电率是标准电工铜的 29%，在射频干扰的场合，锌板是一种非常有效的屏蔽材料，同时由于锌是非磁性的，适合作仪器仪表零件的材料及仪表壳体及钱币，同时，锌自身与其他金属碰撞不会发生火花，适合作井下防爆器材。广泛用于橡胶、涂料、搪瓷、医药、印刷、纤维等工业。锌具有适宜的化学性能。

7. 锰 Mn（Manganese）

锰是一种银白色过渡金属，原子序数是 25，原子量是 54.94，密度 7.44g/cm³，莫氏硬度为 6，熔点 1244℃，在空气中易氧化，生成褐色的氧化物覆盖层。它也易在升温时氧化。氧化时形成层状氧化锈皮，最靠近金属的氧化层是 MnO，而外层是 Mn_3O_4。在高于 800℃ 的温度下氧化时，MnO 的厚度逐渐增加，而 Mn_3O_4 层的厚度减少。在 800℃ 以下出现第三种氧化层 Mn_2O_2。在约 450℃ 以下最外面的第四层氧化物 MnO_2 是稳定的。锰能分解水，易溶于稀酸，并有氢气放出，生成二价锰离子。在实验室中二氧化锰常用作催化剂，锰最重要的用途就是制造合金——锰钢，冶金工业中用来制造特种钢；钢铁生产上用锰铁合金作为去硫剂和去氧剂。锰是炼钢时用锰铁脱氧而残留在钢中的，锰有很好的脱氧能力，能把钢中的 FeO 还原成铁，改善钢的质量；还可以与硫形成 MnS，从而减轻了硫的有害作用。降低钢的脆性，改善钢的热加工性能；大部分锰能溶于铁素体，形成置换固溶体，使铁素体强化提高钢的强度和硬度。

8. 镍 Ni（Nickel）

镍是一种银白色金属，原子序数是 28，原子量是 58.71，密度 8.902g/cm³，莫氏硬度为 4，熔点 1453℃。镍具有磁性和良好的可塑性，以及好的耐腐蚀性，能够高度磨光和抗腐蚀，溶于硝酸后，呈绿色。镍不溶于水，常温下在潮湿空气中表面形成致密的氧化膜，能阻止本体金属继续氧化。在稀酸中可缓慢溶解，释放出氢气而产生绿色镍离子（Ni^{2+}）；耐强碱。镍可以在纯氧中燃烧，发出耀眼白光。同样的，镍也可以在氯气和氟气中燃烧。与氧化剂溶液包括硝酸在内，均不发生反应。镍是一个中等强度的还原剂。盐酸、硫酸、有机酸和碱性溶液对镍的侵蚀极慢。镍在稀硝酸中缓慢溶解。发烟硝酸能使镍表面钝化而具有抗腐蚀性。主要用于合金（配方）（如镍钢和镍银）及用作催化剂（如拉内镍，尤指用于氢化的催化剂），可用来制造货币等，镀在其他金属上可以防止生锈。主要用来制造不锈钢和其他抗腐蚀合金，如镍钢、镍铬钢及各种有色金属合金，含镍成分较高的铜镍合金，就不易腐蚀。也作加氢催化剂和用于陶瓷制品、特种化学器皿、电子线路、玻璃着绿色以及镍化合物制备等。

9. 钒 V（Vanadium）

钒是一种银白色金属，原子序数是 23，原子量是 50.9414，密度 6.11g/cm³，莫氏硬度为 7，熔点 1919℃，有延展性，质坚硬，无磁性。具有耐盐酸和硫酸腐蚀的性质，并且耐气、耐盐、耐水腐蚀的性能要比大多数不锈钢好。于空气中不被氧化，可溶于氢氟酸、硝酸和王水。钒具有众多优异的物理性能和化学性能，因而钒的用途十分广泛，有金属"维生素"之称。最初的钒大多应用于钢铁，通过细化钢的组织和晶粒，提高晶粒粗化温度，从而增加钢的强度、韧性和耐磨性。后来，人们逐渐又发现了钒在钛合金中的优异改良作用，并应用到航空航天领域，从而使得航空航天工业取得了突破性的进展。随着科学技术水平的飞跃发展，人类对新材料的要求日益提高。钒在非钢铁领域的应用越来越广泛，其范围涵盖了航空航天、化学、电池、颜料、玻璃、光学、医药等众多领域。

10. 铜 Cu（Copper）

铜为金属元素。质子数 29，中子数 35，原子序数为 29，原子量为 63.546。纯铜呈紫红色，熔点约 1083.4℃，沸点 2567℃，密度为 8.92g/cm³，具有良好的延展性，莫氏硬度为 3。声音在铜中的传播速率为 3810m/s。铜具有许多可贵的物理化学特性，例如其热导率很高，化学稳定性强，抗张强度大，易熔接，且具有抗蚀性、可塑性、延展性。纯铜可拉成很细的铜丝，制成很薄的铜箔。能与锌、锡、铅、锰、钴、镍、铝、铁等金属形成合金，形成的合金主要分成三类：黄铜是铜锌合金，青铜是铜锡合金，白铜是铜钴镍合金。铜具有独特的导电性能，铜导线正在被广泛地应用。从国外的产品来看，一辆普通家用轿车的电子和电动附件所需铜线长达 1km，法国高速火车铁轨每公里用 10t 铜，波音 747-200 型飞机总重量中铜占 2%。铜普遍使用在电气工业、电子工业、能源及石化工业、交通工业、机械和冶金工业、轻工业、建筑业、高科技行业等。

11. 锡 Sn（Stannum）

锡为金属元素。质子数 50，原子序数 50，原子量为 118.71，在地壳中的含量为 0.004%，几乎都以锡石（氧化锡）的形式存在，此外还有极少量的锡的硫化物矿。金属锡柔软，易弯曲，沸点 2260℃。锡是银白色的软金属，相对密度为 7.3，熔点低，只有 232℃，把它放进煤球炉中，它便会熔成水银般的液体。锡很柔软，用小刀能切开它。锡的化学性质很稳定，在常温下不易被氧气氧化，所以它经常保持银闪闪的光泽。在空气中锡的表面生成二氧化锡保护膜而稳定，加热下氧化反应加快；锡与卤素加热下反应生成四卤化锡；也能与硫反应；锡对水稳定，能缓慢溶于稀酸，较快溶于浓酸中；锡能溶于强碱性溶液；在氯化铁、氯化锌等盐类的酸性溶液中会被腐蚀。锡无毒，人们常把它镀在铜锅内壁，以防铜在温水中生成有毒的铜绿。锡在常温下富有展性。特别是在 100℃ 时，它的展性非常好，可以展成极薄的锡箔。金属锡主要用于制造合金。

12. 银 Ag（Silver）

银属金属元素，过渡金属系列。原子序数为 47，原子量为 107.8682，物质状态为固态，熔点 961.78℃，沸点 2162℃。密度 10.5g/cm³（20℃）。银质软，有良好的柔韧性和延展性，延展性仅次于金，能压成薄片，拉成细丝，溶于硝酸、硫酸中。银对光的反射性达到 91%。常温下，卤素能与银缓慢地化合，生成卤化银。银不与稀盐酸、稀硫酸和碱发生反应，但能与氧化性较强的酸，如浓硝酸和浓盐酸产生化学反应。银的特征氧化数为+1，其化学性质比铜差，常温下，甚至加热时也不与水和空气中的氧作用。但当空气中含有硫化氢时，银的表面会失去银白色的光泽，这是因为银和空气中的 H_2S 化合成黑色 Ag_2S 的缘故。银的主要用途为电子电器材料、感光材料、化学化工材料、工艺饰品。

13. 钼 Mo（Molybdenum）

钼是一种银白色的过渡金属，原子序数是42。原子量为96，莫氏硬度为5.5，非常坚硬。把少量钼加到钢之中，可使钢变硬。钼是对植物很重要的营养元素，也在一些酶中找得到。钼的密度 $10.2g/cm^3$，熔点2610℃，沸点5560℃。化合价包括+2、+4和+6，稳定价为+6。钼主要用于钢铁工业，其中的大部分是以工业氧化钼压块后直接用于炼钢或铸铁，少部分熔炼成钼铁后再用于炼钢。金属钼在电子管、晶体管和整流器等电子器件方面得到广泛应用。钼在电子行业有可能取代石墨烯。氧化钼和钼酸盐是化学和石油工业中的优良催化剂。二硫化钼是一种重要的润滑剂，用于航天和机械工业部门。钼在薄膜太阳能及其他镀膜行业中，作为不同膜面的衬底也被广泛地应用。钼是植物所必需的微量元素之一，在农业上用作微量元素化肥。

14. 钴 Co（Cobalt）

钴是一种银白色铁磁性金属，原子序数是27，原子量为58.93，莫氏硬度为5，钴的结构为密排六方晶体，常见化合价为+2、+3。钴比较硬而脆，有铁磁性，加热到1150℃时磁性消失。钴在常温下不和水作用，在潮湿的空气中也很稳定。在空气中加热至300℃以上时氧化生成 CoO，在加热时燃烧成 Co_3O_4。氢还原法制成的细金属钴粉在空气中能自燃生成氧化钴。金属钴主要用于制取合金。钴合金是由钴和铬、钨、铁、镍中的一种或几种制成合金的总称。一定量的钴可以显著地提高钢刀具的耐磨性和切削性能。含钴50%以上的司太立特硬质合金即使加热到1000℃也不会失去其原有的硬度，如今这种硬质合金已成为合金切削工具和铝间用的最重要材料。在这种材料中，钴将合金组成中其他金属碳化物晶粒结合在一起，使合金具更高的韧性，并减少对冲击的敏感性能，这种合金熔焊在零件表面，可使零件的寿命提高3～7倍。钴金属在电镀、玻璃、染色、医药医疗等方面也有广泛应用。

第二节　土壤中重金属的污染来源

土壤中重金属的来源是多途径的，首先是成土母质本身含有重金属，不同的母质、成土过程所形成的土壤含有重金属量差异很大。此外，人类工农业生产活动，也造成重金属对大气、水体和土壤的污染，因为土壤是各种污染物的最终归宿。

一、重金属的一般来源

1. 大气沉降中的重金属

大气中的重金属主要来源于工业生产、汽车尾气排放及汽车轮胎磨损产生的大量含重金属的有害气体和粉尘等。它们主要分布在工矿的周围和公路、铁路的两侧。大气中的大多数重金属是经自然沉降和雨淋沉降进入土壤的。如瑞典中部 Falun 市区的铅污染，它主要来自于市区铜矿工业厂、硫酸厂、油漆厂、采矿和化学工业产生的大量废物，由于风的输送，这些细微颗粒的铅从工业废物堆扩散至周围地区。南京某生产铬的重工业厂铬污染叠加已超过当地背景值 4.4 倍，污染以车间烟囱为中心，范围达 1.5km^2，污染范围最大延伸下限 1.38km。俄罗斯的一个硫酸生产厂也是由工厂烟囱排放造成 S、V、As 的污染。公路、铁路两侧土壤中的重金属污染，主要以 Pb、Zn、Cd、Cr、Co、Cu 的污染为主。它们来自于含铅汽油的燃烧，汽车轮胎磨损产生的含锌粉尘等。污染呈条带状分布，以公路、铁路为轴向两侧重金属污染强度逐渐减弱；随着时间的推移，公路、铁路土壤重金属污染具有很强的叠加性。在法国索洛涅地区 A71 号高速公路沿途污染严重。重金属 Pb、Zn、Cd，其沉降粒子浓度超过当地土壤背景值 2~8 倍，而公路旁土壤重金属浓度比沉降粒子中高 7~26 倍。在斯洛文尼亚从居波加到扎各瑞波公路两侧，铅除了分布在公路两侧以外，还受阶地地貌和盛行风的影响，高铅出现在低地，公路顺风一侧铅含量较高。经过自然沉降和雨淋沉降进入土壤的重金属污染，主要以工矿烟囱、废物堆和公路为中心，向四周及两侧扩散；由城市—郊区—农区，随距城市的距离加大而降低，特别是城市的郊区污染较为严重。此外，重金属污染还与城市的人口密度、城市土地利用率、机动车密度成正相关；重工业越发达，污染相对就越严重。

此外，大气汞的干湿沉降也可以引起土壤中汞的含量增高。大气汞通过干湿沉降进入土壤后，被土壤中的黏土矿物和有机物的吸附或固定，富集于土壤表层，或为植物吸收而转入土壤，造成土壤汞的浓度的升高。

2. 农用化学物质的使用

施用含有铅、汞、镉、砷等的农药和不合理地施用化肥，都可以导致土壤中重金属的污染。一般过磷酸盐中含有较多的重金属 Hg、Cd、As、Zn、Pb，磷肥次之，氮肥和钾肥含量较低，但氮肥中 Pb 含量较高，其中 As 和 Cd 污染严重。经过对上海地区菜园土地、粮棉地的研究，施肥后，Cd 的含量从 0.134mg/kg 升到 0.316mg/kg，Hg 的含量从 0.22mg/kg 升到 0.39mg/kg，Cu、Zn 的含量增长 2/3。通过新西兰 50 年前和现今同一地点 58 个土样分析，自施用磷肥后，镉的含量从 0.39mg/kg 升至 0.85mg/kg。在阿根廷由于传统无机磷肥的施入，进而导致土壤重金属 Cd、Cr、Cu、Zn、Ni、Pb 的污染。农用塑料薄膜生产应用的热稳定剂中含有 Cd、Pb，在大量使用塑料大棚和地膜过程中都可以造成土壤重金属的污染。

3. 污水灌溉

污水灌溉一般指使用经过一定处理的城市污水灌溉农田、森林和草地。城市污水包括生活污水、商业污水和工业废水。由于城市工业化的迅速发展，大量的工业废水涌入河道，使城市污水中含有的许多重金属离子，随着污水灌溉而进入土壤。在分布上，往往是靠近污染源头和城市工业区土壤污染严重，远离污染源头和城市工业区，土壤几乎不污染。近年来污水灌溉已成为农业灌溉用水的重要组成部分，中国自20世纪60年代至今，污灌面积迅速扩大，以北方旱作地区污灌最为普遍，约占全国污灌面积的90%以上。南方地区的污灌面积仅占6%，其余在西北和青藏地区。污灌导致土壤重金属Hg、Cd、Cr、As、Cu、Zn、Pb等含量的增加。淮阳污灌区自污灌以来，金属Hg、Cd、Cr、Pb、As等的含量就逐渐增高，1995～1997年已超过警戒级。太原污灌区的重金属Pb、Cd、Cr含量远远超过其当地背景值，且富集量逐年增高。

4. 污泥农用

污泥中含有大量的有机质和氮、磷、钾等营养元素，但同时污泥中也含有大量的重金属，随着大量的市政污泥进入农田，使农田中的重金属的含量在不断增高。污泥施肥可导致土壤中Cd、Hg、Cr、Cu、Zn、Ni、Pb含量的增加，且污泥施用越多，污染就越严重，Cd、Cu、Zn引起水稻、蔬菜的污染；Cd、Hg可引起小麦、玉米的污染；污泥增加，青菜中的Cd、Cu、Zn、Ni、Pb也增加。Anthony研究表明，用城市污水、污泥改良土壤，重金属Hg、Cd、Pb等的含量也明显增加。

5. 含重金属固体废弃物堆积

含重金属固体废弃物种类繁多，不同种类的废弃物，其危害方式和污染程度都不一样。污染的范围一般以废弃堆为中心向四周扩散。通过对垃圾堆放场、某铬渣堆存区、城市生活垃圾场及车辆废弃场附近土壤中的重金属污染的研究，这些区域的重金属Cd、Hg、Cr、Cu、Zn、Ni、Pb、As、Sb、V、Co、Mn的含量高于当地土壤背景值，重金属在土壤中的含量和形态分布特征受其垃圾中释放率的影响，且重金属的含量随距离的加大而降低。由于废弃物种类不同，各重金属污染程度也不尽相同，如铬渣堆存区的Cd、Hg、Pb为重度污染，Zn为中度污染，Cr、Cu为轻度污染。

6. 金属矿山酸性废水污染

金属矿山的开采、冶炼、重金属尾矿、冶炼废渣和矿渣堆放等，可以被酸溶出含重金属离子的矿山酸性废水，随着矿山排水和降雨使之带入水环境（如河流等）或直接进入土壤，都可以间接或直接地造成土壤重金属污染。1989年我国有色冶金工业向环境中排放重金属Hg为56t，Cd为88t，As为173t，Pb为226t。矿山酸性废水重金属污染的范围一般在矿山的周围或河流的下游，在河流中不同河段的重金属污染往往受污染源（矿山）控制，河流同一污染源的下段自上游到下游，由于金属元素迁移能力减弱和水体自净化能力的适度恢复，金属化学污染强度逐渐降低。流域重金属污染随季节变化而异，枯水期重金属的含量明显高于丰水期。河流流速减缓可以导致该流段重金属含量增加。

一般来说，工业化程度越高的地区土壤污染越严重，市区高于远郊和农村，表层土壤污染程度重于中下层土壤污染时间越长重金属累积就越多，以大气干湿沉降为主要来源的土壤重金属污染具有很强的叠加性。

二、常见五毒重金属元素的来源

1. 土壤中汞的污染来源

汞是一种毒性较大的有色金属，俗称"水银"，是常温下唯一的液态金属，其熔点很低，仅为 $-38.87℃$，具有很强的挥发性。汞在自然界中以金属汞、无机汞和有机汞形态存在，有机汞（如甲基汞、乙基汞、苯基汞）的毒性远高于金属汞和无机汞。典型的汞公害病为日本的"水俣病"，即由化工厂在生产过程中使用无机汞作触媒而产生的甲基汞。地壳中汞主要以硫化物、游离态金属汞和类质同象形式存在于矿物中。典型的含汞矿物有辰砂（HgS）、硫汞锑矿（$HgS \cdot 2Sb_2S_3$）、汞银矿（AgHg）、硒汞矿（SeHg）及黑黝铜矿等。

汞在地壳中的丰度很低，平均含量为 $7.0\mu g/kg$。我国东部地区从酸性、中性至基性岩浆岩，汞含量略有增高，平均为 $6.9\mu g/kg$。而变质岩与岩浆岩相近，汞的平均含量为 $8.6\mu g/kg$。沉积岩汞平均含量为 $23\mu g/kg$，明显高于岩浆岩和变质岩，并表现出硅质岩＞泥质岩＞碳酸盐岩＞碎屑岩的趋势。中国土壤中（A层）汞的背景含量介于 $0.001 \sim 45.9mg/kg$，其中值为 $0.038mg/kg$，算术平均值为 $(0.065 \pm 0.080)mg/kg$，95％的范围值为 $0.006 \sim 0.272mg/kg$。中国土壤汞背景值区域分异趋势为：东南＞东北＞西部、西北部。土壤类型对汞的背景值亦有明显影响。水稻土及石灰（岩）土中汞背景值含量较高，前者显然是人为因素影响，而后者主要是成土母质与成土过程所致。

土壤的汞污染主要来自于污染灌溉、燃煤、汞冶炼厂和汞制剂厂（仪表、电气、氯碱工业）的排放。如一个 700MW 的热电站，每天可排放汞 215kg，估计全世界仅由燃煤而排放到大气中的汞，一年就有 3000t 左右。含汞颜料的应用、用汞作原料的工厂、含汞农药的施用等也是重要的汞污染源。汞进入土壤后 95％以上能迅速被土壤吸持或固定，这主要是土壤的黏土矿物和有机质有强烈的吸附作用，因此汞容易在表层富集，并沿土壤的纵深垂直分布递减。土壤中汞的存在形态有金属汞、无机态与有机态，并在一定条件下相互转化。汞对土壤的污染有多种途径，由于含汞农药的逐步减少，目前矿业和工业过程所引起的污染已成主导地位。首先，汞矿山开采、冶炼活动产生的"三废"亦使周围土壤受到污染，如我国贵州万山汞矿区炉渣渗滤水总汞含量高达 $4.46\mu g/L$，导致附近土壤汞含量急剧升高。调查表明，贵州滥木厂汞矿区 20 世纪 90 年代停止生产活动至今，汞矿区土壤向大气的汞释放通量仍高达 $10500ng/(m^2 \cdot h)$。其次，煤、石油和天然气在燃烧过程中，排放出大量的含汞废气和颗粒态汞尘。据估算中国燃煤每年向大气排汞超过 200t。第三，氯碱、塑料、电子、气压计和日光灯企业也是重要的污染来源。

2. 土壤中镉的污染来源

镉主要来源于镉矿、冶炼厂。因镉与锌同族，常与锌共生，所以冶炼锌的排放物中必有 ZnO、CdO，它们挥发性强，以污染源为中心可波及数千米远。镉工业废水灌溉农田也是镉污染的重要来源。镉被土壤吸附，一般在 0~15cm 的土壤层累积，15cm 以下含量显著减少。土壤中的镉以 $CdCO_3$、$Cd_3(PO_4)_2$ 及 $Cd(OH)_2$ 的形态存在，其中以 $CdCO_3$ 为主，尤其是在 pH>7 的石灰性土壤中，土壤中的镉的形态可划分为可给态和代换态，它们易于迁移转化，而且能被植物吸收，不溶态镉在土壤中累积，不易被植物吸收，但随环境条件的改变二者可互相转化。世界范围内未污染土壤 Cd 的平均含量为 0.5mg/kg，范围大致在 0.01~0.7mg/kg，我国土壤 Cd 的背景值为 0.06mg/kg。成土母质为污染土壤中 Cd 的主要天然来源，我国地域辽阔，土壤类型众多，致使土壤 Cd 的环境背景值常随着母质的不同而有差异。一般而言，沉积岩 Cd 含量（平均为 1.17mg/kg）高于岩浆岩（0.14mg/kg），变质岩居中，平均为 0.42mg/kg，而磷灰石的含 Cd 量最高。磷灰石对 Cd 在食物链中的富集有重要意义，这与在磷肥生产中，沉积在磷灰石中的 Cd 混入磷肥中被施入土壤，并通过土壤-植物系统迁移在动物和人体内累积有关。据全国土壤背景值调查结果可知，石灰土 Cd 背景值最高，达到 1.115mg/kg；其次是磷质石灰土，为 0.751mg/kg；南方砖红壤、赤红壤和风沙土 Cd 背景值较低，均在 0.06mg/kg 以下，可能与其淋溶作用比较强烈、母岩以花岗岩和红土为主有关。此外，人类生产活动，包括采矿、金属冶炼、电镀、污灌和磷肥施用等工农业活动，常导致土壤发生 Cd 污染。

3. 土壤中砷的污染来源

土壤砷污染主要来自大气降尘、尾矿与含砷农药，燃煤是大气中砷的主要来源。通常砷集中在表土层 10cm 左右，只有在某些情况下可淋洗至较深土层，如施磷肥可稍增加砷的移动性。土壤中砷的形态按植物吸收的难易划分，一般可分为水溶性砷、吸附性砷和难溶性砷，通常把水溶性砷、吸附性砷总称为可给性砷，是可被植物吸收利用的部分。土壤中砷大部分为胶体吸收或和有机物络合——螯合或和磷一样与土壤中铁、铝、钙离子相结合，形成难溶化合物，或与铁、铝等氢氧化物发生共沉。pH 值和 Eh 值影响土壤对砷的吸附，pH 值高，土壤砷吸附量减少而水溶性砷增加；土壤在氧化条件下，大部分是砷酸，砷酸易被胶体吸附，而增加土壤固砷量。随 Eh 值降低，砷酸转化为亚砷酸，可促进砷的可溶性，增加砷害。

砷及其化合物为剧毒污染物，可致畸、致癌、致突变。区域地质异常（岩层或母质中含砷矿物，如砷铁矿、雄黄、臭葱石）是土壤砷的主要天然来源，并决定不同母质发育土壤含砷量的差异。我国土壤砷元素背景值平均值为 9.2mg/kg，表层（A 层）土壤砷含量范围在 0.01~626mg/kg 之间，其中 95% 土样砷含量介于 2.5~33.5mg/kg 之间。中国土壤砷背景值具有以下特征。一是呈地域性分异。我国各土纲土壤砷的背景含量顺序是：高山土>岩成土>饱和硅铝土>钙成土与石膏-盐成土>富铝土>不饱和硅铝土，全国土壤砷的背景值同时显现出地域性分异：青藏高原区>西南区>华北区=蒙新区＞华南区＞东北区；东部冲积平原（黄河平原、长江平原、珠江平原）土壤中砷背景值呈南北向地域分布；而北部荒漠与草原地带土壤砷背景值从东到西呈明显递减趋势。二是母岩与气候组合类型是决定我国地带性土壤砷自然含量的因素。石英质岩石母质对土壤砷含量起着控制作用，而碳酸盐类岩石对土壤中砷含量控制作用则不强，硅酸盐与铝硅酸盐岩石母质对土壤中砷含量的控制作用介于上述二者之间。

在环境中地球化学分异形成的自然背景值基础上，因人类的工农业生产活动，直接或间接将砷排放到土壤环境中，增加砷含量，甚至引起不可逆转的砷污染。污染土壤中砷的人为来源主要来自以下几个方面。①含砷矿物的开采与冶炼将大量砷引入环境。矿物焙烧或冶炼中，挥发砷可在空气中氧化为 As_2O_3，而凝结成固体颗粒沉积至土壤和水体中。如甘肃白银地区 Cu、Pb、Zn 等矿产在采集过程中有大量 As 排入环境，20 世纪 80 年代每年随废水排放的砷达 100t 之多，使该区废水灌溉土壤 As 严重异常，全市 16.3％的土壤 As 超过当地临界值（25mg/kg），最高达 149mg/kg。我国南方工矿区砷异常状况亦较常见，尤以韶关、大全、河地、阳朔、株洲等地为重。②含砷原料的广泛应用。砷化物大量用于多种工业部门，如制革工业中作为脱毛剂、木材工业中作为防腐剂、冶金工业中作为添加剂、玻璃工业中用砷化物脱色等。这些工业企业在生产中排放大量的砷进入土壤。③含砷农药和化肥的使用。曾经施用过的含砷农药主要有砷酸钙、砷酸铅、甲基砷、亚砷酸钠、砷酸铜等。磷肥中砷含量一般在 20～50mg/kg，畜禽粪便一般在 4～120mg/kg，商品有机肥为 15～123mg/kg。若长期施用含砷高的农药和化肥，则会使土壤环境中的砷不断累积，以致最后达到有害程度。④高温源（燃煤、植被燃烧、火山作用）释放。燃烧高砷煤导致空气污染引起居民慢性中毒在我国贵州时有报导，贵州兴仁县居民燃用高砷煤，引起严重环境砷污染和大批人群中毒。据调查的 55 个村民组中有 47 个村民组查出慢性砷中毒病人 1548 人，患病率达 17.28％。

4. 土壤中铬的污染来源

铬的污染源主要是铬电镀、制革废水、铬渣等。铬在土壤中主要有 Cr^{6+} 和 Cr^{3+} 两种价态。土壤中主要以三价铬化合物存在，当它们进入土壤后，90％以上迅速被土壤吸附固定，在土壤中难以再迁移。Cr^{6+} 很稳定，毒性大，其毒害程度比 Cr^{3+} 大 100 倍。而 Cr^{3+} 则恰恰相反，Cr^{3+} 主要存在于土壤与沉积物中。土壤胶体对三价铬具有强烈的吸附作用，并随 pH 值的升高而增强。土壤对六价铬的吸附固定能力较低，仅有 8.5％～36.2％。不过普通土壤中可溶性六价铬的含量很小，这是因为进入土壤中的六价铬很容易还原成三价铬，这其中，有机质起着重要作用，并且这种还原作用随着 pH 值的升高而降低。值得注意的是，实验已证明，在 pH＝6.5～8.5 的条件下，土壤的三价铬能被氧化为六价铬，同时，土壤中存在氧化锰也能使三价铬氧化成六价铬，因此，三价铬转化成六价铬的潜在危害不容忽视。铬广泛存在于地壳中，自然界中铬的矿物主要以氧化物、氢氧化物、硫化物和硅酸盐形式存在。根据各组分含量不同可分为铬铁矿、镁铬铁矿、铝铁矿和硬尖晶石等。铬在不同矿物中的含量变化特征：①同种矿物中铬含量随所在岩石的基性程度增高而提升，超基性岩＞基性岩＞中性岩＞酸性岩；②从岛状到链状、片状硅酸盐，矿物中铬含量呈增加趋势；③云母类矿物中铬的含量低于角闪石和辉石。

土壤中铬的背景含量与成土母岩和矿物密切相关。我国自然地理和气候条件复杂，土壤含铬量差异也较大。中国土壤铬的背景值范围为 $2.20\sim1209mg/kg$，其中值为 $57.3mg/kg$，算术平均值为 $(61.0\pm31.07)mg/kg$。中国土壤铬的背景值呈现一定的分异规律。①铬的含量依土纲顺序为：岩成土纲＞高山土纲＞不饱和土纲＞富铝土纲，这与各土纲所处的气候条件、风化过程和强度等因素有关。例如尽管石灰岩中铬的含量偏低，但石灰岩矿物易在 CO_2 和水的作用下产生化学溶蚀作用，随着碱土金属离子的淋失和氧化铁的相对富集，土壤中铬的含量相对提高。而红壤、赤红壤区，铬随着铝、硅等元素强烈淋失，其含量显著低于全国平均水平，如福建省土壤铬背景值仅为 $44mg/kg$。②土壤铬表现出对母岩的继承性，玄武岩土壤铬的含量明显高于石灰岩和花岗岩，海相沉积土铬的含量高于风沙沉积土，如以蛇纹岩等超基性火成岩含铬较高，平均铬含量为 $2000mg/kg$，花岗岩铬含量范围为 $2\sim60mg/kg$。③平原区土壤中铬的含量取决于平原物源的差异，还与中上游区土壤铬的背景值有一定相关。④中国土壤铬的含量呈西南区＞青藏高原区＞华北区＞蒙新区＞东北区＞华南的空间分布格局。

土壤中高浓度的铬通常来自人为污染，如由镀铬、印染、制革化工等工业过程，污泥和制革废弃物利用引起。六价铬废水主要来源是电镀厂、生产铬酸盐和三氧化铬的企业，而三价铬废水主要源于皮革厂、染料厂和制药厂。另外施肥及制革污泥农用亦使土壤有明显铬的累积。如在制革业比较发达的福建省泉州市，废弃皮粉被再利用作为有机肥原料，泉州某厂生产的有机肥曾检出含铬量高达 $8190mg/kg$。而以铬渣为原料制备的钙镁磷肥中检测出总铬量高达 $3000\sim8000mg/kg$ 的事件也曾见诸报道。马鞍山市郊的污灌土壤含铬量高达 $950mg/kg$，为清灌土壤的 11 倍。一般而言，污灌区土壤铬的累积随着污灌年限的增长而增加，且主要累积在表层，呈沿土壤纵深垂直分布递减的趋势。

5. 土壤中铅的污染来源

土壤铅的含量因土壤类型的不同而异。岩石矿物（如方铅矿 PbS）风化过程中，多数铅被保留在土壤中，未污染土壤的铅主要来源于成土母质。主要岩类中，岩浆岩和变质岩中 Pb 浓度范围为 $10\sim20mg/kg$，沉积岩中 Pb 含量较高，如磷灰岩铅含量可超过 $100mg/kg$，深海沉积物中 Pb 含量可达 $100\sim200mg/kg$。世界土壤平均 Pb 背景值在 $15\sim25mg/kg$，而中国土壤 Pb 背景值算术平均值为 $(26.0\pm12.37)mg/kg$，几何平均值为 $(23.6\pm1.54)mg/kg$。赤红壤和燥红土的铅含量较高，平均值均介于 $40\sim43mg/kg$。

人为铅污染源主要来自于矿山、冶炼、蓄电池厂、电镀厂、合金厂、涂料等工厂排放的"三废"，汽车尾气及农业上施用含铅农药（如砷酸铅），其中采矿冶炼是极为重要的铅污染源。研究表明，公路两侧表层土壤中 Pb 浓度的增高与汽车流量密切相关，且下风位置比上风位置累积得更多。我国湖南桃林铅锌矿区稻田中 Pb 含量高达 $(1601\pm106)mg/kg$。

第三节　土壤重金属的污染危害

一、重金属对土壤肥力的影响

重金属在土壤中大量累积必然导致土壤性质发生变化，从而影响到土壤营养元素的供应和肥力特性。被称为植物生长发育必需三要素的氮、磷、钾，在土壤被重金属污染的条件下，土壤有机氮的矿化、磷的吸附、钾的形态都会受到一定程度影响，最终将影响土壤中氮、磷、钾素的保持与供应。

重金属污染对氮素的影响，主要是它会影响到土壤矿化势和矿化速率常数，当土壤被重金属污染后，土壤氮素的矿化势会明显降低，使土壤供氮能力也相应下降。不同重金属元素对土壤矿化势的影响不同。对磷的影响，主要是因为外源重金属进入土壤后，可导致土壤对磷的吸持固定作用增强，使土壤磷有效性下降。不同的重金属对土壤磷吸附量的影响不同，一般多个重金属元素复合污染条件下影响的强度大于单个重金属元素。重金属污染还会影响土壤磷的形态，使土壤可溶性磷、铜结合态磷和闭蓄态磷的比例发生变化。重金属对土壤钾素的影响，一方面重金属在土壤中的累积会占据部分土壤胶体的吸附位，从而影响到钾在土壤中的吸附、解吸和形态分配；另一方面，由于重金属对微生物和植物的毒害作用，导致对钾的吸收能力减弱。在重金属污染的条件下土壤中水溶态钾会明显上升，交换态钾则明显下降，导致土壤钾素的流失加剧。不同重金属对土壤钾形态的影响不同，重金属复合污染的影响大于单个重金属元素。

二、重金属对农作物和植物的危害

重金属对植物造成危害时，可能会影响植物的养分吸收和利用，引起养分缺乏，如缺铁的黄白化症状等；或由于重金属在植物体内富集，打乱体内代谢，使细胞生长发育停止，造成生长发育障碍等；或使根的伸长受阻引起地上部出现褐斑等。重金属对植物的毒害作用因作物种类、环境条件而不同，但就其毒性的强弱，大致有以下顺序：As＞B＞Ni＞Co＞Cr＞Zn＞Pb＞Mn，常见金属元素对植物产生危害的浓度见表 2-1。

表 2-1　常见金属元素对植物产生危害的浓度

项目	形态	作物	有害浓度/(mg/kg)
铜	硫酸铜	水稻	6.0
锌	硫酸锌	水稻	1.0
铅		燕麦	25.0
镉	氯化镉	水稻	1.0
钴	氯化钴	水稻	6.0

项目	形态	作物	有害浓度/(mg/kg)
镍	氯化镍	水稻	1.0
铬	氯化铬	水稻	1.0
镁		玉米豆类	1.0
铬酸	钠盐	水稻	1.0
亚砷酸	钠盐	水稻	1.0
砷酸	钠盐	水稻	1.0

进入土壤的污染重金属可以溶解于土壤溶液中、吸附于胶体的表面或闭蓄于土壤矿物之内，也可以与土壤中其他化合物产生沉淀，这些都影响到植物对它们的吸收与富集。重金属在土壤中的存在的形态，是决定重金属对植物有效性的基础，通常由固相形态转移到土壤溶液中，是提高某离子植物有效性的前提。但控制土壤固-液相间平衡的因子十分复杂，而且至今尚未完全弄清楚，但研究表明土壤 pH 值、温度、有机质含量、氧化还原电位、矿物成分、矿物类型以及其他可溶性成分的浓度等都会影响土壤重金属的固-液平衡和植物有效性，见图 2-1。

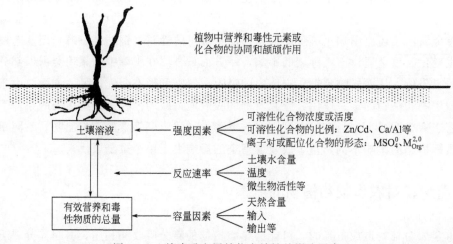

图 2-1　土壤中重金属植物有效性的影响因素

氧化还原电位（Eh 值）、pH 值是影响淹水土壤中重金属的可动性和对植物有效性的重要因子，研究表明，水稻对 Cd 的吸收总量随着氧化还原电位的增加和 pH 值的降低而增加，许多试验均证实了这一点。

不同品种，例如小麦和水稻对重金属抗性的差异亦与氧化还原电位有关；不同农业管理措施，如水肥管理亦可造成氧化还原电位和 pH 值的差异，从而影响植物对重金属毒害的抗性。例如在淹水条件下，减产 25％时的土壤添加 Cd 浓度为 320mg/kg，而在非淹水条件下同样减产幅度时的 Cd 浓度仅为 17mg/kg。

表 2-2 为水稻不同生育期由于烤田处理所造成的 Eh 值的变化及其对糙米重金属含量的影响，由表可见，由于烤田处理使糙米中重金属的含量有一定程度的增加。氧化还原电位的降低，在一些土壤中有可能形成重金属的硫化物，从而使重金属的水溶性减

小，因而减小了其毒害程度。

表 2-2　水稻不同生育期烤田处理土壤 Eh 值的变化及其对糙米中重金属含量的影响

元素	土壤含量/(mg/kg)	处理	Eh 值(分蘖期)/mV	Eh 值(拔节期)/mV	Eh 值(乳熟期)/mV	糙米中含量/(mg/kg)
Cd	3	烤田	308	293	233	0.278
		淹水	234	281	224	0.145
Pb	500	烤田	289	305	261	0.500
		淹水	255	270	255	0.225
Cr	100	烤田	264	266	274	0.230
		淹水	258	261	266	0.210

土壤中重金属的活性与其所处环境的 pH 值有着密切的关系，对重金属阳离子来说，pH 值越低，溶解度越大，活性越大，植物吸收越多，这有可能归因于一些固相盐类溶解度的增加使得重金属的吸附减少，从而增加了土壤溶液中重金属的浓度。

土壤质地、阳离子交换量以及共存离子的种类都会影响重金属的有效性。一般土壤质地越黏重，对重金属的持留能力越强，而越砂的土壤，重金属越容易被淋失。表 2-3 表明，质地黏重的土壤 Cd 的可提取态和植物吸收率都较低。而阳离子交换容量越高，对重金属的钝化能力越强，研究表明随着 CEC 的下降，大豆植株中 Pb 的含量显著增加（Miller et al.，1975）。

表 2-3　土壤质地对可提取态 Cd、麦粒吸收 Cd 的影响（Cd 的投加量 10mg/kg）

质地	麦粒		CH_3COONH_4 提取 Cd		DTPA 提取 Cd	
	含量/(mg/kg)	吸收率/%	含量/(mg/kg)	吸收率/%	含量/(mg/kg)	吸收率/%
黏质土	0.25	2.5	0.72	7.2	4.62	46.2
壤质土	0.38	3.8	0.86	8.6	4.79	47.9
砂质土	0.63	6.3	1.13	11.3	6.12	61.2

土壤中其他离子的存在，也影响植物对重金属的吸收。研究表明，在石灰性土壤中，由于有钙存在，植物体内即使铅的浓度较高也没有明显的毒性，这可能是因为钙与铅竞争的结果，使铅被吸收在植物体中酶结构的不起毒害的位点上。磷酸盐的存在也影响植物对铅的吸收，当玉米幼苗生长在有足够磷酸盐的含铅培养液中时，叶中的含铅量为 936mg/kg，而当培养液中缺少磷酸盐时，则含铅量高达 6716mg/kg；显然，磷酸盐减少了植物叶中铅的累积，这是由于根部的磷酸盐与铅的作用而延缓了它向叶中的迁移。

Cd、Zn 共存对植物吸收 Cd 和 Zn 均有影响。野外条件下土壤和小麦含 Cd 量的调查结果表明，土壤中 Zn 和 Cd 的含量变化影响着小麦对 Cd 的吸收（见图 2-2）。当 Zn/Cd 比增大时，小麦吸收 Cd 量会随之降低，土壤 Zn/Cd 比与小麦吸收 Cd 之间呈负指数关系。在土壤含 Cd 量<2mg/kg 时，Zn 对 Cd 的影响大约

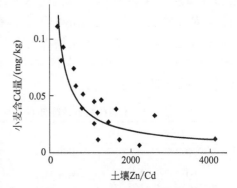

图 2-2　小麦 Cd 含量与土壤 Cd/Zn 比的关系（夏增禄等，1984）

在 Zn/Cd 小于 1500 时较为显著，大于 1500 时其影响较小。也就是说重金属的毒性或植物有效性常常与其他共存离子存在某种交互作用，影响在交互作用的讨论中将有进一步的阐述。

三、重金属对土壤微生物和酶的影响

1. 重金属对微生物的影响

土壤微生物是土壤生态系统中极其重要的生命组分，它在土壤生态系统物质循环与养分转化过程中起着十分重要的作用。重金属的污染，会给土壤微生物产生较大的影响，包括微生物的群落结构、种群增长特征，以及生理生化和遗传等方面都会对重金属的胁迫作出响应。土壤微生物包括细菌、真菌、放线菌等。它们以各种有机质为能源，进行分解、聚合、转化等复杂的生化反应，一般土壤肥力越高，有机质含量越多，微生物数量越多，活性也越强。大多数重金属在低浓度下，会对微生物的生长产生刺激作用，而在高浓度下则抑制微生物的生长，因而，在不同浓度范围的重金属对土壤微生物数量增长的影响不一定是相同的。不同类群微生物对重金属污染的敏感性也不同，其敏感性大小通常是放线菌＞细菌＞真菌。

土壤微生物量是表征微生物总体数量的常用指标，是指土壤中体积小于 $5 \times 10^3 \mu m^3$ 的生物量（不包括植物根系等），是活的土壤有机质部分。通常先测得土壤微生物碳，然后根据微生物体干物质的含碳量（通常为 47%）换算为微生物量，或直接用微生物碳来表示。在未污染的土壤中，土壤微生物量与土壤有机碳含量之间往往有很密切的正相关关系，但若遭受重金属（如 Zn、Cu 等）污染，则这种相关关系变得很差，甚至不复存在。遭受重金属污染的土壤，呼吸量会成倍增加，而土壤微生物量则显著下降，表明土壤微生物在对重金属的污染响应过程中会启动某种逆境防卫机制，因而增加了呼吸消耗。有研究表明，当葡萄糖和玉米秸秆加到重金属的污染土壤后，发现 CO_2 的释放速率为正常土壤的 1.5 倍，但土壤微生物碳和微生物氮都只有正常土壤的 60%。可见重金属污染降低了有机物质的微生物转化效率，说明微生物在逆境条件下维持其正常生命活动需要消耗更多的能量。同位素^{14}C 标记底物的试验结果表明，CO_2 释放总量/微生物碳和$^{14}CO_2$ 释放量/^{14}C-微生物碳的比值在重金属污染土壤中均比正常土壤高，从而验证了重金属污染可降低土壤微生物对能源碳利用效率的推断。欧洲几个国家经长期定位研究提出了对土壤微生物发生不良影响时几种重金属在土壤中的临界浓度（表 2-4）。从表 2-4 可知在不同国家的试验得出的临界浓度差异较大，可能与土壤性质及气候条件不同有关。

表 2-4　土壤微生物量降低 60% 时土壤几种重金属的临界浓度　　　　单位：mg/kg

国家	Zn	Cd	Cu	Ni	Pb	Cr
英国（Wobrum）	180	6.0	70	22	100	105
瑞典（Ultuna）	230	0.7	125	35	40	65
德国（Braunschweig 1）	360	2.8	102	23	101	95
德国（Braunschweig 2）	386	2.9	111	24	114	105

重金属对土壤微生物的影响，除了从数量上加以表征外，还常常从微生物的活性指标进行表征。研究土壤微生物对重金属污染响应的方式及其机理，对重金属污染土壤的生物评价和生物修复等方面具有指导意义。重金属进入土壤后的迁移转化均因微生物活性强度不同而变化，微生物的生态和生化活性也因土壤中重金属的毒害而受到影响。受到重金属污染的土壤，往往富集多种耐重金属的真菌和细菌。一方面微生物可通过多种方式影响重金属的活动性，使重金属在其活动相和非活动相之间转化，从而影响重金属的生物有效性；另一方面微生物能吸附和转化重金属及其化合物，但当土壤中重金属的浓度增加到一定限度时，就会抑制微生物的生长代谢作用，甚至导致微生物死亡。长期定位试验表明，当土壤中某些重金属浓度达到一定值（如 Zn 114mg/kg、Cd 2.9mg/kg、Cu 33mg/kg、Ni 17mg/kg、Pb 40mg/kg、Cr 80mg/kg）时，可使蓝绿藻固氮活性降低 50%，其数量亦有明显的降低。并由于重金属共生固氮作用的抑制，导致豆科作物产量的降低。但共生固氮菌对重金属的反应不及蓝细菌敏感，土壤性质、气候及其他共存金属离子的浓度都会影响单一重金属的临界浓度，例如 Mn^{2+} 在较高浓度时严重抑制微生物对铵（NH_4^+）的同化作用，而 Mg^{2+} 则能抵消 Mn^{2+} 对微生物氮代谢的影响。

有研究表明假单胞杆菌（*Pseudomonas*）能使 As(Ⅲ)、Fe(Ⅱ)、Mn(Ⅱ)等发生氧化，从而使其在土壤中的活性降低。微生物也能还原土壤中多种重金属元素，改变其活性，也可以通过对阴离子的氧化，释放与微生物结合的重金属离子。如氧化铁—硫杆菌（*Thiobacillus*）能氧化硫铁矿、硫锌矿中的负二价硫，使元素 Fe、Zn、Co、Au 等以离子的形式释放出来。微生物还可以通过氧化作用分解含砷矿物。高浓度的重金属对土壤微生物的生长与繁殖的抑制，主要是重金属对微生物的毒性使带巯基（—SH）的体内酶失活引起的，重金属还会损害微生物的三羧酸循环和呼吸链。

2. 重金属对土壤酶活性的影响

土壤酶与土壤微生物密切相关，土壤中许多酶由微生物分泌，并且和微生物一起参与土壤中物质和能量的循环。土壤中酶的种类很多，常见的有脲酶、磷酸酶、多酚氧化酶、水解酶和磷酸单酯酶等，土壤中酶的活性可作为判断土壤生化过程的强度及评价土壤肥力的指标，也有用土壤酶活性作为确定土壤中重金属和其他有毒元素最大允许浓度的重要判据，特别是近年来把土壤酶活性作为衡量土壤质量变化的重要指标越来越受到重视。

研究发现，重金属胁迫会影响土壤酶活性。对土壤中 3 种酶的研究发现，与土壤碳循环有关的酶受到的胁迫较小，与土壤氮、磷、硫等循环有关的酶受重金属胁迫作用显著。在重金属复合污染的情况下（Zn、Cu、Ni、V、Cd 含量分别为 300mg/kg、100mg/kg、50mg/kg、50mg/kg、3mg/kg），芳基硫酸酯酶、碱性磷酸酶和脱氢酶分别只有对照的 56%～80%、46%～64% 和 54%～69%。Cu 对土壤 β-半乳糖苷酶和脱氢酶的 ECso 值（指使生物数量或活性下降 50% 的污染物的浓度）分别为 78.4mg/kg 和 24.8mg/kg。

重金属对土壤酶的抑制有两方面的原因，首先是污染物进入土壤对酶产生直接作用，使得酶的活性基因、酶的空间结构等受到破坏，单位土壤中酶的活性下降；其次是污染物通过抑制微生物的生长、繁殖，减少微生物体内酶的合成和分泌，最终使单位土壤中酶的活性降低。同一重金属元素对不同土壤酶的抑制作用不同，不同重金属对同一种土壤酶活性的影响也不一样。然而，重金属对土壤酶活性的抑制作用是一种暂时现象。由于脲酶活性恢复得较少较慢，所以脲酶活性有可能作为土壤重金属污染程度的一种生化指标。

对污灌区土壤盆栽模拟试验表明（张乃明等，2001），土壤脲酶活性随土壤汞污染浓度增加而降低，不同污染状况下土壤脲酶活性的差异达极显著水平。当土壤中汞投加累积量达 12mg/kg 时，土壤脲酶活性仅为对照的 34％，说明土壤脲酶对汞污染非常敏感。虽然土壤磷酸酶活性也随土壤汞污染浓度增加而降低，但活性下降的幅度较脲酶小。当土壤汞浓度为 12mg/kg 时，磷酸酶活性为对照的 77％。

四、重金属对人体健康的危害

重金属污染土壤的最终后果是影响人畜健康，土壤重金属污染往往是逐渐累积的，具有隐蔽性，一旦发现污染危害时，往往已经达到相当严重的程度，治理很难。重金属对人类健康的危害，最突出的两个事例就是被列入八大公害的日本"水俣病"和"骨痛病"，前者是由于汞的污染造成的，后者则是由镉的污染引起的。近年来，我国耕地土壤被重金属污染的情况也越来越突出，"镉米"的报道已不是偶尔，我国的农产品质量安全令人担忧。

通常重金属污染越重的土壤，作物可食部分的重金属含量也越高，如果其通过食物链经消化道进入人体，或人体暴露于重金属污染土壤的扬尘环境，重金属经呼吸道进入人体等，都将对人体的健康造成直接或间接的影响。对人体毒害最大的元素有 5 种：铅、汞、铬、砷、镉。这些重金属在水中不能被分解，人饮用后毒性放大，与水中的其他毒素结合生成毒性更大的有机物或无机物。

重金属对人体的常见伤害如下。

汞：食入后直接沉入肝脏，对大脑视力神经破坏极大。天然水每升水中含 0.01mg，就会强烈中毒。含有微量汞的饮用水，长期食用会引起蓄积性中毒。

铬：会造成四肢麻木，精神异常。

砷：会使皮肤色素沉着，导致异常角质化。

镉：导致高血压，引起心脑血管疾病；破坏骨钙，引起肾功能失调。

铅：是重金属污染中毒性较大的一种，一旦进入人体很难排除。直接伤害人的脑细胞，特别是胎儿的神经板，可造成先天大脑沟回浅，智力低下；对老年人造成痴呆、脑死亡等。

钴：对皮肤有放射性损伤。

钒：伤人的心、肺，导致胆固醇代谢异常。

锑：与砷能使银首饰变成砖红色，对皮肤有放射性损伤。

铊：会使人得多发性神经炎。

锰：超量时会使人甲状腺功能亢进。

锡：与铅是古代巨毒药"鸩"中的重要成分，入腹后凝固成块，使人至死。

锌：过量时会得锌热病。

铁：在人体内对氧化有催化作用，但铁过量时会损伤细胞的基本成分，如脂肪酸、蛋白质、核酸等；导致其他微量元素失衡，特别是钙、镁的需求量。

这些重金属中任何一种都能引起人的头痛、头晕、失眠、健忘、神经错乱、关节疼痛、结石、癌症（如肝癌、胃癌、肠癌、膀胱癌、乳腺癌、前列腺癌）、乌脚病和畸形儿等；尤其对消化系统、泌尿系统的细胞，脏器、皮肤、骨骼、神经的破坏极其严重。且重金属排出困难，建议平常注意饮食，不然一旦在体内沉淀会给身体带来很多危害。

砷、汞、镉、铅等重金属可引起神经系统的病变。砷是人们熟知的剧毒物，As_2O_3即砒霜，是常用的毒杀性药剂，对人体有很大毒性。人体砷中毒是由于三价砷的氧化物与酶蛋白质中的疏基（—SH）结合，抑制了细胞呼吸酶的活性，使细胞正常代谢发生障碍，破坏细胞分解及有关中间代谢过程，最终可造成细胞死亡。慢性砷中毒主要表现为神经衰弱、消化系统障碍等，并有致癌作用，研究表明砷污染区恶性肿瘤的发病率明显高于非污染区。汞的毒性很强，在人体中蓄积于肾、肝、脑中，毒害神经，从而出现手足麻木、神经紊乱、多汗、易怒、头痛等症状。有机汞化合物的毒性超过无机汞，"八大公害事件"之一的日本"水俣病"就是由无机汞转化为有机汞，经食物链进入人体而引起的。镉属于易蓄积性元素，引起慢性中毒的潜伏期可达 10～30 年之久。镉中毒除引起肾功能障碍外，长期摄入还可引起"骨痛病"，如日本神通川流域由于镉污染引起的"骨痛病"是举世皆知的公害事件之一。贫血是慢性镉中毒的常见症状，此外镉还可能造成高血压、肺气肿等，并发现有致突变、致癌和致畸的作用。铅中毒除引起神经病变外，还能引起血液、造血、消化、心血管和泌尿系统病变。侵入体内的铅还能随血流进脑组织，损伤小脑和大脑皮质细胞。儿童比成人对铅更敏感，铅会影响儿童的智力发育和行为。

铬、铜、锌是人体必需元素，铬是人体内分泌腺组成的成分之一，三价铬协助胰岛素发挥生物作用，为糖和胆固醇代谢所必需。人体缺乏铬会导致糖、脂肪或蛋白质代谢系统的紊乱。铜、锌参与人体很多酶的合成、核酸和蛋白质的代谢过程，缺乏会引起疾病。例如，在新生婴儿中有因缺铜而引起的营养疾患，孕妇缺铜时会形成低色素细胞性贫血，导致胎儿骨骼、心血管及中枢神经系统结构异常或畸形；人体缺锌时表现为生长发育停滞、骨骼发育障碍、智力低下、肝脾肿大、皮肤粗糙、色素沉着、性成熟受到抑制等，易引起贫血、侏儒症、高血压、糖尿病等疾病。但铬、铜和锌过多时也会引发中毒症状，导致疾病。例如铬污染导致消化系统紊乱、呼吸道疾病等，可引起溃疡，在动物体内蓄积而致癌；过量的铜会引起人体溶血、肝胆损害等疾病；过量的锌进入人体也会造成疾病，表现为腹痛、呕吐、厌食、倦怠，及引发一些疾病，如贫血、高血压、冠心病、动脉粥样硬化等。

第四节 五毒重金属元素的污染危害

一、土壤镉污染的危害

1．镉对作物的危害

镉不是植物生长发育必需的元素。土壤中过量的镉，不仅能在植物体内残留，而且也会对植物的生长发育产生明显的危害。镉破坏叶片的叶绿素结构，降低叶绿素含量，叶片发黄褪绿，严重的几乎所有的叶片都出现褪绿现象，叶脉组织成酱紫色，变脆、萎缩，叶绿素严重缺乏，表现为缺铁症状。由于叶片受到严重伤害，致使生长缓慢，植株矮小，根系受到抑制，产量降低，在高浓度镉的毒害下发生死亡。据 Bingham 等（1975）研究，不同植物对土壤中镉的吸收和富集程度差异很大，菠菜在土壤加镉量为 4mg/kg 时，叶片含镉量为 75mg/kg，而叶用甜菜在土壤加镉量为 250mg/kg 时，叶片含镉量才 150mg/kg。菠菜、大豆、荠菜和莴苣作为对镉敏感的作物，在土壤加镉量为 4~13mg/kg 时，产量降低 25%，而番茄、西葫芦、甘蓝只有在土壤投加镉达 160~170mg/kg 时，产量才降低 25%，水稻耐镉能力较强，产量下降 25% 的土壤处理浓度大于 640mg/kg。

镉对植物的危害，主要是其对某些酶的活性中心基（—SH）有特别强的亲和力，从而抑制或破坏酶活性，影响植物正常生长。土壤溶液中的 Ca^{2+} 在根表面与 Cd^{2+} 竞争交换位置时，可以抑制作物对 Cd^{2+} 的吸收。由于 Mn^{2+}（$R = 0.08nm$）和 Zn^{2+}（$R = 0.074nm$）都与 Cd^{2+}（$R = 0.097nm$）的离子半径相似，当 Mn^{2+}、Zn^{2+} 与 Cd^{2+} 同时存在也会阻碍作物对 Cd^{2+} 的吸收。

Cd 对植物的毒害不仅表现为累积于可食部分，降低农产品质量，而且过量 Cd 还会影响植物正常发育，使农作物减产。Cd 对植物直接的伤害首先表现在根部，如伤害核仁，改变 RNA 合成，阻抑 RNAse、硝酸还原酶及质子泵的活动性。其次是直接干扰叶绿素生物合成，破坏光合器官及色素蛋白复合物，影响植物光合作用。Cd 对植物碳水化合物的影响是双方面的，低浓度下，Cd 浓度升高能促进水稻幼苗叶片可溶性糖和淀粉含量升高；高 Cd 浓度下则使二者降低。此外，Cd 与酶活性中心或蛋白质的巯基相结合，可取代金属硫蛋白中的必需元素（Ca、Mg、Zn、Fe 等），导致生物大分子构相改变，干扰细胞正常代谢。植物受 Cd 影响后，体内细胞核、核仁遭破坏严重，染色体的复制及 DNA 合成受阻，核酸代谢失调。研究表明，随着 Cd 浓度增加和处理时间延长，黄瓜、大蒜的有丝分裂下降。而 Cd 对植物的间接伤害则表现为：受 Cd 污染后，土壤酶活性降低，原有土壤有机物或无机物所固有的化学平衡和转化被破坏，许多生化反应受抑制（或反应方向和速度遭改变），进而改变植物根际环境，间接地影响植物生长发育。

不同作物受土壤 Cd 毒害的症状随土壤类型、Cd 含量会有差异，一般认为，Cd 毒害可使植株矮小，叶片失绿黄化，叶脉呈褐色斑痕，根系生长受抑制，植株鲜重、干重下降，叶绿素含量降低，光合作用减弱。如受镉毒害的蚕豆苗根尖呈深褐色坏死；白菜和青菜根系净伸长量均随 Cd 处理浓度的增加而减少；用 Cd 处理豌豆幼苗，可降低叶片叶绿素含量，叶片失绿黄化。有学者研究了 3 种 Cd 污染土壤对青菜和蕹菜生物量的影响，因土壤性质差异，草甸棕壤和灰色石灰土中的青菜无明显受害症状，而红壤中青菜和蕹菜生长受到明显抑制，表现为植株矮小、叶片发黄、边缘卷曲，生长受抑制。

不同植物对土壤 Cd 的转移及富集能力存在较大差异。研究表明，蔬菜对 Cd 的富集能力依次为：茄果类＞叶菜类＞根茎类，而禾本科作物对 Cd 的富集能力则为：小麦＞晚稻＞早稻＞玉米；植物各个部位镉的累积情况：根＞茎＞叶＞果壳＞果仁或籽粒；此外，同种植物不同生长期吸收累积镉的情况也有所不同，通常在生长旺盛时期转移量最大，如水稻吸收 Cd 量为：灌浆期＞开花期＞抽穗期＞苗期。

此外，镉对土壤微生物、土壤酶活性也有影响。镉对以下 4 种酶活性的抑制作用依次递减：脲酶＞转化酶＞磷酸酶＞过氧化氢酶。当加入土壤中 Cd 量为 100×10^{-6} 时，脲酶活性降至原来活性值的 $63\% \sim 82\%$，转化酶、磷酸酶和过氧化氢酶分别降至 $73.92\% \sim 98\%$。当加入 Cd 量为 300×10^{-6} 时，相应指标分别为 $55\% \sim 56\%$、67%、91% 和 98%。Cd 对土壤酶活性的抑制程度较 Hg 的小，镉对硝化细菌的活性有明显的抑制作用，通过对 19 种痕量元素（Cd^{2+}、Cr^{3+}、Cu^{2+}、Mn^{2+}、Pb^{2+}、Zn^{2+} 等）对硝化过程影响的研究，发现当其为 300mg/kg 水平时，都有抑制作用，其中以 Cd^{2+} 的抑制影响相当显著。我国高拯民等的研究结果也证实了 Cd^{2+} 对 $NO_3^- $-N 淋失抑制的强度仅次于 Hg^{2+}，居第二位，且可持续 $7 \sim 11$ 周。因此，镉使土壤中氮的转化受到明显影响。

2. 镉对人体的危害

镉主要通过消化道进入人体。镉化合物的毒性极大，而且属于蓄积性，引起慢性中毒的潜伏期可达 $10 \sim 30$ 年之久。镉进入人体后，一部分与血红蛋白结合，一部分与低分子金属硫蛋白结合，然后随血液分布到内脏器官，最后主要蓄积于肾和肝中。如在日本神通川流域由于镉污染引起的骨痛病是举世皆知的。镉中毒可在肾脏、肝脏、胃肠系统、心脏、睾丸、胰脏、骨骼和血管中观察出病变。在所有的病变中，贫血是慢性镉中毒的常见症状，这是由于镉和铁或镉和铜在新陈代谢中的拮抗作用引起的。

迄今为止，Cd 仍被认为不是人体的必需元素，因为 Cd 在人体内的累积是随着年龄的增加呈逐渐增长的趋势，新生儿体内几乎检测不到 Cd。Cd 在人体内的生物学半衰期达 $20 \sim 40$ 年。Cd 能抑制人体和动物正常生长，抑制氨基酸脱羧酶、组氨酸酶、淀粉酶、过氧化物酶等酶系统活性，干扰 Cu、Co、Zn 等微量元素的正常代谢。人体中 Cd 的累积主要源于食物链（吸烟和饮食），吸收的 Cd 进入血液后，主要储存于肝脏和肾脏中。震惊世界的日本"痛痛病"就是因含镉的矿山废水污染了河水及河两岸的土壤、粮食、牧草，镉通过食物链进入人体而慢慢富集，直接损伤骨细胞和软骨细胞或降低人体肾功能（导致人体对钙、磷的吸收率下降），造成骨软化所致。多数研究认为，即使停止 Cd 接触多年，Cd 诱导的肾功能损害仍是不可逆的。我国沈阳张士灌区土壤 Cd 含量可达 3.0～7.0mg/kg，稻米 Cd 含量 0.5mg/kg 以上，而人体内 Cd 的累积亦十分明显，人体血液、尿和发的 Cd 浓度为"对照区"的 2.0～6.2 倍，这与长期食用灌区污染土壤所生产的粮食有密切关系。总体而言，Cd 毒性极大，对人体健康的影响主要表现为：①与蛋白分子中的巯基结合，抑制众多酶活性，干扰人体正常代谢，减少体重；②刺激人体胃肠系统，致使食欲缺乏，导致人体食物摄入量下降；③影响骨骼钙质代谢，使骨质软化、变形或骨折；④累积于肾脏、肝脏和动脉中，抑制锌酶活性，导致糖尿、蛋白尿和氨基酸尿等症状；⑤诱发癌症（骨癌、直肠癌和胃肠癌等），瑞典卡罗林斯卡医学院最新研究显示，女性摄入 Cd 的量越高，患乳腺癌风险越大，此外还有可能导致贫血症或高血压发生。

二、土壤铅污染的危害

1. 铅对作物的危害

铅不是植物生长发育的必需元素。植物对铅的敏感性较汞、镉为低。低浓度时对作物危害的症状不明显，当土壤含铅量＞1000mg/kg，秧苗叶面出现条状褐斑，苗身矮小，分蘖苗减少，根系短而少；4000mg/kg 时，秧苗的叶尖及叶缘均呈褐色斑块，最后枯萎致死。铅在土壤环境中比较稳定，故引起作物明显减产的浓度较高。据中国科学院资料表明，比较对照处理凡引起作物减产 10% 者，北京地区的土壤铅浓度为 300mg/kg，长江以南地区＞700mg/kg，当铅浓度达 1700～2000mg/kg 时，作物减产 24%。

铅对植物的直接危害，主要是通过抑制或不正常地促进某些酶的活性，影响植物的光合作用和呼吸作用强度。表现为叶绿素下降，暗呼吸上升，从而阻碍植物的呼吸和 CO_2 同化作用。

铅是土壤污染较普遍的元素。污染源主要来自汽油里添加的抗爆剂烷基铅，汽油燃烧后的尾气中含大量铅，飘落在公路两侧数百米范围内的土壤中。另外矿山开采、金属冶炼、煤的燃烧等也是重要的污染源。在矿山、冶炼厂附近土壤含铅量高达 1500mg/kg 以上。随着我国乡镇企业的快速发展，"三废"中的铅也大量进入农田，一般进入土壤中的铅在土壤中易与有机物结合，不易溶解，土壤铅大多发现在表土层，表土铅在土壤中几乎不向下移动。铅是植物非必需元素，被植物吸收并富集到一定程度会影响种子萌发，使根系丧失正常功能，妨碍养分和水分吸收，阻滞农作物正常生长，降低产量和品质。铅可以抑制蛋白合成，阻碍细胞周期运行，导致有丝分裂指数下降，从而抑制植物体细胞分裂。此外，土壤铅在植物组织中累积可导致氧化、光合作用及脂肪代谢过程强度减弱，使植物失绿。铅在植物体内活性很低，大部分被固定在根部，向地上部运输的比例很低。铅在禾本科作物体内的富集和分配规律为：根＞茎＞叶。不同作物对铅的富集程度也存在差异。对北京蔬菜的调查分析表明，蔬菜中铅含量依次为：根茎类＞瓜果类＞叶菜类。此外其他作物对铅的抗性顺序为：小麦＞水稻＞大豆。无机改良剂（石灰、钙镁磷肥、高岭石和海泡石）均可在一定程度上降低土壤铅含量，并有效减少糙米中铅浓度。

2. 铅对人体的危害

铅对动物的危害为蓄积性中毒。铅能与人体内的多种酶结合，或以 $Pb_3(PO_4)_2$ 沉积在骨骼中，从而干扰机体多方面的生理活动，导致全身各系统和各器官均产生危害，尤其是神经、造血、循环和消化系统，因而出现便秘、食欲不振、贫血、腹痛等多种症状。经大量临床实践与流行病研究表明，铅对人体的毒害主要表现在：①对δ-氨基乙酰丙酸合成酶有强烈抑制作用，对δ-氨基乙酰丙酸脱水酶、血红素合成酶有强烈抑制作用，造成卟啉代谢及血红蛋白合成障碍，导致贫血；②抑制红细胞 ATP 酶活性，增加红细胞膜脆性，引起溶血；③具有神经系统毒性，引起中毒性脑病和周围神经病；④损害肾小管及肾小球旁器功能及结构，引起中毒性肾病、小血管痉挛、高血压。普遍认为儿童和胎儿对铅污染比成年人更为敏感。在过去的 50 年间，儿童可接受的血铅由 $600\mu g/L$ 降为 $100\mu g/L$。

三、土壤铬污染的危害

1. 铬对作物的危害

植物体内都含有微量的铬。至今还未充分证实铬是植物生长发育的必需营养元素。但它对植物的生长发育具有一定的影响，并与周围的自然环境有密切的关系。当土壤铬含量低时，增施微量铬可刺激作物生长，提高产量。但当环境中的铬超过一定量时，则对植物产生危害。

土壤铬对植物的毒性与铬化学形态、土壤质地和有机质、土壤 pH 值与 Eh 值等因素有关。六价铬在土壤中是可溶性的，易于被植物吸收，毒性大；三价铬是难溶性的，难以被植物吸收，毒性小。中国科学院资料表明，以减产 10% 为明显受害指标，三价铬（Cr^{3+}）对水稻的危害浓度为 704mg/kg，而六价铬为 208mg/kg。

植物吸收的铬约 95% 保留在根中，因而铬对植物的毒性主要发生在根部，这里铬的浓度最高。高浓度铬对植物的危害，主要是阻碍植物体内水分和营养向地上部输送，并破坏代谢作用。能穿过细胞，干扰和阻碍植物对必需元素如钙、钾、镁、磷、铁等的吸收和运输，抑制光合作用等。铬对种子萌发、作物生长的影响主要是使细胞质壁分离、细胞膜透性变化并使组织失水，影响氨基酸含量，改变植株体内的羟羧化酶，抗坏血酸氧化酶。植物遭受铬毒害后的外观症状是根功能受抑制，生长缓慢和叶卷曲、褪色。

微量铬可以促进某些作物（如小麦、大麦、玉米、亚麻、大豆、豌豆、土豆、胡萝卜、黄瓜）等的生产。不同作物对铬的耐受能力是不同的，对高浓度 Cr(Ⅲ) 耐受能力较强的有水稻、大麦、玉米、大豆、燕麦。高浓度铬对植物产生严重的毒害作用，植物体受害症状为植株矮小、叶片内卷，根系变褐、变短、发育不良。随着铬浓度的增加，它在农作物（水稻、小麦等）各器官中的浓度也增加，其分配规律基本为：根＞茎叶＞籽粒。施用制革污泥后，豆类作物不同部位 Cr 的富集量次序依次为：根系＞茎叶＞豆荚。铬在蔬菜体内不同部位的分布也呈现根＞叶＞茎＞果的趋势。Cr(Ⅵ) 对作物的危害相对较强，研究表明，土壤中外源添加 Cr(Ⅲ) 至 500mg/kg 时，水稻各生态指标才出现明显差异，糙米产量减产 10％左右；而添加 Cr(Ⅵ) 在 50mg/kg 以下时，水稻生长便明显地受到抑制。

此外，铬对土壤微生物及土壤酶活性也有一定的抑制作用，其影响趋势与 Hg、Cd、Pb 类似。如王惟咨等在其试验研究中发现，硝化作用明显地受到 Cr^{6+} 和 Cr^{3+} 的抑制。当 Cr^{6+} 为 40mg/kg 时，硝化作用几乎全部受到抑制。在很低浓度（10mg/kg）下，硝化作用就受到显著抑制，但这种抑制是短时期的，随着时间的延长，硝化作用的强度逐渐得到恢复。因此，将硝化作用强度用作土壤受 Cr^{6+} 污染的指标具有一定意义。

2. 铬对人体的危害

铬是人体必需的微量元素。它是人体内分泌腺组成的成分之一，三价铬协助胰岛素发挥生物作用，为糖和胆固醇代谢所必需，人体缺乏铬会导致糖、脂肪或蛋白质代谢系统的紊乱。但土壤铬污染严重可通过食物链对人畜产生危害，其毒性主要是由六价铬引起的，表现为消化系统紊乱、呼吸道疾病等，能引起溃疡，在动物体内蓄积而致癌，其毒性顺序为 $Cr^{6+} > Cr^{3+} > Cr^{2+}$。Cr(Ⅲ) 很容易和配位体生成一种比较稳定的络合物，参与人体糖和脂肪代谢，是人体必需的。人体缺乏铬会抑制胰岛素的活性，影响胰岛素正常的生理功能；缺铬亦导致机体血糖升高，出现糖尿，使脂肪代谢紊乱，出现高脂血症，诱发动脉硬化和冠心病。对营养不良婴儿给予补铬试验治疗，患儿生长发育速度加快，体重增加，体质改善。铬对血红蛋白的合成及造血过程也具有良好的促进作用。Cr(Ⅵ) 是一种强氧化剂，对细胞膜具有较强的穿透能力，易被人体吸收而且在人体蓄积，对人体有毒。其毒性主要是表现在引起呼吸道疾病、肠胃道病和皮肤损伤等。此外，Cr(Ⅵ) 由呼吸道吸入时有致癌作用，通过皮肤和消化道大量吸入能引起死亡。有研究指出，Cr(Ⅵ) 化合物的主要毒性是由 Cr(Ⅵ) 在细胞内还原为 Cr(Ⅲ) 的中间产物引起，Cr(Ⅵ) 一旦进入胃酸或血液中会立即被还原为 Cr(Ⅲ)，并对 DNA 造成多种形式的破坏和氧化损伤，如链断裂、铬-DNA 加合物、DNA-DNA 链间交联及 DNA-蛋白质交联，引起遗传密码改变和细胞突变、癌变。铬通过土壤-植物系统进入食物链而威胁人体健康风险较小，这主要是因为铬不易被植物吸收并转运到地上部（多数滞留于根部，极少进入茎叶和果实）及铬的阈值范围较宽。

四、土壤汞污染的危害

1. 汞对作物的危害

汞是植物非必需元素，但几乎所有的植物体内均含有微量汞，它是中度富集性元素。植物体可以通过根部吸收土壤中的汞，也可以通过叶片呼吸作用吸收大气飘尘中的汞和由土壤释放的汞蒸气中的汞。由于汞具有低熔点和高蒸汽压的特性，使其在环境中的分布与迁移具有独特的性质，也造成了研究其危害植物的困难。

汞对植物生长发育的影响主要是抑制光合作用、根系生长和养分吸收、酶的活性、根瘤菌的固氮作用等。植物受到汞污染后会出现叶片黄化、植株低矮、分蘖受限制、根系发育不正常等症状,严重时产量明显下降。土培试验结果表明,当用含汞2.5mg/L的水灌溉水稻时,水稻的生长明显受到抑制,产量降低了27.4%,当水中汞浓度为5.0mg/L时,可减产达90%以上,同样,在灌溉水中汞为2.5mg/L时,油菜的生长也受到明显影响,产量降低12.3%。有些资料报道,尽管土壤中总汞含量有时很高,但作物的含汞量不一定高,这时汞可能是不易溶的HgS等形态,而被作物直接吸收的有效汞则很少。目前土壤环境汞污染对作物生长发育直接影响的研究尚不多见,研究的重点仍是作物体内汞的残留、转移、累积规律及其影响因素问题。

土壤中汞的生物效应研究有一定难度,因为大气汞污染对植物汞的累积贡献也相当明显。大气汞污染对土壤-植物系统的危害研究表明,植物在吸收土壤汞的同时亦可吸收大气汞。当植物汞源于大气汞时,其地上部汞含量高于根部,而源于土壤汞时,则根汞高于地上部,因此在研究土壤中汞的植物效应时,汞污染源的区分十分重要。在农田环境中,汞主要与土壤中多种无机和有机配位体生成络合物,在作物体内富集并通过食物链进入人体。植物对汞的吸收随土壤汞浓度的增加而提高。不同植物及同一植物的不同器官在各自生长阶段对汞的吸收、富集完全不一样。粮食作物中富集汞能力的顺序是:水稻＞玉米＞高粱＞小麦。水稻比其他作物易吸收汞的主要原因是,淹水条件下,无机汞会转化为金属汞,使水田土壤中金属汞含量明显高于旱地。研究表明,酸性土壤汞含量大于0.5mg/kg,石灰性土壤汞含量大于1.5mg/kg时,稻米中汞富集量会超过0.02mg/kg的粮食卫生标准,但不会影响水稻的生长。引起水稻生长不良的土壤汞浓度一般为5mg/kg以上。汞在水稻和小麦体内的分布情况类似,依次为:根部＞叶片＞茎＞籽粒,其中叶片因其生长时间不同,汞含量自下叶向上叶逐渐递减。研究表明,水稻对不同形态汞化合物吸收强弱依次为醋酸苯汞PMA＞$HgCl_2$＞HgO＞HgS。蔬菜对有机物结合态汞的吸收顺序为:Hg^{2+}＞富啡酸-Hg＞胡敏酸-Hg＞柠檬酸-Hg＞胡敏素-Hg。土壤中汞含量过高,不但引起汞在植物体内的累积,还会对植物产生毒害,其症状主要为:根系发育不良,植株矮小,叶片、茎可能变成棕色或黑色,甚至导致死亡。汞抑制植株生长有许多生理原因,如汞抑制硝酸还原酶活性,影响无机氮转化成有机氮的速率;抑制叶绿素合成,破坏叶绿素结构,降低了光合速率等。

汞污染对土壤微生物、土壤酶活性以及土壤的理化性质也有影响。受Hg、Cd、Pb、Cr污染的土壤细菌总数明显降低,当土壤中Hg为0.7mg/kg,Cd为3mg/kg,Pb为100mg/kg,Cr为50mg/kg时细菌总数开始下降。Hg和Cd相比,Hg的影响程度大于Cd。Pb和Cr相比,Cr的抑制作用显著。随着培养时间的加长,Hg、Cd、Pb的抑制作用呈略有降低的趋势,而Cr则相反,随着培养时间的加长抑制作用更为明显。Hg对脲酶的抑制作用最为敏感,其余依次为转化酶、磷酸酶和过氧化氢酶。据有关材料说明,Hg^{2+}对土壤中$NO_3^- \text{-} N$的淋失抑制强度比Cd^{2+}、Pb^{2+}、Ni^{2+}、Cu^{2+}、Cr^{3+}大,并且可持续7~11周以上。因此,汞污染的土壤生态效应问题,应引起我们的足够重视。

2．汞对人体的危害

汞的毒性很强，而有机汞化合物的毒性又超过无机汞。无机汞化合物如 HgCl、HgCl$_2$、HgO 等不易溶解，所以进入生物组织较少。由于甲基汞为脂肪性物质，生物体对其吸收率可达 100％，因而甲基汞极易进入生物组织，并有很高的蓄积作用，危害力极大。汞在人体中蓄积于肾、肝、脑中，主要毒害神经，破坏蛋白质、核酸，使人出现手足麻木，神经紊乱等症状。日本"水俣病"公害就是有无机汞转化为有机汞，经食物链进入人体而引起的。重金属中以汞的毒性最大，无机汞盐引起的急性中毒症状主要为急性胃肠炎症状，如恶心、呕吐、腹泻、腹痛等。慢性中毒表现为多梦、失眠、易兴奋、手指震颤等。汞的毒性以有机汞化合物的毒性最大（甲基汞），日本"水俣病"的致病物质即为甲基汞。甲基汞可引起神经系统的损伤及运动失调，严重时疯狂痉挛致死。微量的汞在人体内一般不致引起危害，可经尿、粪和汗液等途径排出体外，倘若过量汞通过呼吸系统、食道、血液和皮肤进入人体内，可在一定条件下转化成剧毒的甲基汞，侵害人的神经系统。研究表明，甲基汞可穿过胎盘屏障侵害胎儿，使胎儿的神经元从中心脑部到外周皮层部分的移动受到抑制，导致大脑麻痹。环境中的甲基汞，还能沿着水生食物链传递，进行高度生物富集。水体中处于食物链顶级的鲨鱼、箭鱼、金枪鱼、带鱼等大型鱼类以及海豹体内甲基汞含量最高，易通过食物链危害人类及其他哺乳动物。汞及其化合物在人体内的蓄积部位不同，如金属汞主要蓄积在肾和脑，无机汞主要富集于肾脏，而有机汞主要存在于血液及中枢神经系统。汞中毒的机理目前尚未完全清楚，目前已知道的是 Hg-S 反应是汞产生毒性的基础。金属汞进入人体后，迅速被氧化成汞离子，并与体内酶或蛋白质中许多带负电的基团（如巯基）等结合，抑制细胞内许多代谢途径（如能量、蛋白质和核酸的合成），进而影响细胞功能和生长。此外汞与细胞膜的巯基结合，改变膜通透性，导致细胞膜功能障碍。

五、土壤砷污染的危害

1．砷对作物的危害

砷不是植物必需元素，但植物在其生长过程中会从外界环境主动或被动地吸收砷。土壤中微量砷（5～10mg/kg）可以刺激植物的生长，提高产量，原因可能是砷的还原作用提高了植物细胞中氧化酶的活性，使土壤中不可给态磷有效化。砷可杀死或抑制危害植物的病菌从而减少植物的病害，有利于植物正常生长。土壤中过量砷可降低植物的蒸腾作用，抑制根系的活性和对水分、养分的吸收与运输。表现为出苗不齐，根都发黑、发褐，植株矮小，叶片枯黄脱落，最终导致生长发育受阻，产量降低，品质下降。但不同的植物类型发生砷害的症状有较大的差异。砷对水稻毒害的可见症状比较明显，水稻受砷害表现为植株矮化，叶色浓绿，抽穗期和成熟期延迟，一定条件下，甚至会出现明显稻穗稻粒畸形和花穗不育现象；中度受害时，还出现茎叶扭曲，无效分蘖增多；严重受害时，植株不发棵，地上部分发黄，根系发黑，且根量稀少，干枯致死。对小麦砷胁迫的研究表明，从形态指标来看，随着砷浓度升高，小麦发芽率、根长、芽长、根重、芽重均呈先上升后下降趋势，表现为低浓度促进高浓度抑制，且对根生长的抑制作用大于芽。旱作中豆类作物易受害，蚕豆、黄麻、洋葱、豌豆等也较敏感，而禾谷类和块根类作物比较不敏感，不易受害，只有在严重污染下才出现毒害症状。在添加砷酸钠 $0 \sim 500$ mg/kg 的土壤中，植物对砷的敏感性依次为：绿豆＞利马豆荚＝菠菜＞萝卜＞西红柿＞卷心菜。

低浓度的砷对植物有刺激作用。据有关试验研究，一些土壤含砷量为 $5 \sim 10$ mg/kg 时，能刺激植物生长，杀灭有害微生物，促进固氮菌生长与磷的释放。但当土壤中的砷超过一定量时，则对植物生长产生危害。

砷对植物的危害因价态而异，三价砷的毒性比五价砷的毒性大 3 倍以上。砷对植物危害的症状首先表现在叶片上，受害叶片卷曲、枯萎、脱落，其次是根部的生长受到阻碍，致使植物的生长发育受到显著抑制，甚至枯死。砷可以取代 DNA 中的磷，妨碍水分特别是养分的吸收，抑制水分从根部向地上部输送，从而使叶片凋萎以至枯死。过量的砷会引起地面蒸腾下降，抑制土壤的氧化与硝化作用以及酶活性等。砷对养分吸收阻碍顺序是 $K_2O > NH_4^+ > NO_3^- > MgO > P_2O_5 > CaO$。高等植物受砷害的叶片发黄的原因有两个：一个是叶绿素受到了破坏；另一个是水分和氮素的吸收受到了阻碍。砷在作物体内的分布是不均匀的，通常根部累积最多，茎、叶次之，籽实最少。

不同种类植物对砷的吸收和富集存在较大差异。对福建省蔬菜基地十几种蔬菜砷富集能力做了比较研究，其中芋、芹菜、细香葱、莲藕、空心菜属高富集蔬菜，并认为对砷的富集能力依次为：茎叶类＞＞根茎类＞豆类＞瓜果类。同种植物不同部位富集的砷含量也会较大差异，一般为：根＞茎、叶＞籽粒、果实，呈现自下而上的递减规律。如谷中砷主要富集在谷壳，苹果各部分含砷量为：叶＞果皮＞果肉，作物中砷含量一般为：根＞茎叶＞籽实，如水稻根中砷含量一般是茎叶中的几十倍。在土壤砷含量相同时，种植水稻米粒中的砷含量显著高于麦粒，原因是在淹水条件下，可溶性亚砷酸含量提高，因此在砷污染严重农田，可改水作为旱作。

此外砷对土壤微生物也有一定毒性。土壤受砷污染后，细菌总数明显减少，在试验浓度范围（$10 \sim 40$ mg/kg）内，当土壤砷浓度为 10 mg/kg 时，细菌数已明显下降，并随土壤砷浓度的增加而递减。不同形态的砷化物对细菌的影响效应具有一定差异，以亚砷酸钠的抑制作用最为明显。

2. 砷对人体的危害

砷不是人体的必需元素，它是传统的剧毒物，As_2O_3 即砒霜对人体有很大毒性。砷中毒是由于三价砷的氧化物与细胞蛋白质的巯基（—SH）结合，抑制了细胞呼吸酶的活性，并导致其分解过程及有关中间代谢均遭到破坏，从而使中枢神经系统发生机能紊乱，毛细血管麻痹和肌肉瘫痪等，慢性砷中毒主要表现为神经衰弱、消化系统障碍等，并有致癌作用。砷是自古以来人们熟知的毒性物质，尤其是 As_2O_3 是众所周知的"毒王"。无机砷或有机砷经口摄入后，在肠胃被吸收，并结合到红细胞，随血液循环到身体各个部位。砷被人体吸收后，主要分布在骨骼、肝脏、肾脏、心脏、淋巴、脾和脑等组织器官中。人和单胃动物反应比较敏感，长期接触含砷化合物对许多器官系统均有毒副作用，首先表现为它与酶系统中的巯基（—SH）结合而使其失活。砷还会破坏维生素 B_1 参与三羧酸循环而导致维生素 B_1 缺乏，引起神经性炎症。砷形态不同其毒性也存在较大差异，各形态砷的毒性强度依次为：有机砷＜五价砷＜三价砷＜砷化氢。三价砷毒性比五价砷大，可能和体液中存在的高浓度磷酸盐对五价砷在化学性质相近的情况下竞争抑制有关。无机砷的毒害症状表现为周围神经系统障碍和造血机能受阻、肝脏肿大和色素过度沉积；有机砷则表现为中枢神经系统失调，提高脑病和视神经萎缩的发病率。慢性砷中毒一般表现为眼睑水肿、口腔溃疡、皮肤过度角质化、腹泻和步态蹒跚等；急性中毒症状为腹痛、呕吐、赤痢、烦渴、心力衰竭、食欲废绝、精神抑郁等。急性中毒多为误服或使用含砷农药或大量含砷废水污染用水所致。此外，砷还与癌症发病率有关，研究显示，砷与肝癌、鼻咽癌、肺癌、皮肤癌、膀胱癌、肾癌及男性前列腺癌有关。

第三章
土壤重金属元素背景值
与环境容量

环境背景值与环境容量是环境科学研究中两个基本的概念。土壤作为重要的农业资源与环境要素，在未受到人类活动影响时土壤本身重金属元素有其背景或本底含量水平，也即未受到污染时的状态，在土壤环境质量标准制定之后，土壤这个重要的环境介质就有达到或超过标准值所能容纳重金属污染物的最大量即土壤环境容量。本章主要论述土壤背景值与土壤环境容量的概念、内涵、影响因素、基本状况及实际应用。

▓▓▓ 第一节　土壤重金属元素环境背景值 ▓▓▓

土壤环境背景值研究，是服务于土壤环境保护的一项基础性工作，它可以为土壤环境保护规划、环境质量评价、工农业生产布局、微量元素肥料合理施用、地方病与环境病防治、地球化学找矿等提供科学依据。同时也为地理学、环境生态学等学科发展和生态文明建设提供重要参考资料。

一、土壤环境背景值概述

（一）土壤背景值的概念

在环境科学兴起之前，地球化学家和地球物理学家已对地壳中各种元素的含量进行了研究。早在 1910 年，A. R. Wallace 就指出，地壳变动是生物进化的诱因和动力，其中化学元素的变化是根本原因。背景值调查起源于地球化学研究，在地球化学中，把自然客体物质含量的自然水平称为地球化学背景，当某种化学元素的含量与地球化学背景有重大偏离时，称为地球化学异常。可以说在地球化学研究中已包含了土壤环境背景值的内容。

土壤环境背景值是指在很少受人类活动影响和不受或未明显受到现代工业污染破坏的情况下，土壤原来固有的化学组成和元素含量水平。但是人类活动的影响已遍及全球，很难找到绝对不受人类活动影响的土壤，现实中只能去寻找影响尽可能少的地方，因此土壤环境背景值在时间上与空间上都是一个相对的概念。

（二）土壤环境背景值研究的意义

人口和工业生产规模的巨大增长，伴随废弃物数量急剧增加，在环境问题遍及全球的今天，人类活动已经污染了包括土壤圈在内的各个圈层，要了解某一区域是否受到污染以及其发展的程度，只有在了解原有环境背景值的条件下才能实现，因此土壤环境背景值研究作为土壤环境保护研究的一项基础性工作，在理论上和实践上都有重要意义。

1) 土壤污染防治和土壤环境质量评价都必须以土壤环境背景值作为基础。土壤环境背景值研究还可促进土壤元素丰度和分布、土壤元素迁移转化规律以及土壤元素的区划等的研究，从而也丰富和促进了土壤学、化学地理学、地球化学、环境生态学的发展。

2) 土壤环境背景值研究可为农业生产服务，可从土壤环境背景条件和植物生长的关系寻找适合作物生长发育的最佳土壤环境背景条件和背景区，在更大的范围内实现因土种植，还可根据微量营养元素的背景值丰缺程度指导微量元素肥料的施用。

3) 土壤环境背景值研究可为防治地方病和环境病服务。环境中某一种或几种化学元素含量显著不足或过剩，是造成某些地方病和环境病的原因，了解地方病的土壤环境病因，可为地方病防治提供科学依据。

4) 土壤环境背景值研究可为地球化学找矿提供依据，地表残积层中元素的异常，直接指示矿物或矿体赋存的位置。

5) 土壤环境背景值研究可为工农业生产布局提供依据，工业建设项目选址、大区域种植结构调整，必须了解该区域的土壤环境背景特征，对于某一元素背景值高的区域，就不应该新建排放该元素的工业企业。

（三）土壤环境背景值影响因素

1. 成土因素

伴随着土壤的形成，母质中各元素参与了地质大循环和生物小循环，经历了复杂的淋溶、迁移、淀积和再分配，因此土壤背景值的形成与成土条件、成土过程密切相关，必然受到气候、母质、地形地貌、生物和时间五大成土因素的综合影响。

(1) 气候　气候条件不同，土壤中物质的迁移、淋溶、富集状况也不同，水热条件的差异将直接影响母岩的风化程度和化学元素的释放。有关气候因子对土壤背景值的影响研究较少，为研究气候对土壤背景值的影响程度和各气候指标的作用大小，我们选择南北狭长地跨约 7 个纬度（34°～41°），海拔高度变化也较大（3058～250m），不同区域水量热量供应不同，整个区域成土母质相对单一，以黄土母质为主体的山西省为研究区域，分析气候因子对土壤元素背景值的影响。

为定量研究气候对土壤环境背景值的影响，引入灰色系统理论的关联分析方法，选取 11 个代表不同气候状况的典型点，并以最高气温，年降水量，≥10℃积温，≥0℃积温，≥0℃的天数（有效风化天数）五项指标的数据进行了分析计算。各项气候因子对土壤中元素含量影响的关联度计算结果见表 3-1。从表 3-1 可以看出，As 和 F 受最高气温的影响最大，≥0℃的日数对土壤 Cu 背景值的影响最大，影响 Cd、Pb、Mn 主要气候指标是降水量，Hg、Zn 则受≥10℃积温的影响最大，从总体看，对土壤元素背景值影响大小的气候因子顺序是：降水量＞（≥0℃的日数）＞最高气温＞（≥0℃积温）＞（≥10℃积温）。

表 3-1　各气候因子的关联度（R）

元素	最高气温(R_1)	降水量(R_2)	≥0℃的日数(R_3)	≥10℃积温(R_4)	≥0℃积温(R_5)
As	0.714	0.682	0.668	0.644	0.651
Cu	0.712	0.720	0.731	0.664	0.683
Zn	0.619	0.665	0.682	0.683	0.682
Mn	0.685	0.758	0.704	0.681	0.687
Hg	0.622	0.638	0.627	0.639	0.635
Pb	0.708	0.734	0.731	0.713	0.729
Cd	0.746	0.753	0.739	0.727	0.736
F	0.785	0.755	0.767	0.771	0.779
Cr	5.592	5.704	5.648	5.520	5.584
平均	0.699	0.723	0.706	0.690	0.698

关联序：$R_2 > R_3 > R_1 > R_5 > R_4$

总之，不同的水热状况决定着成土母质风化过程，进而影响土壤中各元素的释放及其背景含量，一般有效风化天数多，降雨量大，风化作用强，各元素释放多，其背景值则较大，就山西省的土壤背景值水平分布特征看，其与气候的分布基本吻合。

（2）母质　母质是土壤物质的来源，母质的矿物成分和化学组成可直接影响土壤中化学作用进程和土壤化学成分。事实上，土壤元素在成土过程中的行为在一定程度上继承了母质的地球化学特征。有关成土母质对土壤元素背景值影响的研究较多，已有的论述表明影响土壤元素背景值的主导因素是成土母质，但仅用变异系数大小来判断影响因素的主次，依据还不够充足，因为统计不同母质土壤元素背景值变异系数未能排除其他因素的影响。不同母质上发育的土壤元素背景值见表 3-2。从该表可以看出不同母质的土壤元素背景值差异十分显著，如发育于海洋沉积物母质的土壤汞背景值是发育于风沙母质的 9 倍，石灰岩母质和海洋沉积物母质的 Pb、Cu 的背景值是风沙母质土壤背景值的 2 倍，Mn、Ni 的背景值均以发育于沉积石灰岩母质的土壤最高，所有 5 种金属元素背景值均以风沙母质背景值最低。总之，不同母质的土壤中，各种元素的含量差别较大，而母质相同的土壤中元素含量差别较小，这为土壤元素背景值分区提供了重要依据。

表 3-2　发育于不同母质的土壤重金属背景值　　　单位：mg/kg

母质名称	Hg	Pb	Cu	Mn	Ni
酸性火成岩	0.054	31.9	17.2	636	19.9
火山喷发物	0.065	31.7	13.1	540	15.7
沉积页岩	0.068	26.3	28.7	610	31.8
沉积砂岩	0.057	25.5	24.8	529	28.1
沉积石灰岩	0.112	32.7	27.7	738	38.0
沉积砂页岩	0.064	24.7	21.8	386	22.7
河流冲积沉积物	0.055	23.4	22.8	609	26.8
湖泊沉积物	0.081	22.6	24.9	558	30.3
海洋沉积物	0.177	32.6	26.9	610	32.3
黄土母质	0.029	21.6	21.1	569	27.8
红土母质	0.091	29.3	23.5	452	28.5
风沙母质	0.019	15.9	10.6	370	13.6

(3) 地形地貌　在成土过程中，地形地貌是影响土壤和环境之间进行物质能量交换的一个重要条件，它通过各成土因素间接对土壤起作用，已有研究表明，地貌通过成土母质时间等成土因素制约着土壤成土过程，造成土壤元素含量区域差异。实际上，地形地貌的起伏变化虽然不能直接增添新的物质和能量，但它控制着地下水的活动情况，能引起水、土、光、热的重新组合与分配。因此土壤元素的背景含量也必然受地形地貌的影响，在母质均一的情况下，土壤的性状和分布就直接受地形地貌的控制，从采自同一区域不同地形部位的土壤中各元素背景含量大小就可以证明（见表 3-3）。

表 3-3　不同地形地貌土壤元素背景值　　　单位：mg/kg

地形地貌	Cu	Pb	Zn	Cd	Cr	Hg	As	Mn	F
洪积扇	20.37	14.32	60.41	0.178	35.91	0.0095	6.15	411.9	3893
二级阶地	14.45	12.03	50.06	0.061	52.80	0.0165	4.95	504.4	506.5
一级阶地	26.78	18.42	59.21	0.148	54.58	0.0147	6.67	530.5	383.8

(4) 生物因素　在由母岩母质发育形成土壤的过程中，生物的作用特别是微生物的作用十分重要，其中土壤腐殖质的分解和累积与生物（动植物和微生物）密切相关，可以说土壤表层有机质含量的多少主要受生物因素的影响，而有机质对各种化学元素的络合、吸附和螯合作用又影响土壤中元素的淋溶、迁移、累积，最终也就影响土壤元素环境背景值的形成。

(5) 时间因素　土壤的形成过程是一个十分漫长的过程，从母岩母质发育形成 1cm 厚的土壤大约需要 300～400 年，虽然母质是土壤最初的物质来源，但时间长短决定着土壤发育的阶段，影响着母岩中各种元素分解释放的速度和数量，一般发育时间短、发育程度低的土壤其元素背景含量也相对较低。

2．土壤理化性质对土壤环境背景值的影响

土壤有机质、酸碱度（pH 值）和土壤质地对土壤中元素的含量都有不同程度的影响。土壤中的有机质对重金属元素的吸附和络合显著地影响元素的迁移能力，从而影响土壤元素背景值；随着 pH 值升高，土壤中 Pb、Zn 等元素的活动性降低，在低 pH 值条件下，多数重金属元素迁移性增强；许多研究表明土壤质地对金属元素含量起着重要作用，一般黏粒含量越高，质地越细，多数重金属含量就越高，甚至在母质相同，地貌平坦的地区，可根据土壤不同粒级的颗粒含量组成来推测土壤中重金属元素的含量。对山西黄土母质发育的土壤中重金属元素与土壤有机质、机械组成的关系曾有论述，但仅列出了相关系数，认为有机质黏粒的含量与多数重金属元素含量成正相关。为定量研究土壤理化性质对土壤背景值的影响，笔者采用多元线性回归和通径分析方法，探讨土壤有机质、pH 值和质地对不同元素含量的贡献和影响作用的大小，对各土壤性状之间的间接影响也做了分析，基于不同母质的土壤元素背景值差异较大，因此，为排除母质作用的影响，特选择成土母质一致的土壤剖面进行分析，回归分析结果见表 3-4，方程中 X_1 代表土壤有机质含量，X_2 是 pH 值，X_3 为物理性黏粒（粒径＜0.01mm）含量，X_4 为 0.01～0.001mm 粒级含量，X_5 黏粒含量（＜0.001mm），从土壤中 9 种元素背景值与 5 项土壤性状的回归方程中可看出，土壤理化性状对不同元素的影响作用不同，9 个回归模型中，只有 Cr、Zn、Hg、Cd 的复相关数未达显著水平（$P=0.05$），对于达显著和极显著水平的 5 种元素的回归数学模型，可利用土壤性状数据推测土壤中 As、Pb、Mn、F、Cu 的含量，这可大大减少土壤环境背景值的研究分析工作量和费用，在区域环境质量评价中也可参照此法推测上述重金属元素含量。

表 3-4　各元素背景值与土壤理化性状回归分析结果

元素	回归方程	复相关数
铬	$Cr=166.87-3.25X_1-14.23X_2-8.78X_3+8.98X_4+9.53X_5$	0.6362
锌	$Zn=64.72+1.10X_1-0.397X_2+0.763X_3-0.71X_4-1.3X_5$	-0.7463
汞	$Hg=0.0069+0.0038X_1+0.0009X_2+0.021X_4-0.02X_5$	0.4939
砷	$As=43.45-1.49X_1-3.77X_2-4.23X_3+4.27X_4+4.12X_5$	0.8360
铅	$Pb=10.66+0.798X_1-1.4X_2-0.71X_3+0.95X_4+0.82X_5$	0.8876
锰	$Mn=2027.5-47.12X_1-183.42X_2+25.8X_3-23.67X_4-25.5X_5$	0.8854
氟	$F=121.19+17.39X_1+35.48X_2-56.41X_3+60.73X_4+49.79X_5$	0.9329
铜	$Cu=5.53+1.03X_1+0.126X_2-2.26X_3+2.75X_4+2.58X_5$	0.8848
镉	$Cd=0.26+0.019X_1+0.033X_2-0.066X_3+0.069X_4+0.06X_5$	0.6609

二、中国土壤环境背景值及分异规律

1．中国土壤环境背景值总体水平

（1）中国土壤主要元素背景值　中国土壤 12 种元素环境背景值见表 3-5。

表 3-5　中国土壤 12 种元素环境背景值　　　　　单位：mg/kg

元素	算术平均值	几何平均值	范围
As	11.2	9.2	2.5～33.5
Cd	0.097	0.074	0.017～0.33
Co	2.7	11.2	4.0～31.2
Cr	61	53.9	19.3～150
Cu	22.6	20	7.3～55.1
F	478	440	191～1011
Hg	0.065	0.046	0.006～0.272
Mn	587	482	130～1786
Ni	26.9	23.4	7.7～71.0
Pb	26	23.6	10.0～56.1
V	82.4	76.4	34.8～168
Zn	74.2	67.7	78.4～161

（2）中国土壤 45 个元素的背景水平　中国土壤 45 个元素的背景水平见表 3-6。

表 3-6　中国土壤 45 个元素的背景水平

背景水平/(mg/kg)	元　素
<1	镉、汞、硒、银、铟、铊、铥、镥、铋、锑
1～10	砷、铯、铍、镨、钐、镝、铒、镱、铀、钼、锡、钨、溴、碘
10～1000	铬、钴、铜、镍、钒、锌、锂、硼、镓、钪、钇、钍、镧、钕
>0.3%	钛、镁、钠、钙、钾、铁、铝

2. 不同土壤类型元素的环境背景值

中国主要土类重金属元素的环境背景值见表 3-7。由表 3-7 可看出不同土壤类型中元素的环境背景值不同，其中 As、Cd、Pb、Hg、Cr 和 Zn 元素的背景值以石灰岩土最高，Ni 的背景值以紫色土和褐色土最高，7 个元素的背景值均以风沙土最低。

表 3-7　中国主要土类重金属元素的环境背景值　　　　　单位：mg/kg

土壤名称	As	Cd	Cr	Hg	Pb	Zn	Ni
绵土	10.5	0.098	57.5	0.016	16.8	67.9	29.3
黑壤土	12.2	0.112	61.8	0.016	18.5	61.6	29
黑土	10.2	0.078	60.1	0.037	26.7	63.2	25.1
白浆土	11.1	0.106	57.9	0.036	27.7	83.3	23.1
黑钙土	9.8	0.11	52.2	0.026	19.6	71.7	25.4
潮土	9.7	0.103	66.6	0.047	21.9	71.1	29.6
绿洲土	12.5	0.118	56.5	0.023	21.8	70.5	32
水稻土	10	0.142	65.8	0.183	34.4	85.4	27.6
砖红壤	6.7	0.058	64.6	0.04	28.7	39.6	27.6
赤红壤	9.7	0.048	41.5	0.056	35.6	49	13.1
红壤	13.6	0.065	62.6	0.078	29.1	80.1	25.7

土壤名称	As	Cd	Cr	Hg	Pb	Zn	Ni
黄壤	12.4	0.08	55.5	0.102	29.4	79.2	25.3
黄棕壤	11.8	0.105	66.9	0.071	29.2	71.8	31.5
棕壤	10.8	0.092	64.5	0.053	25.1	68.5	26.5
褐土	11.6	0.1	67.7	0.04	21.3	74.1	30.7
灰褐土	11.4	0.139	65.4	0.024	21.2	73.9	36.3
暗棕壤	6.4	0.103	53.2	0.049	23.9	86	23.1
棕色针叶土	5.4	0.108	42.9	0.07	20.2	89.4	16.2
栗钙土	10.8	0.069	55.9	0.027	21.2	66.9	23.6
棕钙土	10.2	0.102	40.6	0.016	22	56.2	24.1
草甸土	8.8	0.084	49.6	0.039	22.4	70	23.3
盐土	10.6	0.1	65.7	0.041	23.6	74.4	29.7
石灰岩土	29.3	1.115	142.3	0.191	38.7	139.2	24.1
紫色土	9.4	0.094	58	0.047	27.7	82.8	30.7
风沙土	4.3	0.044	25.1	0.016	13.8	29.8	11.5

3. 不同行政区土壤环境背景值

中国不同省市自治区的土壤背景值见表 3-8。

表 3-8　中国不同省市自治区的土壤背景值　　　　　单位：mg/kg

省市区名	As	Cd	Cr	Hg	Pb	Cu	Zn	Ni
辽宁	8.8	0.108	57.9	0.037	21.4	19.8	63.5	25.6
河北	13.6	0.094	68.3	0.036	21.5	21.8	78.4	30.8
山东	9.3	0.084	66	0.019	25.8	24	63.5	25.8
江苏	10	0.126	77.8	0.289	26.2	22.3	62.6	26.7
浙江	9.2	0.07	52.9	0.086	23.7	17.6	70.6	24.6
福建	6.3	0.074	44	0.093	41.3	22.8	86.1	18.2
广东	8.9	0.056	50.5	0.078	36	17	47.3	14.4
广西	20.5	0.267	82.1	0.152	24	27.8	75.6	26.7
黑龙江	7.3	0.086	58.6	0.037	24.2	20	70.7	22.8
吉林	8	0.099	46.7	0.037	28.8	17.1	80.4	21.4
内蒙古	7.5	0.055	41.4	0.04	17.2	14.4	59.1	19.5
山西	9.8	0.128	61.8	0.027	15.8	26.9	75.5	32
河南	11.4	0.074	63.8	0.034	19.6	19.7	60.1	26.7
安徽	9	0.097	66.5	0.033	36.6	20.4	62	29.8
江西	14.9	0.108	45.9	0.084	32.3	20.3	69.4	18.*9
湖北	12.3	0.172	86	0.08	26.7	30.3	83.6	37.3
湖南	15.7	0.126	71.4	0.116	29.7	27.3	94.4	31.9
陕西	11.1	0.094	62.56	0.03	21.4	21.4	69.4	28.8
四川	10.4	0.079	79.6	0.061	30.9	31.1	86.5	32.6

省市区名	As	Cd	Cr	Hg	Pb	Cu	Zn	Ni
贵州	20	0.659	95.97	0.11	35.2	32	99.5	39.1
云南	18.4	0.218	65.25	0.058	40.6	46.3	89.7	41.5
宁夏	11.9	0.112	60.04	0.021	20.6	22.1	58.8	36.5
甘肃	12.6	0.116	70.2	0.02	18.8	24.1	68.5	35.2
青海	14	0.137	70.1	0.02	20.9	22.2	80.3	29.6
新疆	11.2	0.12	49.35	0.017	19.4	26.7	68.8	26.6
西藏	19.7	0.08	7606	0.024	29.1	21.9	74	32.1
北京	9.7	0.074	68.1	0.069	25.4	23.6	162.6	29
天津	9.6	0.09	84.2	0.084	21	28.8	79.3	33.3
上海	9.1	0.138	70.2	0.095	25.6	27.2	81.3	29.9

由表 3-8 可清楚地看出，不同省市区由于所处气候条件、成土母质类型和土壤类型的差别，致使区域间同一元素的环境背景值存在差异。其中 As 背景值最高的是广西、贵州和云南，最低的是福建、黑龙江和内蒙古，相差 2~3 倍；不同省区 Cd 的土壤背景值多数在 0.1mg/kg 左右，背景值最高的仍是位于西南的贵州、云南、广西三省区，背景值最低的是广东省，仅 0.056mg/kg；土壤 Cr 背景值最高的是贵州（95.97mg/kg），其次是天津和广西，最低的是内蒙古（41.4mg/kg）；土壤汞背景值最高的仍是广西，其次是湖南与贵州，最低的是山东（0.019mg/kg）；土壤 Pb 背景值最高的是福建省，其次为云南，内蒙古土壤 Pb 的背景值最低。

4. 中国土壤背景值区域分异规律

(1) 不同土纲中 12 种元素背景值　除 Hg、Pb 外，其他元素（Cu、Ni、Co、V、Cr、Mn、Cd、As、F、Zn）在富铝土纲（华南）中最低，在不饱和硅铝土纲中（东北）次低。除 Mn 外，其他 11 种元素在岩成土纲（云贵高原）最高，在高山土纲（西藏，青海）中次高。除 Hg、V 外，其他 10 种元素在饱和硅铝土纲、钙成土纲、石膏盐成土纲中含量较接近。

土壤元素背景值大区域顺序为：西南区＞青藏高原＞沂蒙区、华北区＞东北区＞华南区。

按土纲顺序为：岩成土纲＞高山土纲＞钙成土纲＞盐成土纲、饱和硅铝土亚纲＞不饱和硅铝土亚纲＞富铝土纲。

(2) 中国东、中、西三个区元素的土壤背景值　我国东、中、西三个区域土壤元素土壤背景值比较见表 3-9。

表 3-9　我国东、中、西三个区域土壤元素土壤背景值比较　单位：mg/kg

元素	东部	中部	西部
As	10.6	10.9	13.8
Cd	0.0854	0.0979	0.104
Co	12.3	12.6	13.9

元素	东部	中部	西部
Cr	64.9	59.9	65.6
Cu	22.6	22.1	25.4
F	466	487	482
Hg	0.08	0.066	0.032
Mn	514	591	644
Ni	24.9	26.7	31.6
Pb	26.3	24.5	24.6
Zn	61.6	70.8	71.6

总体看，除 Hg、Pb，其他元素的背景值都是西部高于东部土壤，Hg 的背景值顺序为东部＞中部＞西部，Pb 的背景值东部＞中西部。

(3) 中国东部冲积平原土壤元素背景值 我国东部从北到南 10 个平原分别是：三江平原、松嫩平原、辽河平原、滦河三角洲、海河平原、黄河平原三角洲、淮河平原、长江三角洲、福建沿海平原、珠江三角洲。东部平原土壤表层 12 个重金属元素环境背景见表 3-10。

表 3-10　东部平原土壤表层 12 个重金属元素环境背景　　单位：mg/kg

元素	均值	含量范围	变异系数/%
Cu	21.24	5.4～44.6	38.22
Pb	26.14	6.20～71.40	45.9
Zn	64.09	16.86～137.0	38.74
Cd	0.0795	0.002～0.394	68.03
Ni	23.59	4.2～80.16	43.38
Cr	62.27	7.2～106.0	36.5
Hg	0.0439	0.0050～0.632	129.5
As	8.47	1.03～23.35	46.12
Co	10.96	1.80～27.50	40.21
V	77.56	11.9～131.6	28.31
Mn	556.35	52.8～1459.0	44.16
F	476.06	142.0～997.0	32.87

三、土壤环境背景值实际应用

土壤背景值研究是环境科学的基础研究工作，所获得的结果是一份很宝贵的基础资料，可广泛用于国土规划、土地资源评价、环境监测与区划、农业的土地利用、作物微量元素施肥以及环境医学、环境管理各个方面。我国从 20 世纪 70 年代开展土壤背景值调查以来，所获资料已经广泛应用于区域环境质量评价、土壤污染防治、环境影响评价以及地方病防治等方面，取得了良好的效果。

第三章　土壤重金属元素背景值与环境容量

1. 土壤环境背景值分区

分区目的：土壤背景值分区是土壤背景值研究工作的进一步深化，其目的使获得的土壤背景值基础科学资料充分应用于生产生活实际，为更好地保护土壤环境，合理利用土壤环境容量，为各种产业的合理布局、微肥施用、国土规划、区域环境评价等提供科学依据。

分区原则如下。

(1) 土壤环境背景影响因素的综合性 土壤元素环境背景值受气候、水文地质、地形地貌、母质母岩、土壤类型、生物、时间、土壤有机质、pH 值、质地、土地利用方式等多方面因素的影响，因而土壤环境背景值分区必须全面考虑这些因素的综合作用特征。

(2) 土壤元素环境背景值区内的一致性和区间差异性原则 这是土壤背景值分区的一项基本原则，因为区内元素背景值含量的一致性，决定了利用土壤资源保护土壤环境对策的相似性，而对策和措施的区内相似性和区间差异性也正是分区的目的和依据所在。

(3) 适当考虑行政区划的完整性 这可为各区的综合区划开发利用和管理提供方便。

分区单位命名原则如下。一级地区：地理位置名称＋土壤背景值。二级地区：地貌名称＋最低或最高背景元素名＋背景地区，未在名称中体现的元素其背景值居中。

2. 利用土壤环境背景值制定土壤环境标准

土壤环境质量标准是以保护土壤环境质量、保障土壤生态平衡、维护人体健康为依据，对土壤中有害物质含量进行限制，也是环境法规的一部分。土壤环境标准与一般以单一目的为基础的建议限制浓度不同，它是一整套具有法律性的技术指标和准则。

迄今为止，世界上 80 多个国家都有自己的大气和水的环境标准体系，却尚未有一个国家有完善的土壤环境标准。制定土壤环境标准的主要困难首先在于土壤是一种非均质的复杂体系，与空气、水体两种流体环境要素不同，土壤受五种成土因素的综合影响，存在地区、类型间自然差异；其次土壤的物理、化学性质的不同使有害物质在土壤迁移转化、毒性方面表现出显著的差异。因此在国际上，土壤环境标准的制定仍属未解决的问题。但鉴于日益严峻的土壤环境问题，为了保护土壤这种几乎无再生能力的人类生存资源，不少国家近十余年来都特别重视土壤环境标准的研究工作。目前大都对毒性显著的几种重金属和有机物作出（或试行）某些暂时规定，以部分地满足防止土壤环境恶化和实施土壤环境保护政策的需要。

目前，国内外研究土壤环境标准的方法可分为两大类：生态效应方法和地球化学方法。

生态效应方法：①土壤卫生学和土壤酶学指标方法；②食品卫生标准方法；③作物生态效应方法；④人体效应指标方法；⑤综合生态方法。

地球化学方法：主要利用土壤元素地球化学背景值和高背景值来推断土壤环境标准

的方法，又可分为以下几种。

（1）X＋S 体系　荷兰的专家组通过对荷兰 118 个无污染土壤元素含量加二倍标准差作为相应土壤中元素含量的上限，并以此值作为土壤元素含量的基础值，用以判别土壤元素含量的基准值，用以判别土壤是否污染。前苏联颁布的土壤卫生标准，用土壤铅的背景值加 20mg/kg 作为土壤铅的允许含量。

（2）GM 体系　英格兰和威尔士表土含铅的几何均值（GM）正好是欧盟推荐的铅的基准值。

（3）K、X 体系　Webber 介绍加拿大安大略省农业食品部和环境部特设委员会于 1978 年规定土壤中镉、镍和钼的环境基准值分别等于土壤背景值，而铜、铅、锌的基准值是背景值的 3 倍，铬放宽要求是背景值的 7 倍。

（4）高背景区土壤平均值体系数　以高背景区土壤中元素含量平均值作为该元素最大允许浓度，据 Warrer（1966）报道金矿和碱金属矿附近土壤汞含量最高达 2mg/kg，这正好与前西德、意大利土壤中汞的最大允许浓度相等。

可将生态效应方法与地球化学方法加以综合考虑，统一应用。

3. 土壤背景值与微量元素肥料的施用

土壤微量元素背景含量与土壤微量元素养分含量是相一致的。在农业化学研究中，土壤微量元素的全量是一个相对稳定的指标，是土壤养分储备或养分供应潜力的量度。土壤微量元素背景值的获得排除了人为活动等偶然因素的影响，更能反映元素在土壤中的本底含量和供肥潜力。因此土壤微量元素背景值基础资料应用农业生产指导微肥施用是可行的。铜、锌、锰等微量元素是植物正常生长和生活不可缺少的营养元素，土壤中微量元素供给不足或过剩，均可导致农作物产量减少、品质下降。土壤是否缺乏某种微量元素一般与全量并没有直接关系，直接影响土壤对农作物供应水平的是土壤中微量元素有效态含量。

利用土壤背景值指导农业施肥，不仅需要全量，更需要有效态土壤养分，土壤养分活性可用 A 表示，有效态用 C 表示，土壤背景（全量）用 B 表示，则土壤微量元素养分活性 $A＝C/B$。我国黄河中下游地区不同土壤中微量元素有效态含量和元素活化率见表 3-11 和表 3-12。

表 3-11　黄河中游地区土壤中微量元素活性的分布

土壤类型	元素有效态含量/(mg/kg)					元素活化率/%				
	Mn	Zn	Cu	B	Mo	Mn	Zn	Cu	B	Mo
粟钙土	8.3	0.50	0.68	0.38	0.05	1.79	0.85	3.58	0.70	9.26
灰钙土	4.0	0.27	0.73	0.78	0.13	0.83	0.44	3.55	1.16	23.2
风沙土	4.6	0.31	0.31	0.49	0.02	1.36	0.63	1.94	1.29	4.88
黄绵土	6.1	0.37	0.74	0.28	0.03	1.19	0.58	3.87	0.52	5.08
黑垆土	7.8	0.41	0.87	0.40	0.07	1.49	0.60	4.14	0.71	11.5
楼土	8.3	0.66	1.06	0.32	0.08	1.33	0.90	4.24	0.50	12.5
灌淤土	8.6	0.71	1.36	0.85	0.13	1.58	0.96	5.91	1.13	20.9
平均	6.81	0.46	0.82	0.50	0.07	1.38	0.71	3.89	0.86	12.5

表 3-12　黄河下游土壤中微量元素活性分布

土壤类型	元素有效态含量/(mg/kg)					元素活化率/%				
	Mn	Zn	Cu	B	Mo	Mn	Zn	Cu	B	Mo
褐土	12.6	0.50	1.06	0.22	0.05	2.37	0.57	4.77	0.46	6.40
潮土	1.4	0.52	0.34	0.31	0.06	2.36	0.57	5.95	0.67	10.5
盐碱土	5.90	0.47	1.27	0.72	0.06	1.41	0.79	6.75	1.41	15.0
风沙土	5.10	0.43	0.72	0.20	0.04	1.37	0.72	0.86	0.53	19.0
普通棕壤	17.6	2.91	1.73	0.36	0.11	3.18	5.0	8.24	0.82	15.7
普通褐土	5.90	0.63	0.75	0.21	0.08	0.95	0.93	3.60	0.41	11.4
平均	9.75	0.95	1.15	0.34	0.07	1.94	1.43	5.02	0.71	13.0

4. 防治地方病和环境病

土壤中某些元素的过多与缺乏，不仅影响植物的正常生长，而且通过食物链影响动物及人类健康。微量元素与人体健康关系的研究最早可追溯到 19 世纪，20 世纪初开始对环境中微量元素的分布进行研究，并广泛分析土壤、水、动植物和人体组织中的微量元素。本书涉及的化学元素中，锌、铜、锰、铬、氟、硒已被确认是维持生命活动不可缺少的微量元素，由于这些元素在人体中不能合成，必须从膳食和饮水中摄入，因此它们在人类营养中比维生素还重要。

我国分布的克山病、大骨节病、地方性氟中毒症和甲状腺肿病等地方病严重危害着人民的健康，已有资料证明这些地方病与环境中某些元素的丰缺有关。在我国上述四种地方病均有分布。地方性甲状腺是一种很古老也很普遍的疾病，现已查明主要由身体缺碘引起，环境中碘缺乏是发生甲状腺肿的主要原因。

(1) 山西大骨节病区的土壤环境背景特征　大骨节病是一种非传染性的慢性全身性软骨骨关节病，主要症状表现为：关节痛、肢体粗短畸形，肌肉萎缩，步态蹒跚，运动障碍。山西大骨节病主要发病区是安泽、古县、浮山、沁水、沁源、榆社、武乡、左权、石楼、永和县、吉县、大宁等 17 个县。

关于大骨节病的病因至今尚未搞清，研究供试区土壤元素背景值无疑有助于探索该病的土壤地球化学病因，通过对大骨节病高发区（安泽、古县一带）及相邻非病区土壤各元素背景值分析比较，发现多数元素无显著差异，但病区土壤 Cu、Mn 显著高于非病区（$A = 0.05$），元素硒低于非病区土壤。据此可以推断病区土壤中高 Cu、Mn 条件下的低 Se，可能是大骨节病的致病原因之一，如果进一步分析粮食、人体中这些元素的含量状况并进行临床观察，能证实上述结论，那么这可以通过施肥，利用元素之间的拮抗和协同作用机理来调节土壤及作物中 Cu、Mn、Se 的含量，进而为大骨节病找到一条既经济又有效的防治途径。

(2) 山西中部四大盆地土壤氟背景与氟中毒症　地方性氟中毒症包括氟斑牙和氟骨病，在山西省流行区主要分布在地势低平，地下水位较浅的运城、临汾、太原、忻定盆地地区，研究发现氟中毒分布与土壤高氟背景区的分布非常吻合，而且土壤氟背景值高的地区患病率也高，如运城盆地土壤背景最高（582.72mg/kg），该盆地氟斑牙患病率也最高（30.1%），各盆地氟中毒患病率与土壤背景值详见表 3-13。

表 3-13　四盆地土壤氟背景与地方性氟中毒患病率

区域	氟骨病患病率	氟斑牙患病率	土壤背景值/(mg/kg)
忻定盆地	0.17%	5.39%	486.41
太原盆地	0.05%	9.29%	519.73
临汾盆地	0.24%	21.19%	566.7
运城盆地	2.49%	30.19%	582.72

可见长期食用高氟土壤生产的粮食，也是地方性氟中毒发病的原因。山西地方病研究所姚政民试验表明，Mo 与 F 存在拮抗作用，而山西土壤普遍缺 Mo，因此增施钼肥可以降低作物对氟的吸收，进而减少人体氟的摄入量，这样不但提高了粮食作物产量，而且便于患者每天食用，起到既增产又治病的双重效益。

(3) 云南土壤背景值与克山病　克山病是一种病因尚未完全清楚的地方性心肌病，其病理特征主要表现为慢性过程的心肌坏死。这种病于 1935 年在我国黑龙江省克山县首次发现，因病因不明，故名"克山病"。克山病是我国分布较广的一种地方病，从东北的黑龙江省到西南的云南省，呈一条宽带状分布。云南克山病，自 1960 年在楚雄市吕合区发现以来，全省已有 10 个地（州）40 个县 219 个区镇流行，病区县占全省总县数的近 1/3，病区人口约 1180 万。

地学和医学共同研究的结果认为，克山病区环境中缺硒是导致克山病发病的重要原因之一，而且云南克山病区的主要土壤类型是紫色土，云南土壤硒元素背景值的研究结果进一步证明了硒与克山病的关系。

从土壤类型分布上看，克山病病区环境中主要土壤是紫色土、水稻土和部分棕壤，而这三种土类的硒元素背景值是云南 12 个土类中最低的三类，紫色土的硒元素背景值为 0.142mg/kg，都在 0.2mg/kg 以下。实际上在病区取得的土壤样本的硒含量均在 0.06mg/kg 左右。如楚雄病区为 0.046mg/kg，双柏病区 0.073mg/kg。根据云南省克山病防治研究中心的资料，克山病病区土壤的硒含量为 0.064mg/kg 左右，而非病区土壤硒含量为 0.219mg/kg 以上。因此，暂以 0.2mg/kg 作为克山病病区土壤硒含量的临界值，事实亦是如此，非病区土壤硒含量均 >0.2mg/kg，如非病区的怒江州和临沧州地区，土壤硒元素背景值分别为 0.668mg/kg 和 0.456mg/kg。

楚雄州是云南省克山病重病区，年发病率在 50/100 万以上，它又是紫色土分布最广的区域，土壤硒元素背景值为 0.1415mg/kg，而全州的土壤硒背景值仅 0.1350mg/kg，显著低于全省的土壤硒背景水平（0.284mg/kg），所以楚雄州的克山病病情与土壤硒元素背景值是吻合得最好的。

此外，对全省土壤硒元素背景值全部样品进行分析，可以看到克山病区中的 12 个县的土壤样品的硒元素含量均在 0.20mg/kg 下，含量范围为 0.046～0.19mg/kg，而非病区的 14 个县的土壤样品的硒含量都在 0.20mg/kg 以上，其含量范围为 0.540～1.753mg/kg。这明显地反映了克山病病区与非病区土壤硒含量的巨大差异。

这样一个事实也为戴志明、刘天余对云南主要饲料、牧草中硒含量分析结果所证实，即克山病病区的饲料和牧草中硒含量 <0.02mg/kg，而非病区硒含量在 0.03mg/kg 以

第三章　土壤重金属元素背景值与环境容量

上，为 0.03mg/kg～0.09mg/kg（见表 3-14）。

表 3-14　云南省克山病病区和非病区土壤、主要饲料、牧草中硒含量

地区分类	编号	地点	土壤硒含量/(mg/kg)	饲料牧草硒含量/(mg/kg)
病区	64	牟定	0.092	<0.02
	146	南华	0.073	<0.02
	62	楚雄	0.061	<0.02
	51	永仁	0.046	<0.02
	186	永善	0.136	<0.02
	167	双柏	0.073	<0.02
	114	会泽	0.136	<0.02
	164	大姚	0.135	<0.02
	165	姚安	0.126	<0.02
	103	宾川	0.112	<0.02
	12	永胜	0.140	<0.02
	130	寻甸	0.177	<0.02
非病区	30	富宁	1.526	<0.01
	53	屏边	1.753	0.06～0.09
	119	金平	0.668	0.06～0.09
	124	陇川	0.88	0.03～0.05
	69	元阳	1.046	0.06～0.09
	59	绿春	0.554	0.03～0.05
	85	墨江	0.56	0.03～0.05
	90	临沧	0.94	0.03～0.05
	76	勐海	0.54	0.03～0.05
	83	蒙自	0.643	0.06～0.09
	126	孟连	0.781	0.03～0.05
	35	镇康	0.646	0.03～0.05
	80	耿马	0.643	0.03～0.05
	125	潞西	0.837	0.03～0.05

5. 地球化学找矿

土壤环境背景值研究过程中，当发现某一区域某一种或几种元素背景值异常高时，这对该种元素的找矿就有一定的指示作用。我国有学者曾对江西省发育在花岗岩母质上的红壤、风化壳中的 28 种元素的土壤背景值和异常值进行研究，探讨了利用背景值异常进行找矿的可能性，通过对背景区和异常区土壤中元素地球化学特征分析研究，明确了对找矿有指示作用的土壤地球化学标志，这是对已有的众多找矿标志的重要补充。

除此以外土壤元素背景值及其分区还可为区域环境质量评价、土壤环境容量开发、工农业布局、国土整治等方面提供重要依据。

重金属污染土壤修复理论与实践

第二节　土壤重金属元素环境容量

　　土壤环境容量是指遵循土壤环境质量标准，既保证农产品产量和质量，同时也不造成周边环境污染时，土壤所能容纳污染物的最大负荷量。还有另一种表述，即在不使土壤生态系统功能和结构受到损害的条件下土壤中所承纳污染物的最大量。对土壤环境容量问题进行研究，是土壤环境保护的一项基础工作。

一、土壤环境容量的概念

　　在 20 世纪 60 年代前后，因环境污染造成的"八大公害事件"引起世界各国对环境问题的关注，并在环境管理与控制工作中提出对污染总量进行控制以代替单纯的浓度控制。环境容量的概念最早由日本学者提出，最初来源于类比电工学中的电容量，环境容量首次作为一个科学概念而被引入土壤学是在 20 世纪 70 年代后期，根据总量控制的原理与方法，不同土壤其环境容量是不同的，同一土壤对不同污染物的容量也是不同的，这涉及土壤的净化能力。土壤环境容量最大允许极限值减去背景值（或本底值），得到的是土壤环境的静容量；考虑土壤环境的自净作用与缓冲性能（土壤污染物输入输出过程及累积作用等），即土壤环境的静容量加上这部分土壤的净化量，称为土壤的全部环境容量或土壤的动容量。

　　计算土壤环境容量的方法有多种，最简单的是重金属物质平衡模型：

$$Q_总 = M \cdot S(R-B)$$

式中　$Q_总$——某污染区域土壤环境总容量；

　　　　R——某污染物的土壤评价标准，即造成作物生育障碍或作物籽实残毒富集达到食品卫生标准时的某污染物浓度；

　　　　M——耕层土壤质量；

　　　　S——区域面积；

　　　　B——某污染物土壤背景值。

　　土壤环境容量是环境容量定义的延伸，一般把土壤环境单元所允许承纳污染物的最大数量称为土壤环境容量。土壤之所以对各种污染物有一定的容纳能力，与土壤本身具有一定的净化功能有关。

　　在一系列水环境容量与大气环境容量调查的基础上，从 20 世纪 70 年代开始，我国科学家在土壤环境容量方面做了大量研究。尤其在第六和第七个五年计划期间，土壤环境容量被列为一个国家级科技攻关项目得到了系统研究，研究内容包括污染物在土壤或土壤-植物系统中的生态效应与环境影响，主要污染物的临界含量，污染物在环境中的迁移、转化及净化以及土壤环境容量的区域分异规律等。

　　20 世纪 80 年代以来，世界上主要进行了两类土壤环境容量研究。一类主要是研究土壤与植物之间的相互作用以及污染物在土壤生态系统中的渗透及吸附规律，例如，根据土壤的化学性质及重金属与土壤之间的相互作用机制，计算出了土壤中重金属的化学容量与渗透压。另一类是一些土壤环境容量的应用性研究，例如，根据土地处理系统净化污水中污染物的能力，澳大利亚人计算出了对照小区每时间单元的污染物负荷与灌溉数量，另一个例子是美国人提议的关于磷与氮的土壤环境容量及其数学模型。

目前，土壤环境容量已被认为是环境科学中的一个基本术语。广义上讲，它包括时间与空间在内的每个环境单元的污染物最大负荷量。根据这个定义，土壤容量及其特有的定量指标与作用有以下4方面：①不能毁坏土壤生态系统的正常结构与作用；②保证土壤能获得持续稳定和高的产量；③农产品质量应符合国家食品卫生标准；④不会对地表水和地下水及其他环境系统产生二次污染。

二、对土壤环境容量的新认识

1．污染物的总量与有效形式

污染物的生态效应，诸如重金属在土壤中的生态环境效应，不仅依赖污染物的总量，而且更明显地与污染物的有效态浓度有关，因为污染物的可利用部分有着强烈的生化活力，并且对各种指标都起着关键作用。例如，在沈阳的张士污灌区中镉的含量已达到了3～6mg/kg，已远远超过了国家食品卫生标准对镉在水稻中规定的含量，然而，在辽宁的铁岭-柴河污水灌区，由于含锌的尾矿处理排放废水而导致污染的土壤中镉的浓度达25～30mg/kg。这个浓度值是前一个例子的20倍，这时水稻中镉的浓度达到了国家食品卫生标准，如果有效形式都被利用，当水稻中镉达到食品标准时，这两个地区土壤中镉的有效浓度是接近的。这一点表明在有效形式之间有相同的剂量关系，很显然有效形式能够解释污染物生态环境效应的机制，这种以有效态浓度为基础的定量影响关系比以总量为基础的定量影响关系好得多。不可置疑，在土壤环境容量研究过程中，有效形态将逐步代替总量浓度。

2．短期观察与长期影响

在对土壤环境容量进行研究时，土壤阈值浓度的测定，主要以土壤中污染物的生态环境效应为基础的。然而，短期内许多科学问题得不到解决的原因是由于许多生态效应是长期的。例如污染物淋溶过程，即污染物从土壤到地下水的迁移是一个非常缓慢的过程，尤其在土壤质地黏重和土层深厚的地区。对我们来说进行长期的土壤环境容量的研究是很必要的，换句话说，土壤环境容量应该根据长期研究结果进行修订。

3．单一污染物与复合污染物

一般来说，土壤生态环境效应是多种污染物的复合污染交互作用的结果，而不是单一污染物作用的结果。因此，建立在单一污染物测定基础上的土壤环境容量是不恰当的。然而，从目前的情况来看，一些污染物土壤环境容量的得出仅仅是以单个因素为基础的，而只有少数的研究集中在复合污染上，很显然，土壤环境容量今后工作的重点应是研究制定多种污染物复合污染条件下的土壤环境容量。

三、土壤环境容量的模型与方法

1. 土壤环境容量研究的程序与方法

不仅在理论上，而且在实践中，科学合理的程序与方法都是成功研究土壤环境容量的一个重要前提。土壤环境容量的研究程序见图 3-1。

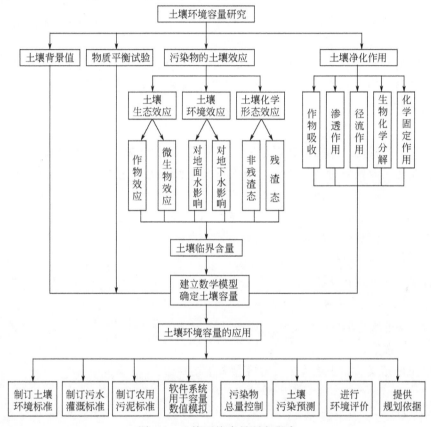

图 3-1　土壤环境容量研究程序

2. 土壤环境容量的数学模型

土壤环境容量的数学模型是土壤生态系统与其边界环境中诸参数构成的定量关系，建立模型是人们认识客观事物的一种方法和途经，也是对复杂系统的简化，研究土壤环境容量常采用"土壤系统结构模型"和"物质平衡模型"。

（1）土壤系统结构模型　土壤系统结构模型建立的基础是假定土壤环境系统由 5 个组分构成：①土壤中污染物含量；②农作物产量；③土壤中微生物量；④土壤中动物数量；⑤土壤肥力。则土壤生态系统的结构可设计为图 3-2。

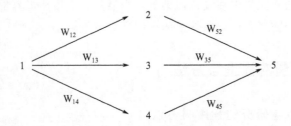

图 3-2　土壤系统结构模型

1—土壤中污染物含量；2—农作物产量；3—土壤中微生物量；

4—土壤中动物数量；5—土壤肥力

这种利用图论工具建立土壤环境容量的结构模型，不仅计算复杂，而且变量间的相互影响关系难以准确界定。

（2）物质平衡模型　土壤环境容量更多的研究模型是以"黑箱理论"为基础建立的物质平衡模型，即把土壤耕层（0～20cm）定为有输入和输出的开放系统，只考虑输入和输出而不管其中间发生的过程。物质平衡模型建立的基础是一定土壤环境单元的污染物平衡方程：

$$当前时刻的污染物累积量＝前时刻累积量＋输入量－输出量$$

若断定污染物输出量与污染物含量之间呈直线关系，应用递推法可得到以下平衡方程：

$$C_{st}=C_{so}K^t+BK^t+QK(1-K^t)/(1-K)-Z(K-K^t)/(1-K) \tag{3-1}$$

式中　Q——污染物输入总量；

K——污染物残留系数；

B——土壤环境背景值；

C_{st}——t 时刻的土壤污染物含量；

C_{so}——土壤污染物初始值；

Z——常数。

按环境容量的定义，则土壤重金属静容量数学模式为：

$$C_{so}=M(C_{si}-C_{bi}) \tag{3-2}$$

式中　C_{so}——土壤静容量；

M——耕层土壤的重量，kg/hm^2，一般为 $2250000kg/hm^2$；

C_{si}——重金属元素 i 的土壤环境标准值；

C_{bi}——元素 i 的土壤背景值。

实际上由于重金属元素及其他污染物在土壤中都是处于动态的平衡过程，所以土壤所容纳重金属及污染物的量是一个变动量值，土壤中重金属等污染物输入和输出的差值等于土壤中重金属等污染物的净累积量。土壤变动容量的数学模式：

$$Q_{t+1}=Q_t+[(B_i+W_i+H_{ei}+y_i)-(C_1+C_2+C_3)] \tag{3-3}$$

$$W_i=C_w n q \qquad H_{ei}=\sum_{i=1}^{n}f_i C_{ie}$$

$$y_i = W_i M + S_i D \qquad C_1 = Q_t \cdot R$$
$$C_2 = \sum (x_n \cdot y_n) \qquad C_3 = Q_t K$$

式中　B_i——土壤 i 元素背景值；

$\quad\quad W_i$——i 元素随灌溉的年输入量；

$\quad\quad y_i$——i 元素干湿沉降年输入量；

$\quad\quad H_{ei}$——施肥重金属的年输入量；

$\quad\quad C_1$——耕层重金属年淋失量；

$\quad\quad C_2$——作物吸收年携出量；

$\quad\quad C_3$——地表径流量；

$\quad\quad D$——降尘量，$kg/(hm^2 \cdot a)$；

$\quad\quad q$——每次灌水量，$m^3/$次；

$\quad\quad K$——径流系数，$kg/(m^2 \cdot a)$；

$\quad\quad Q_t$——第 t 年土壤重金属含量，mg/kg；

$\quad\quad Q_{t+1}$——第 $t+1$ 年土壤重金属含量，mg/kg；

$\quad\quad C_w$——灌溉水中重金属元素浓度，mg/L；

$\quad\quad f_i$——i 肥料的使用量，kg；

$\quad\quad C_{ie}$——i 肥料中重金属元素含量，mg/kg；

$\quad\quad S_i$——除尘中 i 元素的含量，mg/kg；

$\quad\quad R$——耕层土壤重金属淋失系数；

$\quad\quad x_n$——作物 n 的重金属平均含量，mg/kg；

$\quad\quad y_n$——作物 n 的产量，kg。

将式(3-3)中 B_i、W_i、H_{ei}、y_i、C_1、C_2、C_3 变成具体的参数值或函数式代入即得到土壤重金属环境容量平衡模型。时间限值确定后，就可采用上述模型计算得到 Q_{t+1} 达到允许最高含量（土壤环境质量标准限值或土壤临界含量）时的总输入量，即为规定时限土壤的环境变动容量。

3. 土壤污染物环境质量标准与临界含量的确定

从土壤环境容量的定义和模型中可以清楚地看出，如何科学确定污染物土壤环境质量标准或污染物的临界含量在土壤环境容量研究中十分关键，虽然我国的土壤环境质量标准已于 1995 年正式颁布，但由于污染物种类很多，国家标准中只规定了几种常见重金属污染物的标准限值，为了确定标准未包括的大量污染物的土壤环境容量，就必需首先确定该污染物的临界含量值，确定污染物临界含量的基本依据见表 3-15。

表 3-15　确定土壤临界含量的依据

体系	土壤-作物体系		土壤-微生物体系		土壤-水体系	
剂量-效应类别	人体健康效应	作物效应	生物效应		环境效应	
			生化指标	微生物计数	地下水	地面水
目的	防止污染食物链保证人体健康	保持良好的生产力	保持土壤生态的正常功能和良性循环		不引起次生水环境污染	

体系	土壤-作物体系		土壤-微生物体系		土壤-水体系	
指标	国家或政府主管部门颁布的粮食卫生标准	生理指标或者生产量降低的程度	凡一种以上的生物化学指标出现的变化	各类群微生物计数指标出现的变化	不导致地下水超标	不导致地面水超标
级别	仅一级	减产 10%	≥25%	≥50%	仅一级	仅一级
		减产 20%	≥15%	≥30%		
			10%～15%	10%～15%		

4. 土壤环境容量的影响因素

由于土壤本身是一个复杂的开放系统,土壤环境容量必然受着多种因素的影响,主要的影响因素包括土壤性质、污染历程、环境条件、土壤环境质量标准与临界含量、重金属类型等。

(1) 土壤性质的影响 土壤是一个十分复杂、不均匀的体系,不同类型土壤对环境容量的影响是显而易见的,即使是同一母质发育的不同地区的同一类土壤,它们的性质差异并不很大,但对重金属的土壤化学行为的影响和生物效应却有着显著差异。对均由下蜀黄土发育的 3 种黄棕壤所进行的重金属土壤化学行为的研究表明,土壤性质对重金属形态、微生物、植物产量等均有显著的影响:①对重金属形态的影响,3 种土壤在污染物 Cd 浓度相同的情况下,其交换态、有机结合态被视为有效态或"潜在有效态",3种土壤所含这 2 种形态的百分比不同;②对微生物的影响,土壤性质的差异会引起重金属对盆栽水稻土壤的硝化活性、土壤微生物的生物量和土壤酶活性的差异,例如 Cu(添加 100mg/kg)对盆栽土壤中硝化活性抑制率的影响与对照相比,在 3 种黄棕壤中分别为 109%、42%和 57%。

由此不难看出,来自不同地区、同一母质发育的黄棕壤,由于性质方面的某些差异,重金属的土壤临界含量将会发生变化。因此,在土壤环境容量的研究中既要注意土壤的典型性,又要注意其代表性。

(2) 污染历程的影响 从化学角度看,重金属和土壤中任何元素一样,可以溶解在土壤溶液中,吸附于胶体表面,闭蓄于土壤矿物之中,与土壤中其他化合物产生沉淀,所有这些过程均与污染历程有关,其影响包括如下几项。①平衡时间与浓度。田间试验小区排水中重金属含量的变化表明,随着时间的推移,其浓度有着显著的变化,连续动态追踪测试表明,田间排水中的 Cd 浓度从 4.49μg/L 降至 0.18μg/L(土壤添加量为3mg/kg),Pb 浓度从 175μg/L 降至 1.6μg/L(土壤添加量为 240mg/kg),As 浓度由2.8μg/L 降至 0.9μg/L(土壤添加量为 30mg/kg),而 Cu 浓度由 1.7μg/L 降至未检出(土壤添加量为 150mg/kg),因此随着时间的推移,由于土壤的吸持使得排水中的金属浓度越来越小,其对生物的危害相对来说也越来越轻。②形态的变化。污染历程的影响亦表现在土壤中重金属形态的变化。吸附态 As 随着时间的推移有减少趋势,而闭蓄态 As却有明显的上升,在 30d 的渍水平衡过程中,由 6.4%上升到 33%。形态的变化势必影响植物的吸收,因而对土壤临界值具有明显的影响。③污染物累积过程。植物对重金属的吸收在一定浓度范围内有随着浓度增加而上升的趋势,超过一定的浓度时,由于根受害而降低元素的吸收能力，从而使得吸收量下降，因而单纯从籽实含量来判断土壤污染状况，有可能失误。例如，水稻砷污染的研究表明在两个糙米 As 含量相同时，土壤中 As 的含量分别约为 88mg/kg 和 290mg/kg，这一结果表明，随着污染过程的延续，污染浓度的累积会使生物性状产生变化，从而影响了籽实中 As 的浓度与土壤中 As 浓度的对应关系。

(3) 环境条件的影响 污染物的生态环境效应受环境条件的影响很大。①湿度。对植物吸收重金属机理的研究表明，植物对一些重金属的吸收为被动吸收，因而当环境湿度变化时，势必影响水分的蒸腾作用，从而影响了植物对重金属的吸收。②温度与栽培季节。中稻对 Cd 的吸收明显高于双季稻，当土壤污染 Cd 含量为 10mg/kg 时，双季稻糙米 Cd 含量约为 0.5mg/kg，而中稻可达 2.3mg/kg。栽培季节不同，对糙米 As 含量亦有明显的影响，在土壤污染 As 浓度为 40mg/kg 时，早稻（成熟期月均温 27.8～28℃）、中稻（成熟期月均温 16.9～22.7℃）、晚稻（成熟期月均温 10.5～16.9℃）糙米中的 As 含量分别为 0.67mg/kg、0.43mg/kg 和 0.32mg/kg，这表明随着温度的降低，As 吸收量明显下降。③pH 值和 Eh 值。一般说来，随着 pH 值的升高，土壤对重金属阳离子的固定增强，例如下蜀黄棕壤对 Pb 吸附的实验表明，随着 pH 值的上升，土壤对 Pb 的吸附能力明显增加。As 为变价元素，随着渍水时间延长，pH 值上升而 Eh 值下降，从而使水溶性 As 在一定时间内明显上升，所有这些变化最终都影响到土壤环境容量。

(4) 土壤环境质量标准与临界含量的影响 由土壤环境容量的定义和模型不难看出，土壤污染物的静容量主要受污染物土壤质量标准和背景值影响，在背景值一定的条件下，土壤污染物质量标准值或临界含量值的大小与土壤环境容量值的大小成正相关。在土壤环境容量的制定中，总是从某一特定的目标出发，选用特定的参照物作为指示物，由于指示物不同，所得的土壤容量可能发生较大的变化。①稻麦之间的差异。以下蜀土为例，在土壤中添加相同浓度的重金属时，糙米和麦粒中重金属的含量显然不同，对 Cu 和 Pb 来说，麦粒中含量＞糙米中含量，而 As 和 Cd 与此相反，因而若以糙米和麦粒含量来确定临界值量，必然会产生容量上的差异。②微生物类型的差异。重金属及其他污染物对不同类型微生物的影响有差异，例如土壤中添加 Cd 在 0.5～100mg/kg 时，对真菌有极显著的抑制作用，而对放线菌无抑制作用。

(5) 重金属类型的影响 化合物类型对土壤环境容量有着明显的影响，这主要是由于不同化合物类型的污染物进入土壤，在土壤中迁移、转化行为及对作物产量和品质的影响不同，最终影响到污染物标准值和临界含量的不同。例如 $CdCl_2$ 和 $CdSO_4$ 在一定浓度范围内使水稻的平均减产率分别为 3％和 7.8％。不同 Pb 化合物对水稻产量和标实中吸收量有明显的影响，这显然是由阴离子的作用所致。此外，复合污染对土壤环境容量的变化有明显的影响。

四、土壤环境容量的应用

1.预测土壤重金属污染状况

预测污灌一定年限后土壤某种重金属元素的含量状况与污染水平，对污灌区来讲是非常必要的，这可为污灌区土壤污染防治、污灌区环境管理与污水合理利用提供决策依据。土壤重金属环境容量数学模型的建立，为进一步预测土壤重金属污染状况创造了条件。由土壤环境容量数学模型可以看出，重金属在土壤-作物系统中的循环与平衡决定着土壤的环境动态容量，土壤环境容量由固有项、输入项和输出项三部分决定，即土壤环境背景值为固有项，污水灌溉、大气降尘、肥料施用为输入项，作物吸收带走、土壤淋溶渗透和地表径流为输出项。在一定区域一定时间内，重金属污染物的输出和输入的差值就等于限定耕层中重金属的净累积量，假定每年的输入、输出的数量基本不变，即可计算出一定年限后土壤重金属的含量状况。以太原市污灌区为例，其不同行政区土壤重金属 Hg、Cd、Pb 在 10 年、20 年、30 年和 50 年后的污染状况见表 3-16。

表 3-16　太原污灌区不同区域重金属污染预测结果　　　　单位：mg/kg

区（县）	元素	现状	10 年后	20 年后	30 年后	50 年后
尖草坪区	Hg	0.061	0.069	0.077	0.085	0.101
	Cd	0.152	0.252	0.352	0.452	0.652
	Pb	27.1	29	30.9	32.8	36.6
万柏林区	Hg	0.089	0.106	0.123	0.14	0.174
	Cd	0.165	0.265	0.365	0.465	0.665
	Pb	24.8	28	31.2	34.4	40.8
晋源区	Hg	0.134	0.15	0.166	0.182	0.214
	Cd	0.664	0.76	0.856	0.932	1.112
	Pb	30.09	32.69	35.29	37.89	43.09
小店区	Hg	0.178	0.185	0.192	0.199	0.213
	Cd	0.219	0.279	0.339	0.369	0.489
	Pb	24.57	26.97	29.37	31.77	36.57
清徐县	Hg	0.066	0.076	0.086	0.096	0.116
	Cd	0.128	0.218	0.308	0.398	0.578
	Pb	27.18	29.28	31.38	33.48	37.58

　　土壤-作物系统是个动态的开放系统，既有重金属的输入，又有重金属的输出，由于进入土壤中的重金属很难被降解净化，随着污灌年限的增长，土壤重金属污染也日益严重。考虑到重金属污染潜在危害大、恢复治理难的特点，在确定重金属最大允许限值时从严要求，汞、铅采用山西省农田土壤环境质量标准相应的限值，分别为 0.25mg/kg 和 56mg/kg，镉采用国家标准（0.6mg/kg），利用土壤环境容量模型，可计算出不同区域的最大污灌年限（见表 3-17）。

表 3-17　不同区域土壤最大允许污灌年限　　　　单位：年

元素	尖草坪区	万柏林区	晋源区	小店区	清徐县
Hg	236	95	73	102	184
Cd	45	43	—	63	52
Pb	145	97	99	131	137

注："—"指无法进行污水灌溉。

　　从表 3-17 可看出，同一元素在不同县区的最大污灌年限不同，汞、铅在尖草坪区污灌年限最长，分别为 236 年和 145 年；在晋源区最短，而镉在小店区允许污灌年限最长（63 年），在晋源区已无法进行污灌，这是由于晋源区土壤镉现状含量达 0.664mg/kg，已超过土壤标准值（0.60mg/kg）。各县区最大允许污灌年限最短的都是镉，因此污灌区应把镉元素作为控制的重点，严格限制污灌水中镉的输入量。

2. 制定区域农灌水质标准

为了控制污水灌溉对农田土壤的污染，我国于 1979 年颁布了《农田灌溉水质标准》（试行），该标准在 1992 年进行修订（GB 5084—1992），现行标准为 GB 5084—2005，标准的实施对控制污灌对环境的污染起了积极的作用，但由于我国幅员辽阔，自然环境条件复杂多变、土壤性质各异，因此同一浓度的污染物在不同区域表现出的毒性程度、迁移、转化与净化等特性都不尽相同，全国执行一个统一的标准难以控制全国不同类型的污水灌区，易出现浪费土壤容量资源或土壤被污染破坏的被动局面。土壤重金属环境容量参数的获得，可利用下式很方便地计算出具体某一地区的农田灌溉水质标准，从而真正达到因地制宜的目的。

$$C_i = \frac{Q - R - F}{Q_w} \tag{3-4}$$

式中　Q——土壤某元素的变动容量，$g/(hm^2 \cdot a)$；

　　　R——干湿降尘输入某元素的量，$g/(hm^2 \cdot a)$；

　　　F——施肥输入某元素的量，$g/(hm^2 \cdot a)$；

　　　Q_w——污灌水量，$m^3/(hm^2 \cdot a)$。

3. 进行污水利用区划

污水灌溉既是污水处理的重要形式，也是缓解工农业用水紧张矛盾、增加农业产量的有效途径，对污灌区污水利用进行区划的目的在于既要最大限度利用城市污水资源，又要保证灌区环境质量不受到污染破坏，最终实现水土资源的持续利用和经济与环境的协调发展。污灌区土壤重金属环境容量参数的获得为污水利用区划提供了有效的科学依据。

第三节　土壤环境质量与重金属污染判别

一、制定土壤环境标准方案的依据和原则

制定土壤环境标准的主要依据有 3 个方面：土壤环境质量的功能分区与标准分级；土壤中元素含量分布特征等背景值资料；不同元素的浓度-生态效应。

按照我国土壤环境质量的实际情况，土壤的功能区分为以下四类。

一类区：自然保护区和生活饮用水源保护区，其特点是土壤基本不受人为污染影响，各项功能正常，它保持了元素自然地球化学长期运动的自然概况和对照区水平。

二类区：农牧业区，包括旱田、水旱轮作田和水田、草原等，它直接涉及了各种重要的食物链，因而对人体健康意义重大。

三类区：包括林地、疏林地及木林地等天然或人工林地，基本不涉及食物链，但对环境可产生一定的影响。

四类区：废弃物和污水土地处理区、城镇与工矿用地和运动场地已是污染区，控制有害物质浓度只是为了防止污染进一步扩大。

根据国内外现有的研究资料，以及大气、水环境质量标准的制定经验，土壤环境质量标准不应定成一个单一的限制值，而应是一个相应于不同环境功能区的多级体系，建议将土壤环境质量基准的水平分为四级，其相应的含义以及在管理上的应用可见表 3-18。

表 3-18　土壤环境质量基准水平分级

级别	水平	名称	生态影响	管理上应用	执行功能区
第一级	理想水平	背景值	一切正常	土壤是否污染的判据	一类区
第二级	可接受水平	基准值	基本无影响		二类区
第三级	可忍受水平	警戒值	开始产生影响	应引起重视，跟踪监测，限制排污，防止进一步恶化	三类区
第四级	超标水平	临界值	影响较重到严重	应采取防治措施	四类区

二、对我国土壤汞、镉、铅、砷环境标准的建议方案

第一级　背景值——理想水平：可以全国土壤背景值中位数代表一级含量，考虑到便于计算，应该有一个范围，暂以 GM. GD 代表。

汞的土壤一级标准：建议为 0.1mg/kg。

镉的土壤一级标准：建议为 0.15mg/kg。

铅的土壤一级标准：建议为 30mg/kg。

砷的土壤一级标准：建议为 10~15mg/kg。

第二级　基准值——可接受水平：本级主要用于宏观控制污染与否的界限，订立后用于监测农牧用地的基准值，与人体健康关系最为密切。

制定方法：以全国土壤背景值 GM. GD 计算而得，因砷毒性较大，全国土壤砷的基准值以 GM. GD 计算。

汞的土壤二级标准：建议为 0.2mg/kg。

镉的土壤二级标准：建议为 0.3mg/kg。

铅的土壤二级标准：建议为 60mg/kg。

砷的土壤二级标准：建议为 20mg/kg。

从全国土壤背景值均值、分布范围、标准差等计算在 95% 范围值，得出污染起始界限。二级标准值仅是一个宏观控制用的区域性基准值，适用于全国大环境的对比。但由于我国幅员辽阔，土壤类型、母质类型复杂，二级标准值不宜作为某一特定土壤的基准值，如以单一值作为所有土壤的污染判据，显然会产生很多弊端。最理想的办法是利用对土壤背景值影响因素的深入研究所获得的背景土壤样品的土壤基本性质和金属元素之间存在固有的平衡关系，建立数学模式，用以确定区域环境的基准值，这比笼统的 X+2S 或 GM. GD 所确定的基准值要准确可靠得多。

例如对黄土区 64 个剖面表层及母质砷含量进行测定，得出 95% 以上表层土壤样品含砷量为 8.22~17.15mg/kg。因此对黄土区土壤中砷的区域环境标准值定为 17mg/kg。

由于砂壤对砷的吸附能力弱，含量一高即会造成对环境的污染，因此对砂壤土砷的环境标准应该为 13mg/kg，小于区域标准 17mg/kg，以保护砂壤区和轻壤区免受砷的危害。

第三级　警戒值——可忍受水平：从这级开始，对土壤生态环境产生影响，选择最低影响浓度作为警戒值。

土壤汞：0.5mg/kg是细菌的临界抑制浓度（草甸褐土、旱地小麦），也是土壤酶的临界含量（草甸棕壤、水稻、大豆）。

土壤铅：50～100mg/kg能使土壤微生物数量及活性受到抑制，草甸棕壤中铅对土壤酶的临界含量大豆为50mg/kg，水稻为500mg/kg，土壤铅大于100mg/kg，叶菜铅超标。当土壤铅>100mg/kg时，儿童血铅<15μg/100mL，相当于我国儿童血铅允许水平。

沈阳张士灌区田间调查，草甸棕壤上种大豆，籽实含镉与土壤镉关系为$Y=0.788+2.604X$，$R=0.8833$（$P=0.01$），当大豆籽实含镉0.2mg/kg时，土壤含镉1.3mg/kg。土壤砷对草甸棕壤上土壤酶的临界含量，种植水稻为10mg/kg，种大豆为60mg/kg，草甸褐土种水稻为27mg/kg，盆栽水稻减产10%时土壤砷浓度为20～40mg/kg，大豆籽实含量超出食品卫生标准时的土壤砷含量约为37mg/kg。因此建议如下。

汞的土壤三级标准：建议为0.5mg/kg。

镉的土壤三级标准：建议为0.5mg/kg。

铅的土壤三级标准：建议为100mg/kg。

砷的土壤三级标准：建议为27mg/kg。

第四级　超标水平——临界值：此值已对生态系统产生严重影响，土壤含量处于临界值，为环境标准的上限，与所谓最大允许浓度、界限值相等，只适用于土地处理、污水污泥处置区或城镇工矿交通用地。

制定方法：取自高背景矿区的高背景值，原生环境中元素含量的上限，超过此值即意味着来自人为化学污染。

三、建议标准与已有土壤环境质量标准的比较

不同土壤环境质量标准的比较见表3-19。

表 3-19　不同土壤环境质量标准的比较　　　　　　　　单位：mg/kg

项目	以背景值为依据的建议标准				国家标准			山西省农田土壤主要污染物环境质量标准
	一级	二级	三级	四级	pH 值			
					<6.5	6.5～7.5	>7.5	
Hg	≤0.1	≤0.2	≤0.5	≤1	≤0.3	≤0.5	≤1	≤0.25
Cd	≤0.15	≤0.3	≤0.5	≤1	≤0.3	≤0.3	≤0.6	≤1.6
Pb	≤30	≤60	≤100	≤300	≤250	≤300	≤350	≤56
As	10～15	≤20	≤27	≤30	≤30	≤25	≤20	≤19

由表3-19可知，以土壤环境背景值数据资料为基础提出的土壤环境质量建议标准，Hg二级标准限值与国家标准pH<6.5的情况及山西地方标准接近，四级标准与国标pH>7.5的情况一致，Cd建议标准的二级与国标pH=6.5～7.5时的限值一致，Pb建议标准二级（60mg/kg）与山西土壤环境质量标准（56mg/kg）相近，As的建议标准二级与国标pH>7.5情况相同，也与山西土壤环境质量地方标准值19mg/kg相近，As

建议标准四级与国标 pH<6.5 的限值相同。

四、以山西省土壤环境质量标准的制定为例

纵观国内外土壤环境质量标准研究现状，主要采取的有两种技术思路，即地球化学法和生态效应法。在山西农田土壤环境质量标准制定中采用生态效应法和地球化学法相结合的方法，这样可以扬长避短，既克服了生态效应法在地区与时间上的局限性以及食品标准制定"滞后"现象的不足，又弥补了地球化学法与生态效应、环境效应、毒理学联系不紧、等价可比性差的问题。确定各污染物指标标准值时应遵循以下原则：①土壤中污染物浓度不致使农产品超标而通过食物链危害人体健康；②土壤中污染迁移转化至相邻环境（大气、水等）不得超过最高允许浓度，产生二次污染；③不致引起作物显著减产（10%）；④土壤污染物浓度不致影响微生物及酶的活性，不影响土壤的理化性和自净功能。

1. 汞（Hg）

汞是一种毒性较强的重金属元素，不为作物所必需，当其土壤中浓度未对作物生长及产量产生不良影响时，作物籽中的残留量已接近和超过粮食卫生标准。从汞元素地球化学背景看，山西土壤汞元素背景值平均值为 0.034mg/kg，标准差为 0.038，95% 的置信范围为 0.004～0.125mg/kg，按背景值加二倍标准差的污染起始值概念，土壤汞的标准值为 0.11mg/kg，此标准值显然太严，远远低于一些发达国家中汞的最大允许浓度值。如英国、意大利为 20mg/kg，前苏联为 2.1mg/kg，法国为 1.1mg/kg，加拿大为 0.5mg/kg。用对汞比较敏感的小麦做试验，结果为：当投入土壤中汞含量达 3.0mg/kg，小麦籽粒中汞含量仅为 0.012mg/kg，未超过国家粮食卫生标准（0.02mg/kg）。这是由于进入土壤中的汞以多种形态存在，而易被作物吸收的汞主要是氯甲基汞、氯乙基汞。山西土壤多数呈碱性，通气条件好，不利于甲基汞、乙基汞的形成，植物吸收量减少，相应使小麦籽粒中汞残留量较少，因此就山西农田土壤情况看，将土壤汞环境质量标准值定在 0.11～3mg/kg 范围内比较安全，鉴于土壤汞污染的不可逆性和山西中部土壤污染比较严重的实际，仍应从严考虑，取背景值上限的 2 倍，即 0.25mg/kg 作为标准值。

2. 镉（Cd）

镉是自然界分布较广的有害金属元素，不为作物生长发育所必需，但植物普遍具有吸收累积镉的能力。镉和汞类似，一般造成作物可食部分超过食品卫生标准时，土壤的含镉量仍不影响作物生长发育。山西土壤镉背景含量为 0.116mg/kg，农业土壤镉含量为 0.125mg/kg，污染起始值（背景值加二倍标准差）为 0.246mg/kg，选用吸镉能力强的小麦做试验，结果为：投加镉使土壤中镉含量为 100mg/kg 时，小麦生长发育仍正常，但当土壤含镉量为 3mg/kg 时，小麦籽粒中镉的平均残留已达 0.4mg/kg，超过了食品中允许标准 GB 2762—2012，因此山西农田土壤环境质量标准值应在 0.246～3mg/kg 范围之内，取平均值为 1.6mg/kg，严于我国草甸褐土推荐基准值 2.8mg/kg。

3. 铅（Pb）

铅也不是作物生长所需要的元素，作物对土壤中铅的吸收主要是利用根系，作物吸收的铅以根系富集为主，只有极少数量转移到地上部。这说明铅不易被作物果实和籽粒吸收，故产生食物链的危害性不大，但土壤中铅含量过高，会使作物减产。用对铅比较敏感的大豆做试验，当土壤中铅含量为 237mg/kg 时，大豆将减产 10％以上，已有试验表明使小麦减产 10％的土壤含铅量为 300mg/kg，但对作物产生潜在危害的土壤铅含量远小于此值。另外，山西农田土壤铅背景值范围为 10.0～56.1mg/kg，平均值为 16.58mg/kg，若按前苏联背景值加 20mg/kg 作为土壤铅的环境质量标准值，则山西农田土壤标准值应为 36.58mg/kg，欧盟国家土壤铅标准值为 50～300mg/kg，由于山西省为石灰性土壤，pH 值较高，可使土壤中铅的活性降低，减少作物对铅的吸收，因此铅的标准值可高于 36.58mg/kg，取欧盟国家的下限值为 50mg/kg。

4. 砷（As）

砷是常见的污染物质，在土壤中主要以三价态或五价态存在。砷不是作物生发育必需的元素，但少量砷可刺激一些作物生长，过量砷则对作物产生危害，表现为生长缓慢、植株矮小瘦弱，枯黄死叶增多。山西土壤砷背景值为 9.5mg/kg，标准差为 0.0294，按通常方法算得的污染起始值为 15.4mg/kg，模拟试验结果为：当土壤砷含量分别为 3mg/kg、5mg/kg、10mg/kg 时，玉米生长表现正常，当土壤砷含量大于 13mg/kg 时开始减产，土壤砷含量为 25mg/kg 时，减产幅度在 15％以上，故取开始减产到减产 15％以上土壤砷含量的平均值作为土壤砷标准值，即标准为 19mg/kg，这与我国"七五"期间土壤环境容量研究推荐的土壤砷基准值 21mg/kg 相近。

5. 铬（Cr）

铬是环境中分布较广的一种金属元素，植物是否需要铬尚无定论。土壤中铬主要以三价铬的氧化物和氢氧化物的形态存在，其性质比较稳定，很难被作物吸收和转移，土壤铬污染主要危害作物正常生长。山西省农业土壤铬元素背景值为 58.01mg/kg，95％置信范围为 35.3～101.3mg/kg。小麦盆栽生物试验结果表明，当土壤中铬浓度为 150mg/kg 时，小麦减产明显，因此从对作物生长和产量影响考虑，将农田土壤铬标准定为 100mg/kg，与背景值上限 101.3mg/kg 接近，远低于我国褐土铬的推荐基准值 500mg/kg。山西省农田土壤环境标准与世界各国土壤环境质量基准比较见表 3-20。

表 3-20　山西省农田土壤环境标准与世界各国土壤环境质量基准比较

单位：mg/kg

元素	山西省	法国	英国	德国	加拿大	欧盟	前苏联
Cd	1.6	2	5	1	1.6	1～3	5
As	19		10				15
Hg	0.25	1	2	1	0.5	1～1.5	2.5
Pb	50	100	1000	100	60	50～300	
Cr	100	150	1000	100	120		100

第四章
重金属在土壤中的迁移转化行为

重金属在土壤中的形态与迁移转化规律直接影响其生物毒性和生态环境效应,了解进入土壤中重金属的形态特征与迁移转化的规律,对科学制定重金属污染土壤修复与安全利用技术方案十分重要。本章阐述了常见重金属元素在土壤中的赋存形态、分析方法、迁移转化过程和影响因素。

第一节 重金属在土壤中的形态

进入土壤中的重金属难以被土壤微生物所降解,但可为生物所富集,是属于在土壤中不断富集的一类污染物,有的甚至可能转化为毒性更强的化合物(如甲基化合物)。它可以通过植物吸收,在植物体内富集、转化,通过食物链危害人类的健康与生命。更为严重的是这种由重金属在土壤中所产生的污染过程具有隐蔽性、长期性和不可逆性的特点。

一、土壤中重金属的形态

土壤中的重金属元素与不同成分结合形成不同的化学形态,它与土壤类型、土壤性质、污染来源与历史、环境条件等密切相关。各种形态量的多少反映了其土壤化学性质的差异,同时也影响其植物效应。目前,土壤重金属的形态分级可分为水溶态、可交换态、碳酸盐结合态、铁锰氧化物结合态、有机物结合态和残渣态 6 种形态。不同形态的重金属，其毒性、活跃性和生物迁移性均有不同的差异。

1. 水溶态

水溶态是指以简单离子或者是弱离子存在于土壤溶液中的重金属，它们可以用蒸馏水直接提取，并且可以直接被植物根部吸收，在大多数情况下水溶态的含量极低，一般在研究中不单独提取而将其合并于可交换态一组中。

2. 可交换态

可交换态是指交换吸附在土壤黏土矿物质及其他成分上的那一部分离子，它在总量中所占比例不大，但因为可交换态比较容易被植物吸收利用，易于迁移转化，对作物的危害极大。可交换态重金属可反映人类近期排污影响及对生物毒性的作用结果。

3. 碳酸盐结合态

碳酸盐结合态是指与碳酸根结合沉淀的那一部分重金属离子，在石灰性土壤中是比较重要的一种形态，随着土壤 pH 值的降低，该部分重金属可大幅度重新释放而被作物吸收；相反，pH 值升高则有利于碳酸盐的生成。

4. 铁锰氧化物结合态

铁锰氧化物结合态是重金属被 Fe、Mn 氧化物或黏粒矿物的专性交换位置所吸附的部分，这部分重金属离子不能用中性盐溶液交换，只能被亲和力相似或者是更强的金属离子所置换。土壤中 pH 值和氧化还原条件变化对铁锰氧化物结合态有重要的影响，pH 值和氧化还原电位较高时，有利于铁锰氧化物的形成。铁锰氧化物结合态则反映了人文活动对环境的污染。

5. 有机物结合态

有机物结合态是指以重金属离子为中心，以有机质活性基团为配位体发生螯合作用而形成螯合态盐类或是硫离子与重金属生成难溶于水的物质，该形态的重金属较为稳定，但当土壤氧化还原电位发生变化，有机质发生氧化作用时可导致该形态重金属溶出。有机物结合态重金属反映水生生物活动及人类排放富含有机物污水的结果。

6. 残渣态

残渣态重金属一般存在于硅酸盐、原生和次生矿物等晶格中，是自然地质风化过程的结果，是重金属最主要的形态，结合在该部分中的重金属在环境中可以认为是惰性的，一般的提取方法不能将其提取出来，只能通过风化作用将其释放，而风化过程是以地质年代计算的，相对于生物周期来说，残渣态基本不能被生物所利用，因而毒性相对也是最小的。

可交换态、碳酸盐结合态和铁锰氧化物结合态重金属稳定性较差，生物的可利用性较高，容易被植物所吸收利用，其含量与植物吸收含量呈显著正相关关系，而有机物结合态和残渣态重金属稳定性较强，不容易被植物吸收利用。

二、重金属形态分析方法

土壤中重金属形态的确定通常使用连续提取的方法来实行，即用一系列化学活性（酸性、氧化还原能力和络合性质）不断增强的试剂逐级提取与土壤固相特定化学基团结合的重金属元素。其最大的特点是用集中典型的提取剂取代自然环境中数目繁多的化合物，模拟自然环境下重金属与周围环境发生的各种反应，使复杂问题得以简化。提取液可以为盐电解液（如氯化钙、氯化镁）、弱酸缓冲液（如乙酸）、螯合剂（如 EDTA、DTPA）、强酸（如盐酸、硝酸、高氯酸）或碱（如氢氧化钠、碳酸钠）等。

目前常用的重金属连续提取方法有 Tessier 连续提取法；另一种操作定义是欧盟提出的，欧盟有关项目（BCR）致力于连续提取法的标准化和参考物质的制备，这一方法后经有关研究人员的适当改进，将土壤重金属分为四步分级提取。

(1) Tessier 连续提取法 该法是 1979 年由 Tessier 建立的，他将样品中的重金属元素通过五步分级提取，Tessier 连续提取法是近 20 年来土壤科学、环境科学和地球化学等领域广泛采用的固相重金属形态分析体系（表 4-1）。连续提取法的缺陷是试剂的选择性差和释出金属在各个形态间的再分配，而且由于这些方案的操作性定义特征，数据可比性和使用的提取程序紧密相关，只有用类似方法及性质相似的样品进行的分析结果才具有可比性，这就是要求程序的标准化。

表 4-1 重金属形态连续浸提方法

重金属形态	提取剂	操作条件
Ⅰ水溶态＋交换态	1mol/L $MgCl_2$（pH 7.0）	室温下振荡 1h
Ⅱ碳酸盐结合态	1mol/L $CH_3COONa \cdot 3H_2O$（CH_3COOH 调 pH5.0）	室温下振荡 6h
Ⅲ铁锰氧化物结合态	0.04mol/L $NH_2OH \cdot HCl$ 溶液（体积分数 25% CH_3COOH 溶液，pH 2.0）	96℃±3℃ 水浴提取，间歇搅拌 6h
Ⅳ有机结合态	0.02mol/L HNO_3 + 30% H_2O_2（pH 2.0）	85℃±2℃ 水浴提取 3h，最后加 CH_3COONH_4 防止再吸附，振荡 30min
Ⅴ残留态	$HF—HClO_4$	土壤消化方法（Soil digestion method）

(2) BCR 法 1987 年开始的 BCR 项目致力于连续提取的方法标准化和备件的参考物质的制造，它对样品进行四步分级提取：①水溶态、可交换态和碳酸盐结合态（0.11mol/L HOAc）；②铁/锰氧化物结合态（pH＝2.0 时 0.1mol/L NH_2OH-HCl）；③有机物及硫化物结合态（pH＝2.0 时先 8.8mol/L H_2O_2 后 0.1mol/L NH_4OAc）；④残渣态用王水消化。应用 BCR 法，Davidson 分析了沉积物中重金属的形态，发现 BCR 法的重现性很好；Tokaliolu 用 BCR 四级提取和 FAAS 检测，对沉积物中 Cr、

Co、Ni、Cu、Zn、Cd、Pb 和 Mn 形态进行了分析，回收率≥95%，检出限 0.04～0.69g/mL。此法在国内还未被广泛应用，但也有学者采用 BCR 法提取、ICP-AES 测定研究了水体沉积物中重金属的形态并评估了重金属的生物有效性。

(3) 其他提取法 超临界流体提取（SFE）、微波辅助提取（MAE）、加速溶剂提取（ASE）、超声提取（USE）最近都有报道。Heltai 等结合 CO_2 和 H_2O 作提取剂的 SFE 技术分析了废水沉积物中重金属的形态，将其分为水溶态、碳酸盐结合态和可移动有机结合态；该法的化学解释可与 BCR 法相比。SFE 被认为是有希望能限制形态转化的提取技术。MAE 因为能在大气或更高压力及可变的温度、溶剂和时间下进行而达到最温和的提取条件，使得它成为最吸引人的通用样品制备技术。

第二节　影响重金属形态分布的因素

影响土壤重金属形态分布的因素有很多，归纳起来可分为两大类：一类是土壤内因，即土壤理化性质，如 pH 值、土壤有机质、土壤质地、胶体含量、离子含量、Eh 值、营养元素等；另一类是人类活动，如输入到城市土壤中的重金属的数量、种类的影响。相同的土壤条件下，同种重金属添加数量不同重金属形态分布也不同。

一、pH 值的影响

土壤 pH 值是反映土壤理化性质的综合性指标，土壤中重金属元素形态受到土壤 pH 的直接影响，大量研究表明，土壤中交换态重金属随 pH 值升高而减少，且呈显著负相关，碳酸盐结合态重金属与 pH 值呈显著正相关。有机态重金属随 pH 值升高而升高。铁锰氧化钛重金属含量随 pH 值的升高缓慢增加，当 pH 值在 6 以上则含量随 pH 值的升高缓慢增加，这可能与土壤氧化铁锰胶体为两性胶体有关。当 pH 值小于零点电荷时，胶体表面带正电，产生的专性吸附作用随产生正电荷的增加而削弱，从而对重金属的吸附能力增加缓慢。当 pH 值升到氧化物的零点电荷以上，胶体表面带负电荷，对重金属的吸附能力必然急剧增加。此外，pH 值还通过影响其他因素而影响重金属的形态。

二、有机质的影响

土壤有机质的显著特征之一就是能与金属离子形成具有不同化学和生物稳定性的物质，从而影响重金属各形态的含量及比例，并使土壤不同形态重金属之间发生相互转化。土壤有机质可显著影响土壤重金属的化学形态，随着有机质含量的增加，有机物结合态重金属含量也会增加，铁锰氧化物结合态和交换态重金属含量有明显减少，而碳酸盐结合态与残渣态的含量变化不显著，由此可见，碳酸盐结合态重金属与有机质呈负相关，但相关性不显著；交换态和有机质结合态重金属与有机质含量呈正相关，增加有机质可使碳酸盐结合态向有机结合态转化。

三、土壤酶的活性影响

土壤中重金属各形态与土壤酶活性有一定的关系，重金属对过氧化氢酶、转化酶、脲酶、碱性磷酸酶4种土壤酶活性均有不同程度的抑制作用。重金属在土壤中浓度较低时对多数土壤酶有激活作用，土壤中重金属含量在5mg/kg对4种土壤酶活性才开始产生抑制作用。经分析，土壤中全量重金属、各形态重金属含量与过氧化氢酶、碱性磷酸酶活性均呈显著负相关，而与脲酶活性的负相关性很小，只有交换态镉与转化酶，有机结合态镉与脲酶活性的相关性显著。经土壤重金属污染与土壤酶活性关系的综合分析，当总量重金属对土壤酶活性影响不显著时，有的形态的重金属却可以显著抑制土壤酶的活性。

四、外源重金属的影响

土壤是岩石在经历漫长的风化过程后形成的，土壤在未受到人类活动影响时本身含有一定数量的金属元素，也就是土壤背景值或本底值。我们所讨论的土壤重金属污染主要指人类生产、生活活动导致进入土壤中重金属超过土壤自净能力，因此各类外源重金属进入土壤以后各形态有不同的变化趋势。当可溶态重金属进入土壤后期浓度迅速下降；交换态重金属先弱微上升，然后迅速下降；碳酸盐态重金属浓度变化情况与交换态重金属变化相似；铁锰氧化态重金属浓度先上升后下降；有机态重金属不断上升；残渣态重金属变化不大。这说明外源重金属进入土壤中一直在不断变化，处于动态的形态转化过程中。

▓▓▓ 第三节　重金属在土壤中的迁移转化 ▓▓▓

一、重金属在土壤环境中的迁移转化过程

重金属元素的迁移转化是指在自然环境空间位置的移动和存在形态的转化，以及由此所引起的富集与分散过程。重金属在环境中的迁移转化主要有以下几个过程。

（一）物理迁移

重金属是相对较难在土体中迁移的污染物。重金属进入土壤后总是停留在表层或亚

土层，很少迁入底层。土壤溶液中的重金属离子或配离子可以随水迁移至地表水体，而更多的重金属则可以通过多种途径被包含于矿物颗粒内或被吸附于土壤胶体表面上，随土壤中水分的流动被机械搬运，特别是在多雨的坡地土壤，这种随水冲刷的机械迁移更加突出。在干旱地区，矿物或土壤胶粒还以尘土的形式被风机械搬运。

（二）物理化学迁移和化学迁移

土壤环境中的重金属污染物能以离子交换吸附、配合-螯合等形式和土壤胶体相结合或发生沉淀与溶解等反应。

1. 重金属与无机胶体的结合

重金属与无机胶体的结合通常分为两类：一类是非专性吸附，即离子交换吸附；另一类是专性吸附，它是土壤胶体表面和被吸附离子间通过共价键或配位键而产生的吸附。

（1）非专性吸附 又称离子交换吸附或极性吸附，这种作用的发生与土壤胶体微粒所带电荷有关，指重金属离子通过与土壤表面电荷之间的静电作用而被土壤吸附。土壤胶体表面常带有净负电荷，对金属阳离子的吸附顺序一般为 $Cu^{2+}>Pb^{2+}>Ni^{2+}>Co^{2+}>Zn^{2+}>Ca^{2+}>Mg^{2+}>Na^+>Li^+$。不同黏土矿物对金属离子的吸附能力存在较大差异。其中蒙脱石的吸附顺序一般是 $Pb^{2+}>Cu^{2+}>Hg^{2+}$；高岭石为 $Hg^{2+}>Cu^{2+}>Pb^{2+}$；而带正电荷的水合氧化铁胶体可以吸附 PO_4^{3-}、AsO_4^{3-} 等。一般而言，阳离子交换量较大的土壤具有较强吸附带正电荷重金属离子的能力；而对于带负电荷的重金属含氧基团，它们对土壤表面的吸附量则较小。离子浓度不同，或有络合剂存在时会打乱上述顺序。因此对于不同的土壤类型可能有不同的吸附顺序。

（2）专性吸附 又称选择性吸附。重金属离子可被水合氧化物表面牢固地吸附，这些离子能进入氧化物金属原子的配位壳中，与—OH 和—OH_2 配位基重新配位，并通过共价键或配位键结合在固体表面。这种吸附不仅可以发生在带电体表面上，也可发生在中性体表面，甚至还可在吸附离子带同号电荷的表面上进行。其吸附量的大小不仅仅由表面电荷的多少和强弱决定。被专性吸附的重金属离子是非交换态的，通常不能被氢氧化钠或乙酸铵等中性盐所置换，只能被亲和力更强或性质相似的元素所解吸，有时也可在低 pH 值条件下解吸。土壤中胶体性质对专性吸附的影响极大。重金属离子的专性吸附还与土壤溶液 pH 值密切相关，一般随 pH 值的上升而增加。在所有重金属中，以 Pb、Cu 和 Zn 的专性吸附最强。这些离子在土壤溶液中的浓度在很大程度上受专性吸附所控制。专性吸附使土壤对重金属离子有较大的富集能力，影响到它们在土壤中的移动和在植物中的累积。专性吸附对土壤溶液中重金属离子浓度的调节、控制甚至强于受溶度积原理的控制。

2. 重金属与有机胶体的结合

重金属元素可以被土壤中有机胶体络合或螯合，或为有机胶体表面所吸附。从吸附作用上看，有机胶体的交换吸附容量远远大于无机胶体。但是在土壤中有机胶体的含量远小于无机胶体的含量。必须指出，土壤腐殖质等有机胶体对金属离子的吸附交换作用和络合-螯合作用是同时存在的，当金属离子浓度较高时以吸附交换作用为主；在低浓度时以络合-螯合作用为主。当形成水溶性的络合物或螯合物时，则重金属在土壤环境中随水迁移的可能性很大。

3. 溶解和沉淀作用

重金属化合物的溶解和沉淀作用，是土壤环境中重金属元素化学迁移的重要形式。它实际上是各种重金属难溶电解质在土壤固相和液相之间的离子多相平衡必须根据溶度积变化的一般原理，结合土壤的具体环境条件，研究和了解它的规律，从而控制土壤环境中重金属的迁移转化。重金属在土壤中的溶解和沉淀作用主要受土壤 pH 值、Eh 值和土壤中的其他物质（如富里酸、胡敏酸）的影响。

(1) 土壤 pH 值的影响　土壤 pH 值对重金属化合物的沉淀与溶解作用的影响是比较复杂的。一般来说随着土壤 pH 值的升高，重金属化合物可与 Ca、Mg、Al、Fe 等生成共沉淀，降低金属的溶解度。当 pH<6 时，迁移能力强的主要是在土壤中以阳离子形式存在的金属；当 pH>6 时，重金属阳离子生成氢氧化物沉淀，溶解度大大降低，但以阴离子形式存在的重金属迁移能力较强。对于两性的氢氧化物开始是随 pH 值的增大溶解度减小，但达到一定值后沉淀又开始溶解。对于非两性氢氧化物，随 pH 值的增大溶解度减小，但达到一定值后可能生成羟基络合物而增大溶解度。

(2) 土壤 Eh 值的影响　在还原条件下，当土壤 Eh 值降至 0 以下时，土壤中的含硫化合物开始转化生成 H_2S，并随氧化还原电位的进一步降低，H_2S 的产生迅速增加，土壤中的重金属元素大多形成难溶性的硫化物沉淀，而使重金属的溶解度大大降低。土壤 Eh 值的变化，还可以影响到重金属元素价态的变化，从而致其化合物溶解性的变化。例如 Fe、Mn 等在氧化状态下一般呈难溶态存在于土壤中；当土壤处于还原状态下，高价态的 Fe、Mn 化合物可被还原为低价态，增大其溶解度。重金属在土壤中的沉淀溶解平衡往往同时受 Eh 值和 pH 值两个因素的影响，使问题更加复杂。

(3) 重金属的配位（合）作用　土壤中的重金属可与土壤中的各种无机配位体和有机配位体发生配位作用。例如，在土壤表层的土壤溶液中，汞主要以 $Hg(OH)_2$ 和 $HgCl_2$ 的形态存在，而在氯离子浓度高的盐碱土中则以 $HgCl_4^{2-}$ 形态为主。据对 Hg^{2+} 及 Cd^{2+}、Pb^{2+}、Zn^{2+} 的研究表明，重金属的这种羟基配合及氯配合作用，可大大提高难溶重金属化合物的溶解度，同时减弱土壤胶体对重金属的吸附，因而影响重金属在土壤中的迁移转化。这种影响取决于所形成配位化合物的可溶性。

土壤中含有腐殖质等有机配位体，重金属可与富里酸形成稳定的可溶于水的螯合物，与胡敏酸形成稳定的、难溶于水的螯合物。因此，富里酸的络合-螯合作用可大大提高难溶性重金属盐的溶解度，并随水在土壤中迁移；胡敏酸的络合-螯合作用却相反降低了重金属的溶解度，抑制了重金属在土壤中的迁移。

(三) 生物迁移

土壤环境中重金属的生物迁移主要指植物通过根系从土壤中吸收某些化学形态的重

金属，并在植物体内累积。这一方面可以看作是生物体对土壤重金属污染物的净化；另一方面也可看作是重金属通过土壤对生物的污染。如果受污染的植物残体再进入土壤，会使土壤表层进一步富集重金属。除植物的吸收外，土壤微生物的吸收以及土壤动物啃食重金属含量较高的表土也是重金属发生迁移的一种途径。但是生物残体还可将重金属归还给土壤。植物根系从土壤中吸收重金属，并在体内累积，受多种因素的影响，其中主要的影响因素有以下几种。

(1) 重金属在土壤中的总量和赋存形态　一般水溶态金属最容易被植物吸收，而难溶态暂时不被植物吸收。重金属各形态之间存在一定的动态平衡。一般在重金属含量越高的土壤中，其水溶态、吸附交换态的含量也越高，植物吸收的量也相对越多。

(2) 土壤环境状况　土壤环境的酸碱度、氧化还原电位，土壤胶体的种类、数量，不同的土壤类型等土壤环境状况直接影响重金属在土壤中的形态及其相互之间量的比例关系，是影响重金属生物迁移的重要因素。

(3) 不同作物种类　不同的作物由于生物学特性不同，对重金属的吸收富集量有明显的种间差异，就大田作物对汞的吸收而言，水稻＞高粱，玉米＞小麦。从籽实含镉量看，小麦＞大豆＞向日葵＞水稻＞玉米；从植物吸收总量来看，向日葵＞玉米＞水稻＞大豆。农作物生长发育期不同，其对重金属的富集量亦不同。

(4) 伴随离子的影响　土壤中其他离子的存在会影响到植物对某种金属离子的吸收。例如，在土壤处于氧化状态时，Zn^{2+} 的存在可以促进植物对 Cd 的吸收；但当土壤处于还原状态时，Zn^{2+} 的存在则抑制植物对 Cd 的吸收。我们把促进植物对某种重金属离子的吸收并增强重金属离子对作物危害的效应称为协同作用；把减小植物对某种重金属离子的吸收并减弱重金属离子对作物危害的效应称为拮抗作用。

二、重金属在土壤-植物系统中的循环迁移

1. 植物对重金属的吸收富集

(1) 不同植物对土壤重金属的吸收富集　植物对重金属的吸收与累积受土壤中重金属元素的含量、形态、作物种类与生理特性、土壤 pH 值等多种因素的影响。虽然 Hg、Cd、Pb 等重金属都不是作物生长所必需的元素，但许多植物均能从水和土壤中摄取重金属，并在体内累积到一定数量。太原污灌区被测 12 种作物中重金属 Hg、Cd、Pb 的累积量见表 4-2，以污灌区土壤中重金属 Hg、Cd、Pb 的累积量为基础计算得到不同作物的富集系数也列入表 4-2；富集系数是指作物中重金属元素累积量与相应土壤中累积量之比。粮食作物分析其籽粒中累积量，蔬菜测定其可食部分的累积量，可见不同作物对同一重金属元素的吸收累积量不同，同一作物对不同重金属元素的吸收富集程度（富集系数）也不相同。就整个污灌区而言，对汞的吸收累积量小麦最高，青椒最低，依次为小麦＞菠菜＞西红柿＞豆角＞水稻＞玉米＞白萝卜＞白菜＞茄子、甘蓝＞黄瓜＞青椒。

表 4-2　污灌区不同作物 Hg、Cd、Pb 的累积量与富集系数

作物		样本/个	累积量/(mg/kg)			富集系数		
			Hg	Cd	Pb	Hg	Cd	Pb
粮食	玉米	9	0.00349	0.024	0.0991	0.029	0.079	0.0036
	水稻	9	0.00392	0.0993	0.267	0.033	0.329	0.0098
	小麦	9	0.023	0.014	0.169	0.196	0.047	0.0062
茄果类	西红柿	6	0.0073	0.022	0.098	0.062	0.073	0.0036
	豆角	4	0.0051	0.0077	0.067	0.043	0.026	0.0025
	黄瓜	6	0.0055	0.00107	0.0663	0.0047	0.0036	0.0024
	青椒	4	0.00049	0.0101	0.104	0.0041	0.033	0.0038
	茄子	6	0.00078	0.00618	0.089	0.0066	0.0021	0.0033
叶菜类	白菜	4	0.0015	0.0178	0.235	0.013	0.059	0.0086
	菠菜	4	0.0212	0.0550	0.14	0.326	0.382	0.0051
	甘蓝	6	0.00078	0.00241	0.054	0.0066	0.008	0.0019
根菜类	白萝卜	4	0.00203	0.0124	0.147	0.017	0.041	0.0054

不同作物对重金属的富集如图 4-1 所示。由图 4-1 可知，对镉的累积以水稻最高，黄瓜最低，顺序为菠菜＞水稻＞玉米＞番茄＞白菜＞小麦＞萝卜＞青椒＞豆角＞茄子＞甘蓝＞黄瓜；对重金属元素铅的吸收累积仍以水稻最高，甘蓝最低，顺序为：水稻＞白菜＞小麦＞萝卜＞菠菜＞青椒＞玉米＞番茄＞茄子＞豆角＞黄瓜＞甘蓝。被测 12 种作物对 Hg、Cd、Pb 三种重金属元素的吸收富集能力不同，富集系数顺序为 Cd＞Hg＞Pb 的有玉米、水稻、番茄、青椒、白菜、菠菜、甘蓝、萝卜 8 种作物，富集系数顺序为 Hg＞Cd＞Pb 的有小麦、豆角、黄瓜 3 种，富集系数为 Hg＞Pb＞Cd 的作物只有茄子 1 种。说明 Hg、Cd、Pb 三种元素中 Cd 最易被作物吸收富集；Hg 次之；作物对 Pb 的吸收富集能力相对较弱。小麦、豆角和黄瓜对汞的吸收累积能力强于 Cd 和 Pb。

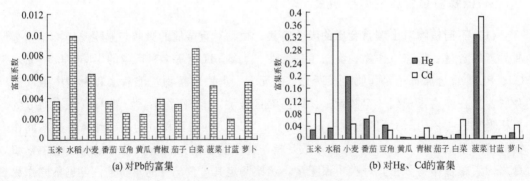

(a) 对Pb的富集　　　　　　(b) 对Hg、Cd的富集

图 4-1　不同作物对重金属的富集

（2）不同土壤-植物系统对重金属的吸收富集　不同土壤类型因其土体构型、土壤理化性质的不同、种植植物种类不同，而直接影响对重金属的吸收累积。太原污灌区各土壤作物系统中重金属的累积量和吸收率见表 4-3、图 4-2。

表 4-3 不同土壤-作物系统中作物重金属累积与吸收率

序号	土壤-作物系统	累积量/(mg/kg)			吸收率/%		
		Cd	Hg	Pb	Cd	Hg	Pb
1	潮土-玉米	0.0221	0.00466	0.103	7.3	3.7	0.5
2	盐潮土-玉米	0.0176	0.00337	0.120	14.3	5.4	0.43
3	褐土-玉米	0.0095	0.00416	0.102	2.3	5.1	0.36
4	水稻土-水稻	0.180	0.00484	0.18	53.5	2.95	0.6
5	菜园土-蔬菜	0.079	0.019	0.37	13.59	18.09	1.06

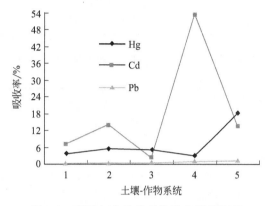

图 4-2 不同土壤-植物系统重金属吸收率

表 4-3 的数据说明不同土壤-作物系统重金属吸收累积量差异很大，对 Cd 累积量和吸收率最高的是水稻土-水稻系统，最低的是褐土-玉米系统，相差达 23 倍；对 Pb、Hg 的吸收累积最高的是菜园土-蔬菜系统，最低的分别是褐土-玉米系统和水稻土-水稻系统，分别相差 2.9 倍和 6.1 倍。

就各系统对 Hg、Cd、Pb 三种重金属元素的绝对累积量看，除水稻土-水稻系统是 Cd 的累积量最高外，其余 4 个系统都是铅的累积量高，Hg 的累积量最低，但从吸收率看则是 Pb 最低、Hg 居中、Cd 最高。

2. 土壤-植物系统中重金属的库存量

要了解重金属元素在系统的循环迁移，必须首先了解系统的库存现状。重金属在植物体内不同器官部位的富集和富集量是不相同的。一般情况下在营养储存部位（如果实、块根）富集量少，而在植物体内新陈代谢最旺盛的器官内富集量最高。

通常重金属在植物各器官富集、累积的顺序为根＞茎叶＞果实，其原因是重金属被植物吸收后，通常与根中的蛋白质反应沉淀于根上，阻碍了向地上部分的运输。表 4-4 数据进一步说明重金属在植物体内各器官中的富集情况，无论是小麦、玉米还是水稻，三种作物各部位中 Hg、Cd、Pb 的含量顺序一致，都是根＞茎叶＞籽粒。其中水稻根系中 Cd、Pb 的累积量最高，分别为 15.5mg/kg 和 5.59mg/kg，Hg 累积最高的是小麦根系，籽粒中重金属 Cd 累积量顺序为小麦＞水稻＞玉米，Pb 的累积量顺序为水稻＞玉米＞小麦，籽粒 Hg 的累积量顺序为水稻＞小麦＞玉米。

表 4-4 太原污灌区不同作物各部位重金属的含量　　　单位：mg/kg

作物	部位	Hg	Cd	Pb
玉米	籽粒	0.0031	0.023	0.203
	茎叶	0.020	0.192	0.527
	根	0.437	0.838	2.88
水稻	籽粒	0.0667	0.038	0.29
	茎叶	0.422	0.388	0.501
	根	0.72	15.5	5.59
小麦	籽粒	0.025	0.044	0.166
	茎叶	0.0896	0.8	0.496
	根	0.856	1.4	3.91

表 4-5 不同土壤-作物系统土壤库、作物库和残落物库中 Hg、Cd、Pb 的库存量

单位：kg/hm²

土类	项目	Hg	Cd	Pb
潮土	土壤库	0.332	0.805	51.15
	作物库	0.0029	0.0105	0.032
	残落物库	0.0021	0.0039	0.0098
盐化潮土	土壤库	0.164	0.329	74.90
	作物库	0.0026	0.0093	0.029
	残落物库	0.0019	0.0035	0.0087
褐土	土壤库	0.219	1.101	77.46
	作物库	0.0038	0.0042	0.0138
	残落物库	0.0020	0.0025	0.0085
水稻土	土壤库	0.421	0.873	72.85
	作物库	0.0091	0.071	0.032
	残落物库	0.0038	0.065	0.025

表 4-5 为不同土壤-作物系统土壤库、作物库和残落库中 Hg、Cd、Pb 的库存量，污灌区各系统 Hg、Cd、Pb 三种元素库存量均是土壤库＞作物库＞残落物库，Hg、Cd、Pb 三种元素绝大部分储存在土壤中，作物库和残落物库中储量很低。不同土壤类型其土壤库中重金属元素的库存量不同。

表 4-6 土壤库、作物库和残落物库中 Hg、Cd、Pb 元素分配率　　　单位：%

土类	Hg			Cd			Pb		
	Ⅰ	Ⅱ	Ⅲ	Ⅰ	Ⅱ	Ⅲ	Ⅰ	Ⅱ	Ⅲ
潮土	98.5	0.86	0.6	98.2	1.2	0.5	99.9	0.06	0.04
盐化潮土	97.3	1.5	1.1	96.3	2.7	1.0	99.95	0.04	0.01
褐土	97.4	1.7	0.9	99.3	0.38	0.22	99.97	0.02	0.01
水稻土	97.0	2.3	0.7	86.4	7.03	6.43	99.92	0.04	0.03

注：Ⅰ为土壤库；Ⅱ为作物库；Ⅲ为残落物库。

从 Hg、Cd、Pb 在土壤、作物和残落物中分配率（表 4-6）可看出，Pb 元素 99.9%储存在土壤库中，在作物库中的储量仅占 0.02%～0.06%，在残落物库中储量

重金属污染土壤修复理论与实践

更少，占 0.01%～0.04%。Hg 元素在土壤库中的存量占总储量的 97%～98.5%，作物库存量占 0.86%～2.3%，残落物库存量占 0.6%～1.1%。Cd 元素在土壤库中储量占总储量的 86.4%～99.3%，作物库中储量占 0.38%～7.03%，残落物库中储量占总储量的 0.22%～6.43%。

总体看 Hg、Cd、Pb 三种元素绝大部分储存在土壤库中，说明三种重金属元素在土壤-作物系统的迁移性相对较弱，三种元素生物迁移能力为 Cd＞Hg＞Pb。

3．土壤/植物系统重金属的流通与循环

元素的流通量和循环系数是衡量重金属元素在土壤-作物系统进行生物地球化学循环强度的重要指标，其中流通量是指系统内年吸收量和归还量之和，循环系数则是某元素年归还量与年吸收量之比。

由表 4-7 看出，Hg、Cd、Pb 三种元素流通量和循环系数在不同土壤-作物系统中变幅较大；Hg 流通量在水稻土-水稻系统中最大，达 12.9g/(hm² · a)，在盐化潮土-小麦、玉米系统中最低仅为 4.5g/(hm² · a)，Cd、Pb 的流通量大小顺序均为水稻土＞潮土＞盐化潮土＞褐土。

表 4-7 土壤作物系统 Hg、Cd、Pb 的流通量与循环系数

土壤-作物	元素	年吸收量 /[g/(hm² · a)]	年归还量 /[g/(hm² · a)]	年流通量 /[g/(hm² · a)]	循环系数
潮土-小麦、玉米	Hg	2.9	2.1	5.0	0.72
	Cd	10.5	3.9	14.4	0.37
	Pb	32	9.8	41.8	0.31
盐化潮土-小麦、玉米	Hg	2.6	1.9	4.5	0.73
	Cd	9.3	3.5	12.8	0.38
	Pb	29	8.7	37.7	0.30
褐土-玉米	Hg	3.8	2.0	5.8	0.52
	Cd	4.2	2.5	6.7	0.60
	Pb	13.8	8.5	22.3	0.62
水稻土-水稻	Hg	9.1	3.8	12.9	0.42
	Cd	71	65	136	0.91
	Pb	32	25	57	0.78

从循环系数看，Cd 和 Pb 都是以水稻土-水稻系统最高，其中 Cd 的序列为水稻土＞褐土＞盐化潮土＞潮土；Pb 的序列为水稻土＞褐土＞潮土＞盐化潮土；Hg 的循环系数大小顺序为盐化潮土＞潮土＞褐土＞水稻土，这正好与 Pb 的序列相反。

三、主要重金属在土壤中的迁移转化过程

1．汞（Hg）

土壤中的汞按其化学形态可分为金属汞、无机化合态汞和有机化合态汞。无机化合

态汞有 $HgCl_2$、$HgCl_3^-$、$HgCl_4^{2-}$、$Hg(OH)_2$、$Hg(OH)_3$、$HgSO_4$、$HgHPO_4$、HgO 和 HgS。有机化合态汞以有机汞和有机络合汞普遍存在。所有的无机汞化合物，除硫化汞外都是有毒的，有机汞一般比无机汞毒性更大；其中毒性较小的有苯汞、甲氧基-乙基汞；剧毒的有烷基汞等。在烷基汞中，甲基汞毒性最大，危害也最普遍。

汞在土壤中的迁移转化行为，既受到土壤自身化学性质的影响也受到环境因素的影响。

(1) 汞的氧化还原 土壤中的汞有 0、+1、+2 三种价态。与其他金属不同，汞的重要特点在于，能以零价（单质汞）存在于土壤中。这是由于汞具有很高的电离势，转化为离子的倾向小于其他金属。土壤环境的氧化还原电位和 pH 值，决定着汞在土壤中以何种价态存在。其三种价态相互之间的转化反应如下：

$$Hg^0 \underset{}{\overset{氧化作用}{\rightleftharpoons}} Hg_2^{2+} + Hg^{2+} \qquad Hg_2^{2+} \underset{}{\overset{歧化作用}{\rightleftharpoons}} Hg^{2+} + Hg^0 \qquad Hg^{2+} \underset{}{\overset{土壤微生物作用}{\rightleftharpoons}} Hg^0$$

特别是当土壤处于还原条件下（在正常土壤 pH 值范围内，Eh 值低于 0.4V 时）更有利于单质的生成。图 4-3 为汞的 Eh-pH 图。

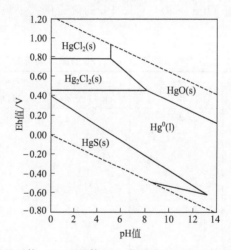

图 4-3 汞的固体（s）和液体（l）物种在 Eh-pH 图上的稳定区域

单质汞由于在常温下有很高的挥发性，除部分存在于土壤中以外，还以汞蒸气形态挥发进入大气圈，参与全球的汞蒸气循环。在含硫的还原环境中，汞主要以难溶的硫化汞（HgS）形式存在。

(2) 汞的吸附固定特征 土壤中的黏土矿物和腐殖质对汞的吸附起重要的作用。进入土壤的汞有 95% 以上能迅速被吸持或固定，使绝大部分汞累积在耕层土壤，不易向深层迁移，除砂土或土层极浅的耕地以外，汞一般不会通过土壤污染地下水。已有的资料表明，黏土矿物对 $HgCl_2$ 的吸附顺序为：伊利石＞蒙脱石＞高岭石；对乙酸汞的吸附顺序为：蒙脱石＞水铝英石＞高岭石。pH 值也影响汞的吸附，当土壤 pH 值在 1～8 范围内，则随着 pH 值的增大吸附量逐渐增大，当 pH＞8 时吸附的汞量基本不变。有些实验表明，腐殖质吸附的汞比黏土矿物吸附的汞高 2 倍，土壤有机质增加 1%，汞的固定率可增加 30%。腐殖质易吸附非极性和非离子态的汞，黏土矿物易吸附离子态的汞。另外，当土壤溶液中有 Cl^- 存在时，可以显著减弱对 Hg^{2+} 的吸附，例如盐渍土可

生成溶解度很低的 Hg_2Cl_2、$HgCl_2$ 和不溶性的 HgS，但由于含有大量的 Cl^- 而生成 $HgCl_4^{2-}$，其迁移能力大大提高。

(3) 汞的甲基化　在厌氧条件下，无机汞经某些微生物的作用，转化为剧毒的可溶性有机汞——甲基汞（CH_3Hg）和二甲基汞 $[(CH_3)_2Hg]$。瑞典学者詹森（Jensen）和吉尔洛夫（Jernlov）于 1968 年提出污泥中嫌气微生物能够使无机汞甲基化，其反应式如下：

$$Hg^{2+}+2R—CH_3 \longrightarrow CH_3—Hg—CH_3 \longrightarrow CH_3Hg^+ + CH_3^+$$
或
$$Hg^{2+}+R—CH_3 \longrightarrow CH_3Hg^+ \longrightarrow CH_3HgCH_3$$

除了汞的生物甲基化作用外，在非生物因素作用下，只要存在甲基给予体，汞也可以被甲基化。汞的甲基化速度与土壤温度、湿度、质地有关。通常在水分较多、质地黏重的土壤中，甲基汞的含量比水分少、砂性的土壤多。另外，甲基汞的形成及挥发与土壤的温度呈正相关。土壤中的甲基汞等有机化合物也可以被降解为无机汞。有机汞和无机汞之间是相互转化的，只是其迁移转化的方向因土壤条件的不同而异。

(4) 汞的络合和螯合　土壤中存在的无机配位体是 Cl^-、SO_4^{2-}、HCO_3^-、OH^-，在某些情况下还有氟、硫化物和磷酸盐等，它们均能与汞和其他重金属离子生成络合离子，在自然环境中最常见的是 Cl^- 和 OH^-。在氧气充足的土壤中，主要以 $Hg(OH)_2^0$ 和 $HgCl_2^0$ 的形式存在，在土壤溶液中 Cl^- 浓度较高时，可能有 $HgCl_3^-$ 和 $HgCl_4^{2-}$ 生成。OH^- 和 Cl^- 对汞的络合作用可以大大提高汞化合物的溶解度，据此有些学者提出应用 NaCl 和 $CaCl_2$ 等盐类消除沉积物中汞污染的可能性。

土壤中的有机配位体如腐殖质中的羟基和羧基对汞有很强的螯合作用。这种作用与吸附作用综合在一起，使得土壤腐殖质的汞含量远高于土壤矿物质部分的汞含量。可见，元素汞及其各种类型汞化合物，在土壤环境中是可以相互转化的，只是在不同的条件下其迁移转化的主要方向有所不同而已。

2. 镉（Cd）

土壤中镉的形态主要分为水溶性镉、吸附性镉和难溶性镉。水溶性镉有 Cd^{2+}、$CdCl^+$、$CdSO_4$ 等多种可溶性络合物，难溶性镉包括 CdS、$Cd(OH)_2$、$CdCO_3$ 以及螯合物。有些研究指出，土壤中水溶性镉、吸附性镉的含量分别占总镉量的 15%～20% 和 40%～50%，它们易于迁移转化，而且能够被植物所吸收。难溶性镉不易迁移也不易被植物吸收，这两种形态的镉在一定条件下可相互转化。

进入土壤中的镉可被土壤吸附而蓄积于土壤中。通常吸附的镉在 0～15cm 的土壤表层累积，15cm 以下含量显著减少。土壤对镉的吸附率决定于土壤的类型和特征。大多数土壤对镉的吸附率在 80%～95%，并以下列顺序降低：腐殖质土壤＞混有火山灰的冲积土壤＞黏重土壤＞粗粒质冲积土壤。含腐殖质高、质地细的土壤和碳酸盐土含镉量高，砂质土及排水良好的土壤含镉量低。

影响镉在土壤中迁移转化的因素除了土壤种类和有机质含量外，更为重要的还有 pH 值、Eh 值的直接影响。当土壤偏酸性时，镉的溶解度增加，作物对镉的吸收量相应增加，使毒性增强；土壤呈碱性时，镉不易溶解，作物难以吸收。

另外，土壤对镉的吸附同 pH 值呈正相关，pH 值越低，镉的溶出率越大；pH 值为 4 时镉的溶出率超过 50%；pH 值为 7.5 时镉很难溶出。在常见的土壤 pH 值范围内，对于水田土壤，由于停滞水的遮蔽效应形成还原环境，含硫有机物以及施入土壤的含硫肥料均可产生 H_2S，此时的镉多以非溶性硫化镉的形式存在，作物难以吸收；反之，当土壤脱水时，随着 Eh 值的升高，硫被氧化成 SO_4^{2-} 或单质硫，土壤溶液中镉离子浓度逐渐增加，相应会引起植物含镉量增多。镉体系的 Eh-pH 图如图 4-4 所示。

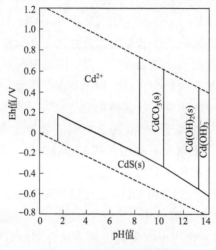

图 4-4　镉体系的 Eh-pH 图

$$(C_{T,Cd}=10^{-7}\,mol/L，C_{T,CO_2}=10^{-3}\,mol/L，C_{T,s}=10^{-3}\,mol/L)$$

此外，镉还可以与羟基离子、氯离子、腐殖质形成络合物，增加土壤中镉的活性。另据研究，镉与 Zn、Pb、Cu 等离子的含量存在一定的关系，镉含量高，Zn、Pb、Cu 等离子的含量相应也较高，同时也影响镉的吸收，因此镉还受 Zn^{2+}、Pb^{2+}、Cu^{2+}、Fe^{2+}、Mn^{2+}、Ca^{2+}、PO_4^{3-} 等相伴离子的影响。

3. 铅（Pb）

土壤中铅的活性很低，其主要是以 $Pb(OH)_2$、$PbCO_3$ 和 $PbSO_4$ 等难溶性固体形式存在，而可溶性铅的含量极低。与镉相比，铅与土壤组分更易发生反应，pH 值为 5～9 时，土壤中铅的溶解度仅为镉溶解度的 1%，故铅的移动性较小。

在大多数的土壤环境中，Pb^{2+} 是铅唯一稳定的氧化态。Eh 值或 pH 值的变化所影响的只是与之结合的配位基而不是金属本身。这可从铅的 Eh-pH 图（见图 4-5）清楚地看出。

与其他重金属一样，有机质是铅的良好吸附剂，其吸附能力比大多数黏土矿物和次生矿物都高。通常腐殖质与铅之间的结合比腐殖质与其他金属的结合强。土壤中腐殖质的含量和土壤中铅的浓度呈正相关。无论何种土壤类型，土壤剖面中铅的分布情况与土壤剖面中有机质的分布情况相似。在地表 15cm 深的土层中，铅的含量最高。在酸性生

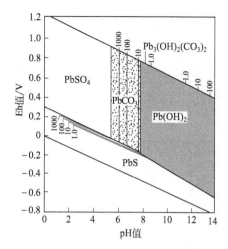

图4-5　铅的固体物种在 Eh-pH 图中的稳定区域

[图中数字为铅的溶解度/(μg/L)]

草灰化土中也观察到铅明显转移，并从侵蚀坡地的上层土壤移向下层。在生草灰化土中淀积层的含铅量为成土母质或表层的 1.5 倍。

铅与胡敏酸和富里酸形成稳定的络（螯）合物。相对来说，与富里酸形成络（螯）合物的铅的数量比其他金属多。胡敏酸与铅所形成的络（螯）合物比镉或锌的络（螯）合物稳定。腐殖质对铅的吸附、形成络（螯）合物的能力以及所形成的络（螯）合物的稳定性，均随 pH 值的增高而增高。在酸性介质中，铅与镉、锌一样，较易移动。

黏土矿物和其他次生矿物对铅的固定和吸附程度也与 pH 值有关。例如，pH 值从4.7 增至 5.9 时，针铁矿对铅的吸附由 8％增至 63％。伊利石、蒙脱石、高岭石、蛭石和水化黑云母对铅的吸附要比其他金属的吸附强得多。

铅的水解过程以及和氯离子形成络合物，两者都会影响土壤中铅化物的溶解度。当pH 值为 8.5、氯化铅的浓度为 350～6000mg/kg 时，铅在溶液中与锌一样，主要以羟基络合物的形态存在。在此条件下，Hg 和 Cd 主要与氯离子形成络合物。

在水稻土中，pH 值和 Eh 值都会影响土壤中铅与镉的活性及其对植物的有效性。对非石灰性土壤来说，土壤溶液中铅的浓度为 $Pb(OH)_2$、$Pb_3(PO_4)_2$、$Pb_4O(PO_4)_2$ 和 $Pb_5(PO_4)_3OH$ 等的溶解度所控制，而在石灰性土壤中则还为 $PbCO_3$ 的浓度所控制。在干旱和半干旱地区，即使土壤中存在着多量铅，铅化合物在土壤中的移动性也不大。石灰性土壤、碱性土壤以及钙积层，都是铅的高效吸附剂（固定剂）。

据研究，铅的污染与汽车尾气的含铅量有关，距公路越近，土壤含铅量越高。例如对山西太汾公路两侧土壤、白菜的研究表明，距公路东 10m、20m、30m、40m 时，土壤含铅量分别为 34.3mg/kg、29.4mg/kg、27.5mg/kg 及 20.5mg/kg，相应白菜的含铅量分别为 0.141mg/kg、0.138mg/kg、0.130mg/kg、0.126mg/kg。

4. 铬（Cr）

土壤中的铬以四种形态存在：两种三价铬离子，即 Cr^{3+} 和 CrO_2^-；两种六价阴离子，即 $Cr_2O_7^{2-}$ 和 CrO_4^{2-}。其中三价铬是主要的形态。土壤中六价铬能移动，比三价铬毒性大，其价态的转化受土壤氧化还原电位和酸碱度的制约。从图 4-6 铬体系的 Eh-pH 图中看出，若保持六价铬化合物的易溶形态，必须有较高的氧化还原电位。实际上，土壤的 Eh 值只有数百毫伏，而渍水土壤多在数十毫伏以下，因此，当 $Cr_2O_7^{2-}$ 进入水田时，就会迅速地被还原成难溶性的三价铬化合物固定在土壤中，从而减轻了铬对作物的危害。

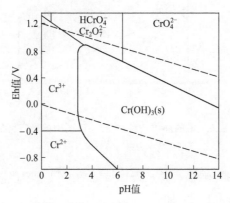

图 4-6 铬体系的 Eh-pH 图（$C_{T,Cr}=10^{-4}\,mol/L$）

土壤中的三价铬和六价铬可以相互转化。当为酸性和 Eh 值较低时，主要以三价铬的形式存在；相反，在高氧化条件、弱酸性或碱性土壤中，才能有六价铬存在。另外，当土壤中有氧化锰等氧化物时，三价铬能被氧化为六价铬，或被溶解氧缓慢氧化。在土壤有机质和低价铁、溶解性硫化物等存在的情况下，六价铬被还原为三价铬。由于三价铬会转化为六价铬，因此三价铬会引起潜在的危害。

研究证明，三价铬化合物进入土壤后 90% 以上迅速被土壤吸收固定，以铬和铁的氢氧化物的混合物或被封闭在铁的氧化物中而存在，十分稳定并具有不溶性，在土壤中难以移动。在土壤溶液中，三价铬的溶解度取决于 pH 值，当溶液 pH 值提高到 4 以上时三价铬的溶解度降低；当 pH 值为 5.5 时全部沉淀，在碱性溶液中形成铬的多环羟基化合物。在 pH 值低的情况下，土壤中能生成三价铬的有机络合物，这种络合物是比较稳定和可溶性的。土壤胶体对三价铬有强烈的吸附作用，并且随着 pH 值的升高而增强。土壤黏土矿物吸附三价铬的能力约为吸附六价铬的 30～300 倍，黏土矿物对六价铬的吸附作用随着 pH 值的升高而减弱。

土壤胶体对铬的强烈吸附作用因其电性不同而异，带负电荷的胶体可以交换吸附以阳离子形式存在的三价铬离子，Cr^{3+} 甚至可置换黏土矿物晶格中的 Al^{3+}。而带正电荷的胶体可交换吸附以阴离子形式存在的铬离子（CrO_4^{2-}、$Cr_2O_7^{2-}$、CrO_2^-）。但六价铬离子活性很强，一般不会被土壤强烈地吸附，因此在土壤中较易于迁移。氧化铁对铬的吸附性很大，甚至超过高岭石、蒙脱石对铬的吸附能力。

综上所述，土壤中三价铬化合物的溶解度一般都较低，而水溶性的六价铬含量本来就很少，所以土壤中可溶性铬含量较低。含铬废水进入土壤后也多转变为难溶性铬，大部分残留累积于土壤表层，因此土壤中被植物可吸收的铬一般很少。

5．砷（As）

砷的形态影响其在土壤中的迁移及对生物的毒性，一般将砷分为无机态和有机态两类。无机砷包括砷化氢、砷酸盐或亚砷酸盐等，无论是淹水还是旱地土壤中，砷均以无机砷形态为主，元素砷主要以带负电荷砷氧阴离子（$HAsO_4^{2-}$、$H_2AsO_4^-$、$H_2AsO_3^-$、$HAsO_3^{2-}$）形式存在，化合价分别为 +3 和 +5 价。有机砷包括一甲基砷和二甲基砷，占土壤总砷的比率极低。通常无机砷比有机砷毒性大，As^{3+} 类比 As^{5+} 类的毒性大得多，且易迁移。在氧化与酸性环境中，砷主要以无机砷酸盐（AsO_4^{3-}）形式存在，而在还原与碱性环境中亚砷酸盐（AsO_3^{3-}）占相当大比例。

按砷被植物吸收的难易程度，用不同提取液提取土壤中的砷，可以将其分为以下 3 类。

(1) 水溶性砷 该形态砷含量极少，常低于 1mg/kg，一般只占土壤全砷的 5％～10％。

(2) 吸附性砷 指被吸附在土壤表面交换点上的砷，较易释放，可同水溶性砷一样易被作物所吸收，因而与水溶性砷一同被称为可给态砷或是有效砷。

(3) 难溶性砷 这部分砷不易被植物吸收，但在一定的条件下可转化成有效态砷。土壤中难溶性砷化物的形态可分为铝型砷（Al-As）、铁型砷（Fe-As）、钙型砷（Ca-As）和闭蓄型（O-As）；其中 Al-As 和 Fe-As 对植物的毒性小于 Ca-As。一般而言，酸性土壤中以 Fe-As 占优势，而碱性土壤以 Ca-As 占优势。土壤中相当数量的砷与 Fe、Ca 等组成复杂的难溶性砷化物，绝大多数砷处于闭蓄状态，不易释放，导致水溶性砷和交换性砷极少。

土壤中的砷对酸碱性和氧化还原条件的变化十分敏感。砷在土壤中多以阴离子状态存在，As(Ⅲ) 和 As(Ⅴ) 溶解度均随土壤 pH 值的增加而增加，当土壤由酸性变为中性或碱性时，As(Ⅲ) 的迁移能力变得更强。此外，土壤 pH 值还影响土壤带正电荷的胶体（如铁铝氢氧化物）对 As 的吸附，当 pH 值降低时，土壤胶体正电荷增加，对砷的吸持能力加强；反之亦然。土壤溶液中 As(Ⅲ) 和 As(Ⅴ) 间存在相互转化的动态平衡，该平衡受土壤体系平衡电位 Eh 值控制。土壤在氧化条件下（旱地或干土中），以砷酸（H_3AsO_4）为主，易被交替吸附，增加了土壤的固砷量；而在淹水还原条件下（水田），土壤 As^{5+} 逐渐转化为 As^{3+}，随着 Eh 值降低，亚砷酸（H_3AsO_3）增加，大大增加砷的植物毒性。这主要是由于一方面亚砷酸比砷酸易溶，淹水使部分固定砷获得释放而进入到土壤溶液；另一方面淹水使砷酸铁及其他形式三价铁（与砷酸盐结合）被还原为易溶的亚铁形式，使砷从难溶性砷酸铁中释放，增加了土壤溶液中可溶性砷的浓度。因此，砷污染土壤淹水后，砷对作物的毒害作用增大，而实行排水和垄作栽培等土壤落干措施可有效缓解砷对作物的毒害。在砷污染水田中，为减轻或消除水稻砷害，采取有效的水浆管理措施：做好插秧准备后，再泡水耙田并立即浅水插秧，2～3d 后稻田落干，后使土壤维持湿润状态（保持较高 Eh 值）降低土壤水溶性 As 和 As(Ⅲ) 含量，并降低糙米中的含砷量。

土壤对砷的吸持还受质地、有机质、矿物类型等多种因素的影响。一些研究认为，被吸持的砷量与土壤黏粒含量成显著正相关，原因在于土壤粒度越小，比表面积越大，对砷的吸附能力也越大。但黏土矿物类型对砷的吸附有较大影响。纯黏土矿物对砷的吸附能力依次为：蒙脱石＞高岭石＞白云石。许多研究也表明，土壤铁、锰、铝等无定形氧化物越多，吸附砷的能力越强。Fe、Al 水化氧化物吸附砷的能力最强，氧化铁对 As(Ⅲ) 和 As(Ⅴ) 的吸附能力差不多。δ-MnO_2 对 As(Ⅲ) 和 As(Ⅴ) 的吸附能力中等。Fe、Al 和 Mn 氧化物对砷的吸附能力比层状硅酸盐矿物强得多。这主要是因为氧化物比表面能大，Fe、Al 氧化物 ZPC 的 pH 值一般在 8～9 之间，故容易发生砷酸根的非专性吸附和配位交换反应。我国不同类型土壤对砷的吸附能力顺序是：红壤＞砖红壤＞黄棕壤＞黑土＞碱土＞黄土，这也说明铁铝氧化物对吸附砷的重要性。此外，钙、镁可以通过沉淀、键桥效应来增大对砷的吸附能力；钠、钾、铵等离子无法与砷形成难溶沉淀物，对土壤固持砷的能力无多大影响；一些阴离子对污染土壤砷解吸影响顺序为：$H_2PO_4^-$＞SO_4^{2-}＞NO_3^-＞Cl^-。Cl^-、NO_3^- 和 SO_4^{2-} 对土壤吸持砷只有极小的影响；PO_4^{3-} 的存在能减少土壤吸持砷的能力。这与磷酸盐和砷酸盐性质相似，结构上均属于四面体且晶型相同，二者在铁氧化物、黏土和沉积物上进行同晶交换，发生竞争吸附和配位交换反应（土壤对磷的亲和能力远远超过对砷的亲和力）有关。

第五章
土壤重金属污染物理修复

重金属污染土壤的修复指利用物理、化学和生物的方法将土壤中的重金属清除出土体，或将其固定在土壤中降低其迁移性和生物有效性，降低重金属的健康风险和环境风险。近年来重金属污染土壤的修复技术研究取得了长足发展，按照工艺原理主要归纳为：物理/化学修复、生物修复和农业生态修复三类。本章主要以物理修复为主进行讨论分析。

物理修复技术主要基于土壤理化性质和重金属的不同特性，通过物理手段来分离或固定土壤中的重金属，达到清洁土壤和降低污染物环境风险和健康风险的技术手段。结合国内外在这方面的进展，物理修复主要包括物理分离修复、蒸气浸提修复、固化/稳定化修复、玻璃化修复、低温冰冻修复、热力学修复和电动力学修复等。

第一节 土壤重金属污染物理修复技术

一、物理分离修复技术

这项技术是一项借助物理手段将重金属颗粒从土壤胶体上分离开来的技术，工艺简单，费用低。这些分离方式没有高度的选择性。通常情况下，物理分离技术被用作初步的分选，以减少待处理土壤的体积，优化后续的系列处理工作。一般来说，物理分离技术不能充分达到土壤修复的要求。物理分离修复的方法有粒径分离、水动力学分离、密度（或重力）分离、脱水分离、泡沫浮选分离、磁分离等。

物理分离修复技术最适合用来处理小范围射击场污染的土壤。在射击场上，土壤密度上的较大差异和粒度特征都能使物理分离技术容易从土壤中分离子弹残留的重金属。铅和铜的混合物碎片和氧化物通常比土壤介质的密度高，而且许多弹头还完好无损地留在土壤中。通常情况下，先采用干筛分方式从土壤中去除仍然为原状或仅小部分缺失的弹头，然后再考虑相对于土壤颗粒来说较小的重金属混合物。去除这些小的金属混合物需要更复杂的物理分离步骤，但其处理费用并不高。在大多数情况下，物理分离技术的开展都是基于颗粒直径的。各种技术的适用粒径范围列于表 5-1。从表 5-1 可见，大多数技术都比较适合于中等粒径范围（100～1000μm）土壤的处理，少数技术适合细质地土壤。在泡沫浮选法中，最大粒度限制要根据气泡所能支持的颗粒直径或质量来确定。

表 5-1　采用物理分离技术的适用粒度范围

分离过程	粒度范围/μm
粒径分离	
干筛分	>3000
湿筛分	>150
水动力学分离	
淘选机	>50
水力旋风分离器	5～15
机械粒度分级机	5～100
密度分离	
振动筛	>500
螺旋富集器	75～3000
摇床	75～3000
比目床	5～100
泡沫浮选	5～100

　　由于土壤通常粒度范围较宽，并且物理分离技术很大程度上依赖于颗粒直径，因此常会发生这样的情况：单一的物理分离技术难以获得良好的分离效果。因此，为了达到分离目的，要结合应用多种分离方式。表 5-1 给出的各技术适用粒度范围，可以帮助我们确定采用哪种物理分离技术比较合适。

　　物理分离技术的分离性能与待处理土壤的粒度范围和密度差别有很大关联，因此，在决定土壤修复前要对土壤的这些关键特征和重金属浓度有充分的了解。在实验室内利用风干的土壤和一系列的标准筛可以很快地获得土壤粒度特征。对于水分含量较高、质地黏重的土壤，可以采用摩擦清洗和湿筛分的方式，确保黏土球落在相应的粒度范围内。然后，再对每一粒度范围内的土壤进行金属及化学分析以确定金属在不同粒度范围内的分布情况。

　　如果重金属以粒状物存在，那么还要对土壤和重金属颗粒之间的密度差别进行测定。如果这种差别比较显著，那么粒度分级后采取重力分离法会收到良好的分离效果。不对具体场地的土壤进行分析则很难预测真正的分离结果。

　　物理筛分修复主要是基于土壤介质及污染物物理特征不同而采用不同的操作方法（见表 5-2）。

表 5-2　物理筛分修复的主要属性

项目	粒径分离	脱水分离	重力分离	浮选分离	磁分离
技术优点	设备简单,费用低廉,可持续高处理产出	设备简单,费用低廉,可持续高处理产出	设备简单,费用低廉,可持续高处理产出	尤其适合细粒级处理	如采用高梯度磁场,可恢复宽范围的污染介质
局限性	筛孔容易被堵塞,干筛过程产生粉尘	当土壤中存在较大比例黏粒和腐殖质时很难操作	当土壤中存在较大比例黏粒和腐殖质时很难操作	颗粒浓度不宜过高	处理费用比例高
所需设备	筛子、过筛器	澄清池、水力旋风器	震荡床、螺旋浓缩器	空气浮选塔	电磁装置、磁过滤器

1. 粒径分离

粒径分离是根据颗粒直径采用特定网格筛分离出不同粒径固体的过程。粒径大于筛网的部分留在筛子上,粒径小的部分通过筛子。实际操作中,筛子通常都是有一定的倾斜度,能够使大颗粒顺利地滑下。物理筛分方法主要包括干筛分(见图 5-1)、湿筛分和摩擦-洗涤等。

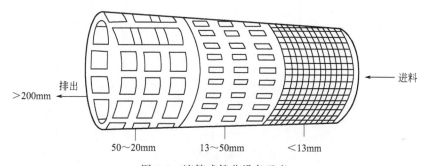

排出
>200mm
进料
50~20mm　13~50mm　<13mm

图 5-1　滚筒式筛分设备示意

2. 脱水分离

脱水分离有过滤、压滤、离心和沉淀等方法。过滤是将泥浆通过可渗透物质,从而阻滞固体,只让液体通过。压滤处理是对固液混合体进行加压处理,使液体可以从可渗透的多孔介质中透过的处理方式。离心是通过滚筒旋转产生的离心力而使固液分离,通常使用的仪器是滚筒式离心设备。沉淀是指固体颗粒在水中的沉降,由于细小颗粒物的沉降速度很慢,因此,为了加速颗粒物的沉淀必须在沉淀处理中加入絮凝剂。水力旋风除尘器如图 5-2 所示。

3. 重力分离

重力分离是根据物质密度差异,采用重力累积的方式分离固体颗粒的方法。影响重力分离的主要因素是密度,不过颗粒大小和形状也在一定程度上影响分离效率。重力分离常用的主要设备有振动筛(见图 5-3)、螺旋累积器、摇床和比目床等。

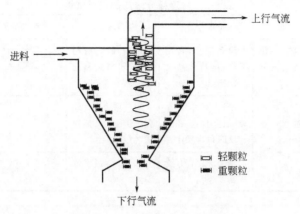

轻颗粒
重颗粒

图 5-2　水力旋风除尘器示意

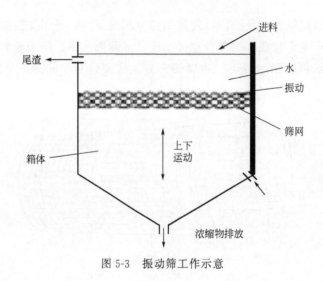

图 5-3　振动筛工作示意

4. 浮选分离

根据颗粒表面性质的不同，将其中一些颗粒吸引到目标泡沫上进行分离。通过向含有矿物的泥浆中添加合适的化学试剂，强化矿物表面特性而达到分离目的。一般气体由底部喷射进入泥浆池，这样特定类型的矿物有选择性地粘附在气泡上并随气泡上升到顶部，形成泡沫，进而收集这种矿物。目前重金属污染土壤也开始使用这种修复方式。

5. 磁分离

磁分离是一种基于各种物质磁性的差别的分离技术。一些污染物本身具有磁感应效应，将颗粒流连续不断地通过强磁场，从而最终达到分离的目的。如图 5-4 所示。

美国路易斯安那州炮台港射击场，受到了铅和其他重金属污染。这里采用的修复方法实际上是物理分离技术和酸淋洗法的结合，物理分离技术用来去除颗粒状存在的重金属，酸淋洗法用来去除以较细颗粒状存在或以分子/离子形式吸附于土壤基质上的重金属。这两种技术多年来在采矿业中广泛应用，从矿物中分离重金属。近年来，土壤修复

重金属污染土壤修复理论与实践

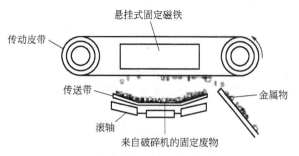

图 5-4　悬挂式磁选机工作原理示意

工作也采用这些技术，将目标重金属污染物从土壤中去除。研究表明，在一些污染点，可能物理分离技术本身就能满足预期目标，但在另一些污染点，如果要达到 TCLP 土壤铅的修复水平，就要结合酸淋洗技术才能达到去除分子/离子态存在的重金属的目标。这里我们主要介绍物理修复技术部分内容。

利用酸淋洗法处理土壤前，物理修复技术能够最大限度去除粒状重金属，这样可以通过机械方式，以最少的设备投入和经费投入来修复污染土壤。具体方法为：污染土壤要先在摩擦清洗器中接触团聚结构，以利于接下来的粒度分级和筛分；粒度分级将土壤先分成粗质地部分（大于 175 目）和细质地部分（小于 175 目），筛子将弹头、大块金属残留物以及其他石砾从粗质地土壤中去除；然后，将粗质地土壤通过矿物筛，以重力分离方式去除较小的金属物；最后，用乙酸清洗液冲洗这部分土壤，除去吸附态的重金属。

二、土壤蒸气浸提修复技术

土壤蒸气浸提技术最早于 1984 年由美国 Terravac 公司研制成功并获得专利权。它指通过降低土壤孔隙的蒸气压，把土壤中的污染物转化为蒸气的形式而加以去除的技术，是利用物理方法去除不饱和土壤中挥发性有机组分（VOCs）污染的一种修复技术。该技术适用于高挥发性化学污染土壤的修复，如汽油、苯和四氯乙烯等污染土壤。

土壤蒸气浸提技术的基本原理是在污染土壤内引入清洁空气产生驱动力，利用土壤固相、液相和气相之间的浓度梯度，在气压降低的情况下将其转化为气态的污染物排除土壤外的过程。土壤蒸气浸提利用真空泵产生负压趋势空气流过污染的土壤孔隙而解吸并夹带有机组分流向抽取井，并最终于地上进行处理。为增加压力梯度和空气流速，很多情况下在污染土壤中也安装若干空气注射井。

土壤蒸气浸提技术的显著特点是：可操作性强，处理污染物的范围宽，可由标准设备操作，不破坏土壤结构以及对回收利用废物有潜在价值等，因其具有巨大的潜在价值而很快应用于商业实践。据不完全统计，到 1997 年美国亦有几千个应用该技术进行污染土壤修复的实例。最初，对土壤蒸气浸提技术的研究集中在现场条件下的开发和设计，但由于早期研究很大程度上凭借经验，设计上比较粗糙，经常出现超设计或设计不足的缺点。Corrwell 在对美国早期一些土壤蒸气浸提技术应用地点进行效果评价时发现，经过一定时期的操作后，一些地点 VOCs 去除率在 90％以上（其中半数达 99.9％以上），而另一些地点 VOCs 去除率只有 60％～70％。20 世纪 90 年代以后，土壤蒸气浸提技术发展很快，Chiuon 强调建立数学模型描述土壤介质中的微观传质机理以获取控制气相流动的相关参数十分重要。现阶段流动模式大多是建立在汽液局部相平衡假定的基础上。虽然利用亨利常量的计算使问题大大简化，但在操作后期，VOCs 浓度很低时，模型的结果往往难与真实情况相吻合，即所谓"尾效应"。多组分土壤蒸气浸提模拟实验中发现，主体气相流动将选择性夹带挥发性的 VOCs。

土壤蒸气浸提研究的另一个方向是对该技术本身的改进和拓展。其中，最重要的是原位空气注射技术，该技术将土壤蒸气浸提技术的应用范围拓展到对饱和层土壤及地下水有机污染的修复。操作上用空气注入地下水，空气上升后将对地下水及水分饱和层土壤中有机组分产生挥发、解吸及生物降解作用，之后空气流将携带这些有机组分继续上升至不饱和层土壤，在那里通过常规的 SVE 系统回收有机污染物。尽管原位空气注射技术使用不过十年时间，但因其高效、低成本的优点，使之正在取代泵抽取地下水的常规修复手段，对该技术的深入研究是目前土壤及地下水污染治理的一个热点。此外，异位土壤蒸气浸提技术、多相浸提技术、压裂修复技术等也在应用中。

三、固化/稳定化土壤修复技术

固化/稳定化技术指防止或者降低污染土壤释放有害化学物质过程的一组修复技术，通常用于重金属和放射性物质污染土壤的无害化处理。这种技术既可以将污染土壤挖掘出来，在地面混合后，投放到适当形状的模具中或放置到空地进行稳定化处理，也可以在污染土地原位稳定处理。相较而言，现场原位稳定处理较经济，并且能够处理深达30m 的污染物。

实际上，固化/稳定化技术包含了两个概念。其中，固化指将污染物包被起来，使之呈颗粒状或大块状存在，进而使污染物处于相对稳定的状态。在通常情况下，它主要是将污染土壤转化成固体形式，也就是将污染物封存在结构完整的固态物质中的过程。封存可以对污染土壤进行压缩，也可以由容器来进行封装。固化不涉及固化物或者固化的污染物之间的化学反应，只是机械地将污染物固定约束在结构完整的固态物质中。通过密封隔离含有污染物的土壤，或者大幅降低污染暴露的易泄漏、释放的表面积，从而达到控制污染物迁移的目的。稳定化指将污染物转化为不易溶解、迁移能力或毒性变小的状态和形式，即通过降低污染物的生物有效性，实现其无害化或者降低其对生物系统危害性的风险。稳定化不一定改变污染物及其污染土壤的物理、化学性质。通常，磷酸盐、硫化物、碳酸盐等都可以作为污染物稳定化处理的反应剂。许多情况下，稳定化过程与固化过程不同，稳定化结果使污染土壤中的污染物具有较低的泄漏、淋失风险。

在实践上，固化是将污染土壤与水泥等一类物质相混合，使土壤变干、变硬。混合物形成稳定的固体，可以留在原地或者运至别处。化学污染物经历固化过程后，无法溶入雨水或地表径流或其他水流进入周围环境。固化过程并未除去有害化学物质，只是简单地将它们封闭在特定的小环境中。稳定化则将有害化学物质转化为毒性较低或迁移性较低的物质，如采用石灰或者水泥与金属污染土壤混合，这些修复物质与金属反应形成低溶解性的金属化合物后，金属污染物的迁移性大大降低。

尽管如此，由于这两项技术有共通性，即固化污染物使之失活后，通常不破坏化学物质，只是阻止这些物质进入环境危害人体健康，而且这两种方法通常联合使用以防止有害化学物质对人体、环境带来的污染。也就是说，固化和稳定化处理紧密相关，两者都涉及利用化学、物理或热力学过程使有害废物无毒害化，涉及将特殊添加剂或试剂与污染土壤混合以降低污染物的物理、化学溶解性或在环境中的活泼性，所以经常列在一起讨论。

固化/稳定化技术一般常采用的方法为：先利用吸附质如黏土、活性炭和树脂等吸附污染物，浇上沥青；然后添加某种凝固剂或黏合剂，使混合物成为一种凝胶；最后固化为硬块。凝固剂或黏合剂可以用水泥、硅土、消石灰、石膏或碳酸钙。凝固后的整块固体组成类似矿石结构，金属离子的迁移性大大降低，使重金属和放射性物质对地下水环境污染的威胁大大减轻。许多固化/稳定化药剂在其他化学处理过程（如脱氯过程）中也经常使用。

如果采用固化/稳定化技术对深层污染土壤进行原位修复，则需要利用机械装置进行深翻松动，通过高压方式有次序地注入固化剂/稳定剂，充分混合后自然凝固。固化/稳定化处理过程中放出的气体要通过出气收集罩输送至处理系统进行无害化处理后才能排放。

固化/稳定化处理之前，针对污染物类型和存在形态，有些需要进行预处理，特别要注意金属的氧化-还原状态和溶解度等，例如六价铬溶解度大，在环境中的迁移能力高于三价铬，毒性也较强，因此在采用该技术修复镉污染土壤时，首先要改变铬的价态，将铬从六价还原为三价。

在美国，已有 180 个超级基金项目涉及固化/稳定化技术进行污染土壤的修复工作研究。例如，Meegoda 用固化/稳定化技术对铬污染土壤进行修复试验，采用硅土作为黏合剂，使铬固化/稳定化，结果土壤淋滤液中六价铬的浓度从实验前的大于 30mg/L 降低到 5mg/L 以下。修复后的土壤进行各项安全测试后可以应用于建筑工业。

据报道，有研究者对固化/稳定化技术所形成的污染土壤凝块进行了修复试验，模仿 2300mm 降水含酸量，分别用硫酸（pH＝1.0）、盐酸（pH＝1.0）、硝酸（pH＝3.0）和乙酸（pH＝3.0）对含有大量金属的土壤凝块进行淋洗试验，结果表明：浸出液中金属离子含量不到 1mg/L。另据报道，对含有高毒金属离子和氰化物的电子工业废弃物，经过固化/稳定化处理后，对上面所生长的草和农作物进行有毒金属含量测试，结果没有检出这些高毒金属离子和氰化物，这说明固化/稳定化处理有害金属还是起到了一定的效果。

1. 案例一

在美国超级基金项目的支持下，应用固化/稳定化技术在美国全国范围内处理各类废物已有 20 多年的历史，并且固化/稳定化技术曾经一度列在超级基金指南所采用的污控技术的前 5 名。资料显示，自 1982 年以来，超过 160 处污染场地得到了超级基金项目的支持而采用了固化/稳定化技术修复污染土壤。20世纪80年代末期以及90年代初期，使用固化/稳定化技术的场地数量迅速上升，1992年到达顶峰，并从1998年开始下降。在各类修复技术中列第9位。目前，62%的固化/稳定化工程已经圆满完工，有21%的项目仍处于设计阶段。

总的来讲，已经完成的超级基金项目中有30%用于污染源控制，平均运行时间为1.1个月，要比其他修复技术（如土壤蒸气提取、土地处理以及堆肥等）的运行时间要短许多。超级基金支持的固化/稳定化技术多数应用是异位固化/稳定化，使用无机黏合剂和添加剂来处理含金属的固体废物。有机黏合剂用于处理特殊的废物，如放射性废物或者含有特殊有害有机物的固体废弃物。只有少量的项目（6%）利用固化/稳定化技术处理含有有机化合物的固体废弃物，大部分的固化/稳定化处理的产品稳定性测试是在修复工作结束后进行的，尚且没有超级基金项目支持所获得的关于固化/稳定化产品的长期稳定性的数据。

已有的关于采用固化/稳定化技术处理金属污染土壤的数据表明达到了项目设想的目标，而关于利用这一技术修复有机物污染土壤的数据很少，不过，也有几个项目达到了预想的目标。根据超级基金29个完成的固化/稳定化项目提供的信息，总成本在7.5万～1600万美元之间。平均处理每立方米固体废物的成本是345美元，其中有两个项目的成本较高（大约为1600美元/m³）。排除这两个项目之后，平均固化/稳定化每立方米固体废物的成本是253美元。

2. 案例二

美国威斯康星州马尼托沃克河有一段河受到了多环芳烃及重金属的严重污染。米尔戈德环境工程有限公司受雇进行该段河流底泥的原位固化修复工作的研究。该段河流水深大约6m，原位固化修复利用一个直径1.8m、长7.6m的空心钢管作为混合器和泥浆注射管，钢管深入沉积层1.5m，矿渣水泥/灰浆通过钢管注入底泥以达到固化的目的。每立方米底泥大约混合237kg水泥浆。

米尔戈德环境工程有限公司在修复过程中遇到许多技术问题，如搅拌导致底泥中大量油类及其他液态污染物进入上层水体；由于注入了大量泥浆等，钢管内沉积层上升了1～1.2m，并处于半固化状态（可能是由于周围水进入水泥稀释的原因）。特别是，由于管内的水面比河流水面高出1.8m，大量底泥悬浮上升，需要相当时间才能沉降。为了解决这一问题，他们在钢管的顶部安装了气囊，然而实际操作过程中却又发生了管内压力大，导致混合过程中底部底泥翻涌溢出。

威斯康星州自然资源管理处采用原位固化处理底泥污染尽管失败了，但是他们很好地总结了经验与教训，认为主要的问题在于：①可能是对注入矿渣水泥和灰浆水泥的物料平衡考虑不周；②可能是混合条件及温度控制不利。可以说，这次工作为今后类似问题的解决提供了可借鉴经验。

四、玻璃化修复技术

玻璃化修复技术包括原位和异位玻璃化两方面。其中，原位玻璃化技术发展源于

20世纪50～60年代核废料的玻璃化处理技术，近年来该技术被推广应用于污染土壤的修复治理。1991年，美国爱达荷州工程实验室把各种重金属废物及挥发性有机组分填埋于0.66m地下后，使用原位玻璃化技术证明了该技术的可行性。

原位玻璃化技术指通过向污染土壤插入电极，对污染土壤固体组分给予1600～2000℃的高温处理，使有机污染物和一部分无机化合物如硝酸盐、硫酸盐和碳酸盐等得以挥发或热解，从而从土壤中去除的过程。其中有机污染物热解产生的水分和热解产物由气体收集系统收集进行进一步处理。熔化的污染土壤（或废弃物）冷却后形成化学惰性的、非扩散的整块坚硬玻璃体，有害无机离子得到固化。原位玻璃化技术适用于含水量较低、污染物深度不超过6m的土壤。

原位玻璃化技术的处理对象可以是放射性物质、有机物、无机物等多种干湿污染物质。通常情况下，原位玻璃化系统包括电力系统、封闭系统（使逸出气相不进入大气）、逸出气体冷却系统、逸出气体处理系统、控制站和石墨电极。现场电极大多为正方形排列，间距约0.5m，插入土壤深度0.3～1.5m。电加热可以使土壤局部温度高达1600～2000℃，玻璃化深度可达6m，逸出气体经冷却后进入封闭系统，处理达标后排放。开始时，需在污染土壤表层铺设一层导体材料（石墨），这样保证在土壤熔点（高于水的沸点）温度下电流仍有载体（干燥土壤中的水分蒸发后其导电性很差），电源热效应使土壤温度升高至其熔点（具体温度由土壤中的碱金属氧化物含量决定），土壤熔化后导电性增强成为导体，熔化区域逐渐向外、向下扩张。在革新的技术中，电极是活动的，以便能够达到最大的土壤深度。一个负压罩子覆盖在玻璃化区域上方收集、处理玻璃化过程中溢出的气态污染物。玻璃化的结果是生成类似岩石的化学性质稳定、防泄漏性能好的玻璃态物质。

经验表明，原位玻璃化技术可以破坏、去除污染土壤、污泥等泥土类物质中的有机污染物和固定化大部分无机污染物。这些污染物主要是挥发性有机物、半挥发性有机污染物、其他有机物，包括二噁英/呋喃、多氯联苯、金属污染物和放射性污染物等。原位玻璃化技术修复污染土壤通常需要6～24个月，因其修复目标要求、原位处理量、污染浓度及分布和土壤湿度的不同而不同。

异位玻璃化技术使用等离子体、电流或其他热源在1600～2000℃的高温熔化土壤及其中的污染物，有机污染物在如此高温下被热解或者蒸发去除，有害无机离子则得以固定化，产生的水分和热解产物则由气体收集系统进一步处理。熔化的污染土壤（或废弃物）冷却后形成化学惰性的、非扩散的整块坚硬玻璃体。

异位玻璃化技术对于降低土壤等介质中污染物的活性非常有效，玻璃化物质的防泄漏能力也很强，但不同系统方法产生的玻璃态物质的防泄漏能力则有所不同，以淬火硬化的方式急冷得到玻璃态物质与风冷形成的玻璃体相比更易于崩裂。施用不同的稀释剂产生的玻璃体强度也有所不同，被玻璃化的土壤成分对此也有一定影响。

异位玻璃化技术可以破坏、去除污染土壤、污泥等泥土类物质中的有机质污染和大部分无机污染物。其应用受以下因素影响：①需要控制尾气中的有机污染物以及一些挥发的重金属蒸气；②需要处理玻璃化后的残渣；③湿度太高会影响成本。通常，移动的玻璃化设备的处理能力为3.8～23.0m³/d，需要投入的修复费用为650～1350美元/m³。

五、热力学修复技术

污染土壤的热力学修复技术涉及利用热传导（如热井和热墙）或辐射（如无线电波加热）实现对污染土壤的修复，如高温（＞100℃）原位加热修复技术、低温（＜100℃）原位加热修复技术和原位电磁波加热修复技术等。与玻璃化技术不同的是，热力学修复技术即使是高温加热修复，其温度也相对较低。

1. 高温原位加热修复技术

高温原位加热与标准土壤蒸气提取过程类似，利用汽提井和鼓风机（适用于高温情况的）将水蒸气和污染物收集起来，通过热传导加热，可以通过加热毯从地表进行加热（加热深度可达到地下1m左右）；也可以通过安装在加热井中的加热器件进行，可以处理地下深层的土壤污染。在土壤不饱和层利用各种加热手段甚至可以使土壤温度升至1000℃。如果系统温度足够高，地下水流速较低，输入的热量足以将进水很快加热至沸腾，那么即使在土壤饱和层也可以达到这样的高温。热毯系统使用覆盖在污染土壤表层的标准组件加热毯进行加热，加热毯操作温度可高达1000℃，热量传递到地下1m左右的深度，使这一深度内土壤中的污染物挥发而得以去除。每一块标准组件加热毯上面都覆盖一层防渗膜，内部设有管道和气体排放收集口，各个管道内的气体由总管引至真空段。土壤加热以及加热毯下面抽风机造成的负压，使得污染物蒸发、气化迁移到土壤表层，再利用管道将气态的污染物引入热处理设施进行氧化处理。为保护抽风机，高温气流需要经过冷却，然后再穿过炭处理床以去除残余的未氧化的有机物，最后使之进入大气。

热井系统则需要将电子加热元件埋入间隔2~3m远的竖直加热井中，加热元件升温至1000℃来加热周围的土壤。与热毯系统相似，热量从井中向周围土壤中传递依靠热传导，井中都安装了筛网，所有加热井的上部都有特殊装置连接至一个总管，利用真空将气流引入处理设施进行热氧化、炭吸附等过程去除污染物。

高温原位加热技术主要用于处理的污染物有半挥发性的卤代有机物和非卤代有机物、多氯联苯以及密度较高的非水质液体有机物等。原位土壤加热修复通常需要3~6个月，因下列条件不同而异：①修复目标要求；②原位处理量；③污染物浓度及分布；④现场的特点（包括渗透性、各向异质性等）；⑤污染物的物理性质（包括蒸气压、亨利系数等）；⑥土壤湿度。

2. 低温原位加热修复技术

低温原位加热修复技术，利用蒸汽井加热，包括蒸汽注射钻头、热水浸泡或者依靠电阻加热产生蒸汽加热（如六段加热），可以将土壤加热到100℃。蒸汽注射加热可以利用固定装置井进行，也可以利用带有钻井装置的移动系统进行。

固定系统将低湿度蒸汽注射进入竖直井加热土壤，从而蒸发污染物，使非水质液体（若有的话）进入提取井，再利用潜水泵收集流体，真空泵收集气体，送至处理设施。

移动系统用带有蒸汽注射喷嘴的钻头钻入地下进行土壤加热，低湿度的蒸汽与土壤混合后使污染物蒸发进入收集系统。

热水浸泡，利用热水和蒸汽（含水量较高）注射以强化控制污染物的可移动性。热水和蒸汽降低油类污染物的黏度，从而将非水溶性液态污染物带入提取井。热水浸泡系统需要很复杂的提取井系统，在不同的深度同时进行蒸汽、热水和凉水的注射，蒸汽注入污染层下部以加热非水溶性液态稠密污染物（dense non-aqueous phase liquid，DNAPL），升温后的 DNAPL 密度稍低于水的密度；在热水的作用下向上运动；因此热水注入位置就在污染土壤层周围，借以提供一个封闭环境并引导 DNAPL 向提取井运动；凉水注射位置在污染层上部，以形成一个吸收层和冷却覆盖层，同时吸收层在竖直方向上提供屏障，以防止上升孔隙中的流体溢出并冷却来自污染层的气体。

利用电阻加热，直接电阻加热（又称欧姆加热）是一种很有发展潜力的方法，它直接通过电流将热量送至污染土层。通过在土壤中安装电极并施以足够的电压在土壤中产生电流实现土壤加热的过程。当电流流过土壤时，电流热效应使土壤升温，土壤中的水分是电流的主要载体，而热量使水分不断地从土体中蒸发出来，因此电阻加热要求不断地进行水分的补充，以保证土壤中水的含量。正因为土壤中水的存在，电阻加热的最高温度为 100℃，挥发性和半挥发性有机物在蒸汽提取和升高的蒸气压作用下挥发成气体，进而又由真空提取井收集至处理设施。

低温原位加热主要处理的污染物是半挥发性卤代物和非卤代物及浓的非水溶性液态物质。挥发性有机物也可以用该方法进行处理，不过对于挥发性有机物还有其他更为经济有效的方法。许多因素可能影响其修复效果，这些因素主要有：①渗透性能低的土壤难于处理；②地下土壤的异质性会影响修复处理的均匀程度；③在不考虑重力的情况下，会引起蒸汽绕过非水溶性液态稠密污染物；④地下埋藏的导体会影响电阻加热的应用效果；⑤流体注射和蒸汽收集系统必须严格设计、严格操作，以防止污染物扩散进入清洁土壤；⑥蒸汽、水和有机液体必须回收处理；⑦需要尾气收集系统。

原位土壤低温加热修复通常需要 3~6 个月，因修复目标、原位处理量、污染物浓度计分布、现场的特点（包括渗透性、各项异质性等）、液态物质输送、处理能力和污染物的物理性质（包括蒸气压、亨利系数等）等条件不同而异。

该技术的耗费与高温加热修复技术相当，在美国为：固定成本 1.3 万~2.7 万美元/m³；运转费 120~380 美元/m³。

3. 原位电磁波加热修复技术

原位电磁波加热修复技术即无线电波加热，其主要利用无线电波中的电磁能量进行加热，过程无需土壤的热传导。能量由埋在钻孔中的电极导入土壤介质中，加热机制类似于微波炉加热。经过改造的无线电发射器作为能量来源，发射器在工业、科研和医疗用波段内选择可用频率，确定具体的操作频率需要对污染范围、土壤介质的介电性质进行评价考察之后才能决定。正常运行的完整无线电加热系统包括以下 4 个子系统：①无线电能量辐射布置系统；②无线电能量发生、传播和监控系统；③污染物蒸气屏障包容系统；④污染物蒸气回收处理系统。

原位电磁波频率加热技术属于高温原位加热技术，它利用高频电压产生的电磁波能量对现场土壤进行加热，利用热量强化土壤蒸气浸提技术，使污染物在土壤颗粒内解吸而达到污染土壤的修复目的。该技术用于加快 VOCs 的去除速率，或去除标准土壤蒸气浸提技术中较难处理的所谓"半挥发性有机组分（semi-VOCs）"。污染物在原位被去除并由气体收集系统收集处理。电磁波频率加热原理是通过电介质（绝缘介质）加热，同时也伴有部分导体加热。除非饱和含水层土壤中的水分得到有效的去除，电磁波频率加热一般只能应用于地下水位的污染地带。

六、热解吸修复技术

热解吸修复技术是通过直接或间接热交换，将污染介质及其所含的有机污染物加热到足够的温度（通常被加热到150～540℃），以使有机污染物从污染介质上得以挥发或分离的过程。空气、燃气或惰性气体常被作为被蒸发成分的传播介质。热解吸系统是将污染物从一相转化成另一相的物理分离过程，热解吸并不是焚烧，因为修复过程并不出现对有机污染物的破坏作用，而是通过控制热解吸系统的床温和物料停留时间有选择地使污染物得以挥发，而不是氧化、降解这些有机污染物。因此，人们通常认为，热解吸是一种物理分离过程，而不是一种焚烧方式。热解吸系统的有效性可以根据未处理的污染土壤中污染物水平与处理后的污染土壤中污染物水平的对比来测定。

热解吸技术分成两大类：土壤或沉积物加热温度为150～315℃的技术为低温热解吸技术；温度达到315～540℃的为高温热解吸技术。目前，许多此类修复工程已经涉及的污染物包括苯、甲苯、乙苯、二甲苯或石油烃化合物（TPHs）。对这些污染物采用热解吸技术，可以成功并很快达到修复目的。通常，高温修复技术费用较高，并且对这些污染物的处理并不需要这么高的温度，因此利用低温修复系统就能满足要求。

用于污染物土壤修复的热解吸系统很多，有的热解吸系统每小时处理量为10～25t，有的热解吸系统每小时处理量为40～160t。所有的热解吸技术均可分成两步：一是加热被污染的物质使其中的有机污染物挥发；二是处理废气，防止挥发污染物扩散到大气。热交换的方式、污染物的种类和挥发气体处理系统不同，热解吸装置也会有差异。加热可以采用火焰辐射直接加热、燃气对流直接加热，采用这两种方式加热的热解吸系统被称为直接火焰加热或直接接触加热热解吸系统。加热也可以采用间接方式，即通过物理阻隔，如钢板，将热源与被加热污染物分开，采用这种方式加热的热解吸系统被称为间接火焰加热或间接接触加热热解吸系统。

热解吸系统可以进一步分为连续给料系统和批量给料系统两类。连续给料系统采用异位处理方式，即污染物必须从原地挖出，经过一定处理后加入处理系统。连续给料系统既可采用直接加热方式，也可采用间接火焰加热方式。代表性的连续给料热解吸系统包括：①直接接触热解吸系统-旋转干燥机；②间接接触热解吸系统-旋转干燥机和热螺旋。批量给料系统既可是原位修复，如热毯系统、热井和土壤气体抽提设备，也可以是异位修复，如加热灶和热气抽提设备。无论采用哪种修复方式，产生的废气必须在排放到外界之前先行处理。

1. 实例 1

美国的 NBM 项目采用直接接触旋转干燥系统在 672℃条件下处理农药污染的土壤，4 种农药的浓度分别为：艾氏剂 44～70mg/kg、狄氏剂 88mg/kg、异狄氏剂 710mg/kg、林丹 1.8mg/kg。处理后 4 种农药浓度都小于 0.01mg/kg，去除率大于 99%。

2. 实例 2

美国南峡谷瀑布（Glens Falls）Drag 点采用间接接触旋转干燥系统在 330℃条件下修复 PCBs 污染的土壤，土壤中 PCBs 的平均浓度为 500mg/kg，最大浓度为 5000mg/kg；处理后达到 0.286mg/kg，去除率大于 99%。该污染点还采用原位热"毯"处理系统在 200℃条件下处理 PCBs 污染土壤，其中 PCBs 的浓度为 75～1262mg/kg（最大为 5212mg/kg），处理结果为 PCBs 浓度小于 2mg/kg，去除率大于 99%。

3. 实例 3

某地采用原位热"并"处理系统在 480～535℃条件下处理 PCBs 污染土壤，其中 PCBs 的浓度达 19900mg/kg，处理结果为 PCBs 浓度小于 2mg/kg，去除率大于 99%。

4. 实例 4

美国某军队新兵训练营采用间接接触热螺旋式处理系统在 160℃条件下修复苯、TCE、PCE、二甲苯等污染的土壤，污染物浓度分别为苯 586.16mg/kg、TCE 2678mg/kg、PCE 1422mg/kg、二甲苯 27197mg/kg；处理后污染物浓度分别依次削减到了 0.73mg/kg、1.8mg/kg、1.4mg/kg 和 0.55mg/kg，去除率分别达到 99.88%、99.93%、99.90%和 99.99%。

5. 实例 5

NFESC 项目在美国加利福尼亚州 Hueneme 港采用 HAVE 系统在 154℃的条件下处理油类污染的土壤，污染物是从柴油到润滑油等一系列混合油。其中，TPHs（总石油烃）浓度为 4700mg/kg，处理后 TPHs 平均浓度为 257mg/kg，去除率达到 95%。

七、电动力学修复技术

电动力学修复技术在油类提取工业和土壤脱水方面的应用已经有几十年的历史了，但是在原位土壤修复方面的应用还只是最近几年的事情，是刚发展起来的一种新兴原位土壤修复技术。该技术是从饱和土壤层、不饱和土壤层、污泥、沉积物中分离提取重金属、有机污染物的过程。电动力学修复技术主要用于低渗透性土壤（由于水力传导性问题，传统的技术应用受到限制）的修复，适用于大部分无机污染物，也可用于对放射性物质及吸附性较强的有机污染物的治理。目前已有大量试验结果证明这项技术具有高效性，涉及的金属离子包括铬、汞、镉、铅、锌、锰、钼、铜、镍、铀等，有机物有苯酚、乙酸、六氯苯、三氯乙烯以及一些石油类污染物，最高去除率可达 90％以上。在荷兰，电动力学修复技术已发展到现场示范阶段。实践中，经常使用表面活性剂和其他一些药剂来增强污染物的可溶性以改善污染物运动情况。同样也可以在电极附近加入合适药剂加速污染物去除速率。

电极附近去除污染物的方法有几种，包括电镀、电沉降、泵出处理、离子交换树脂处理等。还有一种方法是吸附，这一方法更可行，因为在电极附近一些离子化合价产生变化（依赖于土壤 pH 值），变得更易于被吸附。污染物的数量和运动方向与污染物浓度、荷电性质、荷电数量、土壤类型、结构、界面化学性质、土壤空隙水电流密度等因素有关。电动力学过程要想起作用，土壤水分含量必须高于某一最小值，初步试验表明，最低值小于土壤水分饱和值，可能在 10％～20％之间。试验表明，电迁移的速度很大程度上取决于空隙水中的电流密度，土壤渗透性对电迁移的效率影响不如空隙水的电导率情况及土壤中迁移距离对迁移效率的影响大。而这些特性都是土壤水分含量的函数。电动力学修复过程中利用压裂技术引入氧化剂溶液，也可以在土壤中发生化学氧化修复过程。电动力学修复示意见图 5-5。

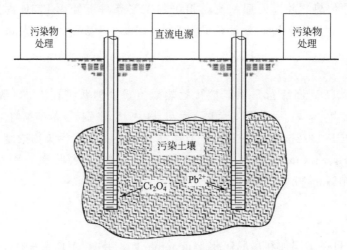

图 5-5　电动力学修复示意

电动力学修复技术通常有以下几种应用方法：①原位修复，直接将电极插入受污染土壤，污染修复过程对现场的影响最小；②序批修复，污染土壤被运送至修复设备分批处理；③电动栅修复，受污染土壤中一次排列一系列电极用于去除地下水中的离子态污染物。

不同场合，无论电极如何配置，人们总是倾向于使用原位修复法，每种方法的适用性取决于现场及污染物的具体情况。电动力学修复技术去除水溶性污染物方面的应用效果较好，非极性有机物由于缺乏荷电，去除效果不好。对于均质土壤及渗透性和含水量较高的土壤修复效果最好，特别是盐度和阳离子交换能力较低的场合。因为黏土表面通常荷负电，所以一般情况下处理效果很好。

如前所述，电动力学修复技术在土壤重金属原位去除方面有很大优势，实验室研究和现场中试表明，修复过程中对环境几乎没有任何负面影响，几乎不需要化学药剂的投入。处理每吨或每立方米土壤的成本比其他传统技术（如土壤灌注或酸浸）要少得多。由于该技术对环境无害，还无碍观赏，更容易为大众所接受。但是，这项技术仍需更多的全面试验研究以确定不同场地和污染物情况下该技术的适用性。现场试验评估非常重要，例如，采用电动力学修复技术的修复现场，目标污染物传输系数（目标污染物贡献的电流在总的粒子电流中的比例分数）很关键，至少应该大于 0.1%。因此，电动力学修复技术在现场应用之前，必须进行试验研究以确定该现场是否适合电动力学修复技术的应用（见表 5-3）。

表 5-3　电动力学修复现场所需信息一览表

信息需求	基础/应用
水力传导性	主要应用于水力传导系数的场合，特别是黏土含量较高的场合
地下水位	在饱和层和不饱和层土壤的应用方法不同
污染空间分布	确定电极位置及回收井位置
电渗析渗透性能	估计产生的水渣和污染物迁移速率
阳离子交换能力	阳离子交换能力 CEC 低的场合更好
金属分析	水溶性污染物效果更好，但非极性有机物除外
盐分分析	盐分低的情况效果好/阳极还原氯离子基团产生氯气
半电池电势	确认可能的化学反应
污染物传输系数	确认修复所需的电流
孔隙水 pH 值	影响污染物价态，导致污染物易于沉降

（1）场地导电性调查　描述现场导电性变化情况，因为埋藏的金属或绝缘物质会引起土壤导电性的变化，进而改变电压梯度。因此，调查现场是否有高导电性沉积物的存在非常重要。

（2）水质化学分析　分析不饱和土壤空隙水的成分（溶解的阴、阳离子及污染物浓度），测量空隙水的导电性和 pH 值，估计污染物传输系数。

（3）土壤化学分析　确定土壤的化学性质和缓冲能力。

八、冰冻修复技术

冷冻剂在工程项目中的应用已经非常广泛，应用时间也比较久。在隧道、矿井及其他一些地下工程建设中，利用冷冻技术冻结土壤，以增强土壤的抗载荷力，防治地下水进入而引起事故，或者在挖掘过程中稳定上层的土壤。在一些大型的地铁、高速公路及供水隧道的建设中，冷冻技术都有很好的应用效果。

不过，通过温度降低到 0℃ 以下冻结土壤，形成地下冻土层以容纳土壤或者地下水中的有害和辐射性污染物还是一门新兴的污染土壤修复技术。冰冻土壤修复技术通过适当的管道布置，在地下以等间距的形式围绕已知的污染源垂直安放，然后将对环境无害的冷冻剂溶液送入管道从而冻结土壤中的水分，形成地下冻土屏障，防止土壤和地下水中的有害和辐射性污染物扩散。冻土屏障提供了一个与外层土壤相隔离的"空间"。此外，还需要一个冷冻厂或冷冻车间来维持冻土屏障层的温度处于 0℃ 以下。

据有关方面报道表明，污染土壤的冰冻修复技术的优点主要有：①能够提供一个与外界相隔离的独立"空间"；②其中的介质（如水和冰）是与环境无害的物质；③冻土层可以通过升温融化而去除，也就是说，冰冻土壤技术形成的冻土层屏障可以很容易完全去除，不留任何残留；④如果冻土屏障出现破损，泄漏处可以通过原位注水加以复原。

地上的冷冻厂用于冷凝地下冷冻管道中循环出来的 CO_2 等冷冻气体，交换出来的热量通过换热装置排出系统。另外，还需绝热材料以防止冷冻气体与地表的热量传递，以及覆膜防止降水进入隔离区的土壤内部。通常，冰冻层最深可达 300m 而安装时无需土石方挖掘。在土层为细致均匀情况下冰冻技术可以提供完全可靠的冻土层屏障。

案例：1994 年，美国科学生态组织在美国能源部修复综合示范项目资金的支持下，在田纳西州进行了一项土壤原位冰冻修复的研究试验。试验场地构筑了"V"形结构的冰冻"容器"（长 17m×宽 17m×高 8.5m），并采用 200mg/L 的若丹明溶液作为假象的污染物，用来考察冻土层的整体性特征。这项试验对土壤原位冰冻修复技术形成的冻土层进行了如下测试。

(1) 计算机模拟可信度验证的目的 在于比较预测冻土层形成和运动过程中的冰冻土壤的温度和能耗，以证实土壤冰冻计算结果的准确性，进而改善计算过程的参数设置。计算机模拟可信度验证结果：①试验数据与计算机吻合得相当好；②实际电耗与预计电耗相差不多；③就已有的对流传导系数等土壤热力学性质而言，计算机分析是一个很有帮助的工具，它对于确定达到冻土层设计厚度所需时间以及确定设计冻土层几何形状都非常有用，有限元分析对于设计冻土层和冷冻剂选择都非常有帮助。

(2) 土壤运动情况测试 测量土壤运动和压力变化情况，也可以测定使用加热格网（heat grid）对土壤运动的影响效果。部分测试结果如下：①计算分析的最大压力为 4000psi（1psi＝6894.76Pa，下同），碳钢的容许压力为 12000psi；②前 70t 内土壤运动距离为 0.5m，与计算机预测值 0.37～0.68m 比较吻合；③最大抬升高度为 0.68m；④加热格网在控制冻土层（冰）向内延伸方向非常有效。

(3) 扩散和"容器"泄漏测试 为了计算冰冻土壤在防止有害和放射性物质以水溶性化学形态扩散的效果，专家设计了专门的示踪试验：在冻土层未形成之前，利用荧光物质示踪测定土的水力传导性能；在冻层形成之后，利用若丹明-WT 示踪，将结果与对场地的天然土壤中若丹明-WT 示踪结果进行比较。

(4) 冻土层完整性测试（防渗性）测试 主要包括：①土壤电动势测定，以验证冻土层在阻碍离子运动方面的作用（冻土冰冻后导电率降低）；②对冻土层进行地面雷达穿透实验研究，测定冻土层厚度和消长规律。电动势测量显示冻土层离子运动的速率很低，雷达穿透测试显示砂质土壤中冻土层厚 3.6～4.6m，黏质土壤中冻土层厚 1.5～2.7m。

以上测试结果表明：①对于饱和土壤层的铬酸盐（4000mg/kg）和三氯乙烯（6000mg/kg），冰冻技术可以形成有效的冻土层（水力渗透能力＜$4×10^{-10}$cm/s），利用 ^{137}Cs 进行同位素跟踪显示无明显的扩散现象发生；②根据以往在土木工程方面的实践，可以预测细颗粒土壤的运动情况；③证实了计算机模拟均质土壤的热传递特性和土

重金属污染土壤修复理论与实践

壤温度变化的可信度；④利用冰冻土壤的低导电率特性进行电动势研究表明，通过冻土层的颗粒运动速率很低，这表明冻土屏障也是很好的防止离子传输的屏障；⑤以若丹明为示踪剂的扩散实验表明，冻土层的整体防渗性能良好。

第二节　我国土壤重金属污染物理修复发展

我国由于过度地依赖重工业发展，工业发展所遗留的问题也非常严重，土壤的重金属污染就是其中一项。土壤遭受重金属污染势必导致土壤无法循环利用，造成土地资源浪费，所以土壤修复成为了必然。

一、行业发展

虽然国内也成立了一些相关的土壤修复公司，土壤修复项目增多，但是我国的土壤修复市场仍然具有相当大的潜力，越来越多的国外环保企业觊觎国内市场。据有关统计数字显示，截至 20 世纪末，中国受污染的耕地面积超过 $2.0 \times 10^7 hm^2$，约占耕地总面积的 1/5；其中工业"三废"污染面积达 $1.0 \times 10^7 hm^2$，污水灌溉面积超过 $1.3 \times 10^5 hm^2$。每年因土壤污染粮食减产就达 $1.0 \times 10^7 t$，还有 $1.2 \times 10^7 t$ 粮食受污染，二者的直接经济损失达 200 多亿元。北京建工环境修复公司副经理翟立前介绍："在环保产业发达国家，土壤修复产业所占环保产业的市场份额高达 30%～50%，而我国土壤修复产业才刚刚起步。"在日本，从 20 世纪 70 年代开始就非常重视土壤污染的治理，积累了很多土壤修复的经验。随着我国土壤修复市场的发展，以北京建工环境修复公司为代表的国内环保企业已开始了土壤修复市场技术、人才储备，并积极开展土壤修复工程实践，对土壤修复市场进行培育。例如，北京化工三厂、红狮涂料厂、北京焦化厂南厂区和兰州石化老硝基苯装置污染土壤修复工程等实践案例。而这其中，北京化工三厂土壤修复是国内首例土壤修复项目。北京化工三厂作为化工生产基地近 50 年，土壤中含有四丁基锡、邻苯二甲酸二辛酯、滴滴涕和重金属铅、镉等大量有害化学物质。2005年根据北京市规划委员会的相关文件，该场地被规划为宋家庄经济适用房项目建设用地。而该项目主要采取了水泥窑焚烧固化处理技术、阻隔填埋处理技术。修复后的北京化工三厂土壤各项指标经北京市环保局检测均符合居民土壤健康风险评价建议值标准，该工程为国内首例污染土壤修复项目。

北京建工环境修复有限责任公司隶属于北京建工集团环保业务板块，是国有控股的专业化股份制公司。北京建工集团是我国领先的大型建筑工程企业集团，跻身全球 225家最大国际承包商、中国 500 强企业、中国工程承包商 10 强企业。环保板块是近十几年来在集团旗下蓬勃而起，并快速发展的一个领域。凭借股东强大的资本运作实力、工程建设经验以及技术研发、运营管理优势，融合国际先进的环保技术和理念，以高起点和快节奏推动中国环境修复事业。

北京建工环境修复有限责任公司在国内率先展开土壤修复实践，成功实施国内首例土壤修复项目，并以此为起点不断拓展业务，完善土壤修复、生态修复、水体修复的战略布局，持续推动修复行业产业化进程。主营业务范围：①提供环境修复全产业链一站式服务；②环境修复业务包括土壤环境修复、生态环境修复、水体环境修复；③咨询服务与设备供货。而公司储备和用于污染场地工程实践的土壤修复技术包括热解吸技术、化学氧化/还原技术、固化/稳定化技术、气相抽提技术、PRB渗透反应墙技术、生物修复技术、生物化学药剂处理技术等。

二、网络发展

现代社会，网络技术有了迅猛发展，网络信息为社会发展提供了相关讯息；在关于重金属污染与土壤修复方面相关网站也逐步建立并完善。例如，中国生态修复网、中国环境修复网（环境修复行业第一门户）、贵州重金属污染防治与土壤修复网等，大量网站的出现不仅为学者提供最新信息，同时也能够进行学术交流，为修复实践提供理论保障。

中国生态修复行业门户网是集综合性、权威性、学术性、专业性于一体的生态修复产业化门户网站，其致力于传播生态修复信息，促进生态修复产业发展。该网站适应中国生态修复行业信息沟通的需要，在生态修复工程需求与生态修复技术及产品供给方面搭建了一个信息平台，通过发布各省市的生态修复工程信息，解读中央及地方生态修复政策，推广国内外生态修复行业的经验，介绍各类生态修复工程技术、产品及设备，推介国内生态修复行业的精英企业及机构、组织，全力促进了中国生态修复行业的发展。

贵州重金属污染防治与土壤修复网于2012年2月23日下午在贵阳成立（见图5-6）。该工作网以加强贵州省重金属污染防治和土壤修复的管理、科研及产业化发展的信息交流和相互配合为目的，通过建立信息交流分享的平台，促进贵州省在重金属污染防治与土壤修复领域内管理、科研、产业的有机结合，推动贵州省重金属污染防治和土壤修复水平的提高。

图5-6　贵州重金属污染防治与土壤修复工作网成立现场

三、技术研讨

随着我国工业经济的快速发展和城镇化水平提高，重金属进入环境的机会显著增多，对土壤、水体、大气、食品等造成了不同程度的污染；同时这些重金属通过食物链进入人体，严重威胁着人体健康。由于重金属在环境中具有相对稳定性和难降解性，很难从环境中清除出来，使得重金属污染治理十分困难。

为促进我国经济社会可持续发展，维护人民群众环境权益和身体健康，切实解决危害群众健康的突出环境问题，国务院和环境保护部拟定、公布实施了《重金属污染综合防治规划（2010～2015年)》。"十二五"期间，我国把重金属污染防治列为环境保护工作重点，因此，重金属污染及土壤修复已经成为环境综合治理工作中的新难点、新课题，如何控制、治理修复重金属污染及土壤修复成为政府、行业专家、公众共同关注的热点和重点。

关于重金属污染与防治技术研讨会的开展也越来越多。例如，全国重金属污染防治及土壤修复新技术、新设备交流研讨会于2013年3月29日在上海开展，该会议在修复技术方面主要探讨了物理法、化学法、生物法等技术在重金属水污染行业中的应用。2016年国际棕地治理大会暨首届中国棕地污染与环境治理大会于2016年10月25～28日在北京召开，该会议着重探讨了"棕地与污染场地新兴的环境问题""污染场地相关标准、监测、法律"等14个议题，旨在促进政府、高校、企业跨地区、跨学科的交流与学习，从而推动中国棕地治理与污染场地修复工作的开展。

四、应用实例

黔西北是我国著名的土法炼锌地区，其土法炼锌历史悠久，产生的黑色烟尘中含有大量铅、锌、镉、铜等，对人体和农作物都有非常大的危害。通过对黔西北土法炼锌矿区重金属污染状况的调查研究可知，该地区土壤和植物均为重金属重度污染，其中土壤中 Zn 为 261.39～12320.39mg/kg、Cd 为 3.47～79.08mg/kg、Pb 为 228.39～2626.63mg/kg、Cu 为 19.09～267.59mg/kg。该地蔬菜和粮食作物中已经富集了大量的重金属，植物茎叶中 Zn 为 17.56～340.49mg/kg、Cd 为 0.61～9.19mg/kg、Pb 为 1.10～45.68mg/kg、Cu 为 3.15～32.3409mg/kg。土法炼锌区矿渣和附近污染土壤的 pH 呈弱酸性，分析表明，炼锌矿渣 pH 呈微碱性，土壤 N、P 等营养元素较低。不同磷肥配比处理的土壤，除重金属 Pb 外，土壤重金属有效态的含量总体呈升高—降低—再升高的趋势，其最低值与植物茎叶中重金属的最低值都出现在按 13.05mg/kg 的比例施放磷酸二氢钾的处理。磷肥按照 13.05～14.16mg/kg 施入土壤，更有效降低植物体内重金属的含量以及土壤重金属有效态含量。

很多地区的重金属污染土壤迫切地需要修复，而修复技术包括很多类别并各有特点，利用超富集植物的修复技术，在过去20年中进行了大量的研究工作，成果是显著的，虽然目前还很少见到在重金属污染地区实地修复的实例，但是可以预测这种技术商品化的广阔前景。植物稳定修复技术已在很多国家得到实际应用，特别是在矿区，这种技术的实施已取得了良好的环境效益和经济效益。采用植物修复是低耗费的有效途径，尽管超富集植物的生物量、适生条件等还不够令人满意，但一方面可以继续寻找和发掘对重金属超富集植物；另一方面可以应用现代分子生物学手段进行相关基因的分离与分子克隆，将其转移到生物量较高的植物体中，形成转基因植物。植物修复技术为人们提出了新的思路，预计近年来将会得到迅速发展并将开拓出更广阔的应用前景。

重金属污染土壤的固定和稳定的物理/化学修复技术是有效和实用的，特别是在大面积重金属污染地区。由于固定剂和稳定剂的种类很多，可以因地制宜地进行选择，但是就地化学固定或稳定的方法不能降低土壤中的重金属含量。在一些国家，对土壤中重金属的含量已经制定了标准，这样这些国家在土壤环境标准和实施化学固定或者植物稳定技术之间可能出现冲突，但是固定的方法还是很现实的应用技术，否则采用植物吸收技术予以代替还要等到这种方法达到商品化的程度。电动修复技术目前仅处于实验室和小规模实验性阶段，其研究不如植物修复技术那么广泛，这种物理化学的方法，其实际应用前景还不太可能预测。冲洗技术，除非在特殊情况下，一般不是首选技术。类似日本神通川地区的农业工程技术，对重金属污染土壤修复比较彻底，在人多地少，土地显为珍贵的国家和地区可以采用，不过要有足够的经济实力予以支持。美国曾应用淋滤法和洗土法成功地治理了 8 种重金属污染的土壤，采用的提取剂为酸性溶剂，并加入氧化剂、还原剂及络合剂。

在中国，重金属污染土壤的修复在过去 20 年中得到了很大的重视，政府也在积极着手制定策略以修复污染土壤，可是由于污染土壤修复的费用比较昂贵，以及在实施时存在着这样或那样的缺点及条件限制，当前迫切需要开展土壤学、遗传学、农业、化学、植物学、微生物学、环境和生态学等多科的紧密合作，研究和开发修复的应用技术，从而加快重金属污染土壤修复的步伐。

第六章
重金属污染土壤化学修复

对于重金属污染土壤，化学修复技术是在污染土壤治理与修复实践中应用较多的一类修复技术。本章主要介绍化学淋洗技术、化学改良修复技术、电动化学修复技术的概念、分类与修复特点以及化学修复重金属污染土壤的应用实例，以期为重金属污染土壤化学修复技术的应用提供科学依据。

第一节　化学修复概念及特点

重金属污染土壤化学修复就是向土壤中投入一些化学试剂，改变土壤的 pH 值、Eh 值等理化性质，通过对重金属的吸附、氧化还原、拮抗或沉淀等作用来降低重金属的生物有效性，以减轻重金属对土壤生态环境的危害。针对重金属污染土壤的特征选择经济有效的改良剂是化学修复技术的关键，常用的改良剂有石灰、沸石、碳酸钙、磷酸盐、硅酸盐和促进还原作用的有机物质；不同改良剂对重金属的作用机理不同。相对于其他污染土壤修复技术来讲，化学修复技术发展较早，也相对成熟。目前，化学修复技术主要有土壤化学淋洗技术、土壤化学改良技术、电化学法技术等。

一、化学淋洗技术

1. 化学淋洗技术的概念与分类

土壤化学淋洗技术指利用物理化学原理去除非饱和带或近地表饱和带土壤中重金属

污染物的方法。

按照提取液处理方式的不同，化学淋洗法又可分为清洗法和提取法。

(1) 清洗法 就是用清水或含有能与重金属形成配合化合物的溶液冲洗土壤，当重金属污染物到达根层以外而没有进入地下水时，用含有能与重金属污染物形成难溶性沉淀物的溶液继续冲洗土壤，使其在一定深度的土层中形成难溶的间层，以防止其污染地下水。

(2) 提取法 又分为洗土法、浸滤法和冲洗法，就是将水、溶剂以及淋洗助剂注入受到污染的土壤中，然后再把这些含有污染物的水溶液从土壤中提取出来，并送到污水处理厂进行二次处理。

按照处理土壤的位置不同，化学淋洗技术又可分为原位修复技术和异位修复技术。

按照淋洗剂的种类不同，化学淋洗技术还可以分为清水淋洗技术、无机溶液淋洗技术、有机溶液淋洗技术。

由于化学淋洗过程的主要技术手段在于向污染土壤注入淋洗液，因此，化学淋洗技术的关键在于提高污染土壤中污染物的溶解性和它在液相中的可迁移性，而且不会造成对地下水等环境的二次污染。

目前，化学淋洗技术主要用螯合剂或酸处理重金属来修复被污染的土壤。这种技术适用于轻度污染土壤的修复，尤其对重金属的重度污染具有较好处理效果。化学淋洗技术能够处理植物修复所不能到达的地下水位以下的重金属污染。

2. 化学淋洗技术的影响因素

(1) 重金属赋存状态 土壤中重金属可吸附于土壤颗粒表层或以一种微溶固体形态覆盖于土壤颗粒物表层，或者通过化学键与土壤颗粒表面相结合，或者土壤受到重金属复合污染时，重金属以不同的状态而存在，导致处理过程的选择性淋洗。

(2) 淋洗剂的选用 淋洗剂的类型包含有机淋洗剂和无机淋洗剂两大类型。

有机淋洗剂通常为表面活性剂和螯合剂等，常用来与重金属形成配位化合物而增强其移动性。

无机淋洗剂通常为酸、碱、盐和氧化还原剂等。

值得注意的是，淋洗剂的选用可能会导致土壤环境中物理和化学特性的变化，进而影响其生物修复潜力。此外，在下雨的过程中还会增加地下水二次污染的风险，因此在选用淋洗剂之前必须慎重考虑。

(3) 土壤质地 土壤质地对土壤淋洗的效果有重要的影响。当土壤属于砂质土壤类型时，淋洗效果较好；当土壤中黏粒含量达 $20\% \sim 30\%$ 时，其处理效果不佳；而黏粒含量达到 40% 时则不宜使用。在土壤淋洗技术的实际操作当中，为了缩短淋洗过程中重金属和淋洗液的扩散路径，需要将较大粒径的土壤打碎。

3. 化学淋洗技术的特点

土壤淋洗修复技术可快速将重金属从土壤中移除，短时间内完成高浓度污染土壤的治理，而且治理费用相对较低廉，现已成为污染土壤快速修复技术研究的热点和发展方向之一。近年来，针对重金属污染土壤淋洗修复技术已经进行了大量的理论研究工作，并且也已经开展了一些工程应用。

研究表明土壤淋洗修复技术具有如下优点：①可去除大部分污染物，如重金属、半挥发性有机物、多环芳烃（PAHs）、氰化物及放射性污染物等；②可操作性强，土壤淋洗技术既可以原位进行也可异位处理，异位修复又可进行现场修复或离场修复；③应用灵活，可单独应用，也可作为其他修复方法的前期处理技术；④修复效果稳定，去除污染物较为彻底，修复周期短而且效率高。

但是由于土壤淋洗技术存在一定的局限性，该修复方法也存在如下缺点：①对土壤黏粒含量较高、渗透性比较差的土壤修复效果相对较差；②目前淋洗效果比较好的淋洗剂价格较为昂贵，难以用于大面积的实际修复；③淋洗过后带有污染物溶液的回收或残留的问题，如果控制不好容易造成地下水等环境的二次污染。

二、土壤改良修复技术

1. 土壤改良修复技术概念

土壤改良修复技术就是通过往土壤中加入一种或者多种改良剂，通过调节土壤理化性质以及沉淀、吸附、络合、氧化/还原等一系列反应，改变重金属元素在土壤中的化学形态和赋存状态，降低其在土壤中可移动性和生物有效性，从而降低这些重金属污染物对环境的危害，进而达到修复污染土壤的目的。

鉴于土壤重金属污染常常涉及面积很大，各种工程修复措施的成本过高，而土壤改良修复技术实际应用中土壤结构不受扰动，适合大面积地区的操作，如果添加的改良剂能廉价获得或者废弃物再利用，修复成本也会很经济。常用的改良剂分为无机改良剂和有机改良剂两大类，其中无机改良剂主要包括石灰、碳酸钙、粉煤灰等碱性物质；羟基磷灰石、磷矿粉、磷酸氢钙等磷酸盐以及天然、天然改性或人工合成的沸石、膨润土等矿物。有机改良剂包括农家肥、绿肥、草炭等有机肥料。

2. 土壤改良剂的分类

由于不同金属元素有着各自的特性，在这些特性中离子的移动性通常用来评估重金属元素在土壤环境中的归趋和生物学毒性。尤其在重金属复合污染的土壤中不同金属离子有着独特的移动性能，所以很难找出单一的物质能降低所有金属离子的移动性。在大量改良剂中有些适合几种金属离子，但对各种离子的固定效果还取决于所加入改良剂的量。实际应用过程中，将无机有机混合改良剂施入土壤中是最典型的改良措施之一。表6-1总结了目前常用的无机、有机改良修复剂，相应的重金属元素，以及相应的改良修复效果。

(1) 碱性无机改良剂 石灰是一种被广泛采用的碱性材料，施入到土壤里能显著提高土壤的 pH 值，从而对土壤中的重金属起到沉淀作用，尤其对富含碳酸镁的石灰效果更为显著。廖敏研究表明，土壤施加石灰后，水溶态 Cd 随石灰的施用量增加而急剧减少；交换态 Cd、有机结合态 Cd 在 pH>5.5 时随石灰用量增加而急剧减少。

表 6-1　土壤化学改良修复常用钝化材料

分类	名称	有效成分	重金属	稳定化机理
无机稳定剂	石灰石、石灰	$CaCO_3$、CaO	Cd、Cu、Pb、Ni、Zn、Hg、Cr	提高土壤的 pH 值,增加土壤表面可变负电荷,增强吸附;或形成金属碳酸盐沉淀
	粉煤灰	SiO_2、Al_2O_3 等	Cd、Pb、Cu、Zn、Cr	提高土壤的 pH 值,增加土壤表面可变负电荷,增强吸附
	金属及金属氧化物	FeO、Fe_2O_3、Al_2O_3、MnO_2	As、Zn、Cr、Cu	诱导重金属吸附或重金属生产沉淀
	含磷物质	羟基磷灰石、磷矿石、骨炭等	Cd、Pb、Cu、Zn	诱导重金属吸附、重金属生产沉淀或矿物、表面吸附重金属
	天然、天然改性或人工合成矿物	海泡石、沸石、蒙脱石、凹凸棒石	Zn、Cd、Pb、Cr、Cu	颗粒小、比表面大、矿物表面富有负电荷,具有较强的吸附性能和离子交换能力
	无机肥	硅肥	Zn、Cd、Pb	增加土壤有效硅的含量,激发抗氧化酶的活性,缓解重金属对植物生理代谢的毒害
有机稳定剂	有机肥(农家肥、绿肥、草炭等)	各种植物残体和代谢物组成	Cd、Zn	胡敏酸或胡敏素络合污染土壤中的重金属离子并生成难溶的络合物
	秸秆	棉花、小麦、玉米和水稻	Cd、Cr、Pb	
无机、有机混合材料	固体废弃物	污泥、堆肥、石灰化生物固体等	Cd、Pb、Zn、Cr	提高土壤的 pH 值,增加土壤表面可变负电荷,增强吸附

　　由于钙还可以改善土壤结构,增加土壤胶体凝聚性,因此可以增强植物根表面对重金属离子的拮抗作用。然而,把石灰性物质当成土壤改良剂来修复土壤并不是很普遍适用的技术,事实上这种方法还存在缺陷。例如,有学者发现施用石灰后反而活化了铬酸盐这类物质,并且随着时间的推移并没有明显降低重金属 Cd 的生物有效性,甚至在一定程度上促进了植物的吸收,而且向土壤施入石灰性物质可能导致某些植物营养元素的缺乏。

　　(2) 磷酸盐　磷酸盐类化合物是目前应用较广泛的钝化修复剂。羟基磷灰石、磷矿粉和水溶性、枸溶性磷肥均可降低重金属的生物有效性。它们能通过改变土壤 pH 值、化学反应等显著降低 Pb 等重金属在土壤中的生物有效性,从而降低其在植物中的积累。目前磷酸盐修复重金属污染土壤时,使用的主要研究方法有化学形态提取法、化学平衡形态模型法和光谱及显微镜技术。值得注意的是,当土壤存在 As 与其他重金属离子复合污染时,施用磷酸盐反而增加了 As 的水溶性,提高其生物活性。

　　磷酸盐修复重金属的作用主要通过磷酸盐诱导重金属吸附、磷酸盐和重金属生成沉淀或矿物和磷酸盐表面吸附重金属来实现,但磷酸盐与重金属反应的机理十分复杂,研究尚不完全清楚,因此难以有效区分和评价诱导吸附机理和沉淀机理或其他固定机理,相应地对磷酸盐修复重金属的长期稳定性难以预测。虽然磷酸盐在降低大多数重金属的生物有效性方面具有显著的效果，但是过量施用磷酸盐可能诱发水体富营养化，营养失衡造成作物必需的中量和微量元素缺乏以及土壤酸化等，从而引发一些环境风险。所以应该谨慎选择磷肥种类和用量，最好是水溶性磷肥和难溶性磷肥配合、磷肥与石灰物质等配合施用。

（3）天然、人工合成矿物　矿物修复指向重金属污染的土壤中添加天然矿物或改性矿物，利用矿物的特性改变重金属在土壤中存在的形态，以便固定重金属、降低其移动性和毒性，从而抑制其对地表水、地下水和动植物等的危害，最终达到污染治理和生态修复的目的。而矿物修复又以黏土矿物修复最为引人瞩目。常用于修复土壤重金属污染的黏土矿物有蒙脱石、凹凸棒石、沸石、高岭石、海泡石、蛭石和伊利石等。当前国内外学者在研究土壤重金属污染治理中一直强调土壤自净能力，土壤自净功能是土壤各种组分与其结构共同作用的体现，黏土矿物在土壤自净过程中作用重大。黏土矿物是土壤中最活跃的组分，在大多数情况下带有负电荷，且比表面积较大，促使它可以有效地控制土壤中固液界面之间的作用。在重金属污染土壤中，以黏土矿物为主体的土壤胶体吸附带相反电荷的重金属离子及其络合物，减少了土壤中交换态重金属比例，从而降低了重金属污染物质在土壤中的生物活性。此外，黏土矿物不但在层内表面可吸附交换性离子，而且还可以通过将重金属离子固定在层间的晶格结构内，减轻了重金属污染物质的危害性。天然或人工合成的矿物可钝化重金属和降低其生物有效性，为此有关学者也进行了大量的研究。海泡石对 Cd 具有较大的吸附作用，其最大的吸附值可达 3160mg/g，在红壤和耕型河潮土中施入海泡石后交换态 Cd 显著下降，残渣态 Cd 明显上升，使植株内 Cd 含量明显降低，说明海泡石对酸性和中性土壤的 Cd 污染均有一定的改良效果。钠化改性膨润土对 Cd 也有很好的吸附作用。

（4）铁锰氧化物　铁锰氧化物、铁屑以及一些含铁锰的工业废渣能吸附重金属，减小其毒性。这些物质可以通过与重金属离子间产生强烈的物理化学、化学吸附作用使重金属失去活性，减轻土壤污染对植物和生态环境的危害。研究表明，铁锰氧化物可通过专性吸附强烈地固定重金属离子，且随着老化时间的延长，重金属的钝化稳定性大大提高。然而，由于成本相对较高，同时又存在着潜在的 Fe^{2+}/Mn^{2+} 对作物的毒害风险，限制了其在生产实践中的应用。

（5）土壤有机改良剂　施加廉价易得的有机物料对土壤进行修复是一种切实可行的方法。有机物料多为农业废弃物，对其加以利用既可避免其对环境的污染，还可减少化肥的使用，从而降低农业成本。施加有机改良剂可改善土壤结构，提高土壤养分，从而促进农作物生长，发展具有可持续性的生态农业。同时，使用有机物料可减少农作物对重金属的吸收积累，缓解重金属通过食物链对人体健康的威胁。因此，研究使用有机物料来加强对重金属污染农田的利用、提高农作物的安全性和产量具有一定现实意义。用于治理土壤重金属污染的有机改良剂主要有有机肥、泥炭、家畜粪肥以及腐殖酸等。向土壤中施用有机质能够增强土壤对污染物的吸附能力，有机物质中的含氧功能团，如羧基、羟基等，能与重金属化合物、金属氢氧化物及矿物的金属离子形成化学和生物学稳定性不同的金属-有机配合物，而使污染物分子失去活性，减轻土壤污染对植物和生态环境的危害。然而，有机物料对重金属离子活性的影响在不同土壤中表现不一。如李剑超等报道，在盆栽条件下，水稻在分蘖期不添加外源 Cu 时，猪粪和泥炭均降低了潮土水溶性 Cu 的含量，但没有降低红壤水溶性 Cu 的含量。也有研究表明，有机物料在后茬作物中促进了重金属的生物积累和毒性。因为有机物质在刚施入土壤时可以增加重金属的吸附和固定，降低其有效性，减少植物的吸收；但是随着有机物质的矿化分解，有可能导致被吸附的重金属离子在之后被重新释放出来，又导致了植物的再吸收。因此，利用有机物料改良重金属污染土壤具有一定的风险，有机物料对重金属离子的钝化及降低其生物有效性主要取决于有机物的种类、重金属离子类型和施用时间。

(6) 离子拮抗剂　由于土壤环境中化学性质相似的重金属元素之间，可能会因为竞争植物根部同一吸收点位而产生离子拮抗作用，因此，可向某一重金属元素轻度污染的土壤中施入少量的与该金属有拮抗作用的另一种金属元素，以减少植物对该重金属的吸收，减轻重金属对植物的毒害。例如，锌和镉的化学性质相近，在镉污染的土壤，比较便利的改良措施之一是按一定比例施入含锌的肥料，以缓解对农作物的毒害作用。日本在治理根横町小马木矿山附近 Mo 的毒害时就是以拮抗原理为依据施用石膏，之后土壤作物生长发育良好，产量明显提高。

三、电动化学修复技术

1. 电动化学修复技术概念

电动化学修复技术指向土壤两侧施加直流电压形成电场梯度，土壤中的污染物在电解、电迁移、扩散、电渗透、电泳等的共同作用下，使土壤溶液中的离子向电极附近积累从而被去除的技术。所谓电迁移，就是指离子和离子型络合物在外加直流电场的作用下向相反电极的移动。电渗析使土壤中的孔隙水在电场中的一极向另一极定向移动，非离子态污染物会随着电渗透移动而被去除。在理论的基础上，人们越来越意识到对污染土壤电动修复的发展趋势应是原位修复。原位电动修复技术不需要把污染的土壤固相或液相介质从污染现场挖出或抽取出去，而是依靠电动修复过程直接把污染物从污染的现场清除，这种修复方式的成本较异位修复的成本明显会低很多。

2. 电动化学修复的影响因素

电动化学修复技术虽然原理比较简单，但是其中涉及的物理和化学过程以及土壤组分的性质却使问题变得非常复杂。污染物的迁移量和迁移速度受污染物浓度、土壤粒径、含水量、污染物离子的活性和电流强度的影响；此外，还与土壤孔隙水的界面化学性质及导水率有关。

(1) pH 值　电动化学修复技术的主要不足之处是，阴阳极电解液电解后引起土壤 pH 值的变化以及实际工程治理成本高等。土壤中的电极施加直流电后，电极表面主要发生电解反应，阳极电解产生氢气和氢氧根离子，阴极电解产生氢离子和氧气。在电场作用下，H^+ 和 OH^- 通过电迁移、电渗析、扩散、水平对流等方式向阴阳两极移动，在两者相遇区域产生 pH 值突变，形成酸性和碱性区域。pH 值控制着土壤溶液中离子的吸附与解吸、沉淀与溶解等，而且酸度对电渗析速度有明显的影响，还可能改变土壤表面电动电位（Zeta 电位）。对高岭土而言，在靠近阳极区，Zeta 电位升高至 10mV，电渗析减小甚至方向相反，必须增大电压以保持一定的电渗析方向，从而能耗加大，成本增加。在靠近阴极区，Zeta 电位降低至 −54mV，电渗析增大，这种现象导致了土壤中形成不均匀的流线，甚至是流量的中断，对土壤修复效果造成负面影响，所以如何控制土壤 pH 值是电动修复技术的关键。

（2）土壤类型 土壤的性质，包括吸附、离子交换、缓冲能力等与土壤的类型有关，是影响污染物的迁移速度及去除效率的主要因素。细颗粒的土壤表面，土壤与污染物之间的相互作用非常剧烈。高水分、高饱和度、高阳离子交换容量、高黏性、低渗透性、低氧化还原电位和低反应活性的土壤适合原位电化学动力修复技术。这类土壤中污染物的迁移速率非常低，使用常规修复方法的修复效果差，而电动技术能有效促进了污染物的迁移。

（3）电流与电压 电压和电流是电动力学过程操作的主要参数。

实验室中一般采用 2 种方式，即控制电流法和控制电压法，尽管较高的电流强度能够加快污染物的迁移速度，但是能耗也迅速升高。一般采用的电流强度范围为 10～100mA/cm，电压梯度为 0.4～2V/cm。

（4）电极 电极的材料、结构、形状、安装位置和安装方式都在一定程度上影响电化学动力修复的修复效果。

电极应导电性好、耐腐蚀、不引入二次污染物和易加工安装，一般选用的材料是石墨、钛、铂、金和不锈钢等。电极一般采用竖直安装，其中一种安装方式是直接将中空的电极置入潮湿的土壤中，电极中空的部分为电极井，即内置电极井，污染溶液从电极井壁的孔隙进入电极井，定时从电极井中抽取污染溶液电极构型直接影响修复单元内有效作用的面积和修复效率。"中"字形和六边形分别是不同旋转方式下最优的电极构型，采用这两种电极构型可节省电极材料费，同时保持系统的稳定性和污染物去除的均匀性。

3. 电动化学修复技术的特点

1）电动化学修复在一些特殊的地区使用比较方便，因为对土壤的处理仅仅限于两个电极之间，不涉及以外的地区土壤。这种方法对于质地黏重的土壤效果良好，因为黏土表面有负电荷，同时在饱和的土壤中都可应用。

2）电动化学修复必须在酸性条件下进行，往往需要加入提高土壤酸性的溶剂，当土壤的缓冲液容量很高时则很难调控到土壤酸性条件，同时土壤酸化也可能是环境保护所不容许的；此外，这种技术耗费时间可能从几天到几年。如果施用的直流电压较高，则效果降低，这是由于土壤温度升高造成的。虽然 Pb、Cr、Cd、Cu、Hg 等都可以电动修复和回收，但是为了提高效果，需要深入研究重金属和土壤胶体在物理化学方面的相互作用，以及施用增强溶剂对这些相互作用的影响。

第二节 化学修复原理及方法

一、化学淋洗技术

（一）化学淋洗法

化学淋洗法是将淋洗液注入污染土壤中，使吸附固定在土壤颗粒上的重金属形成溶解性的离子或金属-试剂络合物，然后收集淋洗液回收重金属，并循环淋洗液。

化学淋洗技术对于重金属的重度污染具有较好的处理效果，而且能够处理植物修复所不能到达的地下水位以下的重金属污染。

化学淋洗技术的实现形式包括原位淋洗和异位淋洗。土壤淋洗技术实现的方式不同，其具体实施方法也有很大的区别。在进行重金属污染土壤修复之前，应先对污染场地的重金属污染物分布特征和土壤质地特征进行系统调查，根据实际调查结果确定化学淋洗修复的实施方案。

1. 原位土壤淋洗修复技术

原位土壤淋洗修复是在污染现场直接向土壤施加淋洗剂，使其向下渗透，经过污染土壤，通过螯合、溶解等理化作用使污染物形成可迁移态化合物，并利用抽提井或采用挖沟的办法收集洗脱液，再做进一步处理。原位淋洗技术主要用于去除弱渗透区以上的吸附态重金属。

原位土壤淋洗修复技术的一般流程为：添加的淋洗剂通过喷灌或滴流设备喷淋到土壤表层；再由淋出液向下将重金属从土壤基质中洗出，并将包含溶解态重金属的淋出液输送到收集系统中，将淋出液排放到泵控抽提井附近；再由泵抽入至污水处理厂进行处理。

2. 异位土壤淋洗修复技术

异位土壤淋洗修复技术与原位化学淋洗技术不同的是，该技术要把受到重金属污染的土壤挖掘出来，用水或其他化学试剂清洗以便去除土壤中的重金属，再处理含有重金属的废液，最后将清洁的土壤回填到原地或运到其他地点。美国联邦修复技术圆桌组织推荐的异位土壤淋洗技术主要流程包括以下几个步骤。

（1）污染土壤的挖掘

（2）土壤颗粒筛分 即剔除杂物如垃圾、有机废弃物、玻璃碎片等，并将粒径过大的土粒移除，以免损害淋洗设备。

（3）淋洗处理 在一定的液土比下将污染土壤与淋洗液混合搅拌，待淋洗液将土壤污染物萃取出后静置，进行固液分离。

（4）淋洗废液处理 含有悬浮颗粒的淋洗废液经过污染物的处置后，可再次用于淋洗步骤中。

（5）挥发性气体处理 在淋洗过程中产生的挥发性气体经处理后可达标排放。

（6）淋洗后土壤的处置 淋洗后的土壤如符合控制标准，则可以进行回填或安全利用；淋洗废液处理过程中产生的污泥经脱水后可再进行淋洗或送至终处置场处理。

（二）化学淋洗技术原理

土壤吸附重金属的机制分为2类：①金属离子吸附在固体表面；②形成离散的金属化合物沉淀。而土壤化学淋洗技术是通过逆转这些反应过程，把土壤固相中的重金属转移到土壤溶液中。添加不同种类的淋洗剂，其修复原理也不同。

1）无机淋洗剂如水、酸、碱、盐等无机溶液，其作用机制主要是通过酸解、络合或离子交换作用来破坏土壤表面官能团与重金属形成的络合物，从而将重金属交换解吸下来，进而从土壤中溶出。Tokunaga 和 Hakutu 研究表明，磷酸是土壤 As 污染最有效的淋洗剂，质量分数为 9.4% 的磷酸淋洗 6h 对 As 的去除率可达到 99.9%。但是较高的酸度同时也会破坏土壤的物理结构、化学结构和生物结构，并致使大量土壤养分流失，且强酸性条件对处理设备的要求也较高，因此该类淋洗剂在实际应用中受到限制。

2）为了克服无机酸淋洗剂强酸性的危害，越来越多的螯合剂被应用于重金属污染土壤的淋洗修复研究和实践中，且其在土壤淋洗中的地位越来越重要。螯合剂能够通过螯合作用与多种金属离子形成稳定的水溶性络合物，使重金属从土壤颗粒表面解吸，由不溶态转化为可溶态，从而为土壤淋洗修复创造有利条件。研究表明，螯合剂能在很宽的 pH 值范围内与重金属形成稳定的复合物，不但可以溶解不溶性的重金属化合物，同时也可解吸被土壤吸附的重金属，是一类非常有效的土壤淋洗剂。

二、土壤改良修复技术

土壤改良修复技术是通过向土壤中添加一些改良剂，通过沉淀、络合、吸附、化学还原等作用原理钝化土壤中活性较大的重金属，降低重金属的生物有效性，进而达到治理和修复土壤污染的目的。

常用的改良剂有碱性物质、磷酸盐类、有机类物质等。不同修复过程和反应机制将直接影响土壤修复效果，有的修复材料如石灰只能通过改变土壤酸碱性来降低重金属的生物有效性，这种修复效果是不稳定的，一旦土壤 pH 值因一定因素降低，那么环境风险又将重现。有的修复材料可以增加土壤 pH 值和增加吸附量，土壤的这种修复作用就较为稳定。如果修复材料通过矿物晶格层间吸附或形成沉淀，其修复效果则依赖于重金属污染物的固液平衡动力学特征及沉淀的溶度积，其修复效果就相对持久稳定。因此，明确重金属污染物在土壤中的修复机制对于评价修复效果和持久性有着重要的意义。不同的土壤改良剂，其改良过程有很大差别，反应机制也很复杂。根据目前研究状况，可将其分为以下几类。

1. 化学吸附和离子交换作用

很多修复材料如生物炭等，其本身对重金属离子有很强的吸附能力，同时也提高了土壤对重金属的吸附容量，从而降低了重金属的生物有效性。施用石灰等碱性材料后可以提高土壤 pH 值，不仅有利于重金属沉淀物的存在，而且土壤表面负电荷增加，土壤对重金属离子的亲和性增加，从而提高重金属离子的吸附量。研究结果表明，加入生物炭培养 60d 后，Pb 和 Cd 污染土壤 pH 值较对照上升 0.35～0.86 单位值，土壤中重金属的酸可提取态含量下降，残渣态含量上升。砷酸根在含铁、铝物质作用下，可通过基团交换反应替换铁铝氧化物表面的 OH^-、OH_2 等基团而被吸附在矿物表面，X 射线吸收精细结构光谱证实它们形成了稳定的具有双齿双核结构的复合物。

2. 沉淀作用

对于如石灰等碱性修复材料，施入土壤后 pH 值提高，促使土壤中重金属形成氢氧化物或碳酸盐结合态沉淀。例如，当 pH 值大于 6.5 时，Hg 就能形成氢氧化物或碳酸盐沉淀。土壤中的磷酸根离子也可以与多种重金属离子直接形成金属磷酸盐沉淀，而且反应生成的金属磷酸盐沉淀在很大的 pH 值范围内溶解度都很小，从而降低重金属在土壤中的生物有效性和毒性。在施用有机物料时，随着有机物料在分解过程中会消耗大量氧气，使土壤处于还原状态，土壤重金属元素还会形成 PbS 等沉淀物，也降低了重金属的有效性。富含铁锰氧化物、铁屑以及一些含有铁锰的工业废渣，可以与重金属离子产生强烈的物理、化学作用，通过表面络合和表面沉淀可形成氢氧化物沉淀。

研究表明，在酸性土壤中施入磷石膏和红石膏修复材料之后，铅在其表面形成了稳定的硫酸铅矿物，磷酸盐还可通过共沉淀作用在土壤矿物表面形成稳定的磷氯铅矿物（难溶物质），而磷氯铅矿的溶解度比其类似物碳酸铅和硫酸铅低几个数量级，对重金属的修复效果较为显著。

3. 有机络合

土壤中重金属元素在有机物质表面有很高的亲和性，而且有机质富含多种有机官能团，不仅对重金属元素有较强的置换能力，而且还能与重金属形成具有一定稳定程度的金属有机络合物，从而降低重金属污染物的生物可利用性以及植物的吸收。特别是腐熟度较高的有机质可通过形成黏土-金属-有机质三元复合物增加重金属在土壤中的吸附量。有研究发现，土壤中镉可以与有机质中的羧基、巯基形成稳定的络合物。腐殖酸也可以与多种重金属离子形成具有一定稳定程度的腐殖酸-金属离子络合物，而且研究证明施用大分子的腐殖酸较小分子的腐殖酸更能有效地降低重金属的生物有效性。

事实上，土壤改良剂降低重金属生物有效性通常是通过多种反应机制同时作用产生的修复效果，很少通过单一的反应机制来实现；并且受多种因素的影响，如土壤 pH

值、氧化还原电位、土壤组成、阳离子交换量等。

理想的改良剂应该具备以下几个条件：①首先确保施用的改良剂不会造成土壤结构和性质的破坏，也不会对植物等生态环境形成新的危害；②改良剂应具有较高的稳定性，不会随时间和环境的变化而逐渐分解；③改良剂应具备较强的结合性，即通过较强的转性吸附、沉淀、氧化还原等能力对重金属离子有较高的吸附结合能力；④改良剂成本应低廉，实际可操作性强。

三、电动化学修复技术

1. 电动化学修复方法

电动化学修复是近些年才兴起的一种新型修复技术，并在实验中已经取得一定成果，而且已证实了其在处理常见重金属如 Cu、Zn、Pb、Cr、Cd 等方面的有效性。但是，该技术目前大多处于实验室研究阶段，应用层面的研究需要进一步深入。由于直接电动化学修复去除重金属的方法不能很好地控制土壤体系中 pH 值的变化以及沉淀的形成，容易堵塞土壤空隙同时使得电压降增加、能耗增加等一系列制约因素，导致电动化学修复去除重金属污染物的效率降低。因此，为了提高去除效率通常需要一些增强的措施，并衍生出一系列改进的处理方法。现阶段，改进的电动化学修复主要包括电极施加 pH 缓冲液控制方法、电动-化学联合处理法。

（1）电极施加 pH 缓冲液控制法 就是通过向电极区添加缓冲液控制 pH 值的方法，降低 pH 值变化对土壤中离子的吸附与解吸、沉淀及溶解和电渗析速度的影响，进而可以更好地掌握土壤中重金属的存在形态和迁移特征。研究表明，使用柠檬酸为清洗液进行 Cu^{2+} 污染土壤的修复，在适宜的操作条件下 Cu^{2+} 的去除率可以达到 89.9％。但是也有研究表明，经常在电极区加入酸性缓冲液会导致土壤酸化，因此这种方法也有一定的局限性。

（2）电动-化学联合处理法 就是向土壤中添加 EDTA 等特异性螯合剂或者还原剂，与重金属之间形成稳定的配位化合物，而且这种化合物在很大的 pH 值范围内都是可溶的，进而增强了重金属在土壤中的迁移性，再利用电动化学法将其去除。在实际修复过程中，螯合剂必须根据特定的环境慎重选择，因为在增强重金属在土壤中的迁移性后其也会被部分植物吸收，反而加重了生态环境的污染。

2. 电动化学修复原理

电动化学修复的基本原理是将电极插入受到重金属污染土壤或地下水区域，通过施加微弱电流形成电场，利用电场产生的各种电动力学效应（包括电渗析、电迁移和电泳等）驱动土壤中重金属离子沿电场方向定向迁移，从而将污染物富集至电极区然后进行集中处理或分离。同时在修复过程中会发生电极反应：

$$阳极：2H_2O-4e^- \longrightarrow O_2+4H^+ \qquad E_0=-1.23V$$

$$阴极：2H_2O+2e^- \longrightarrow H_2+2OH^- \qquad E_0=-0.83V$$

第三节 化学修复重金属污染土壤应用实例

一、化学淋洗技术的应用

化学淋洗技术有多种实现途径，包括原位修复、异位修复；其中原位修复较异位修复实际操作性强，成本低，但难以控制。化学淋洗技术可以去除土壤中大量的重金属污染物，有着广泛的应用前景。在化学淋洗修复实践中，应综合土壤质地特征、污染物类型、污染程度及污染物在土壤中的分布规律等因素选择适宜的淋洗剂及修复方式。美国应用淋洗法成功地治理了8种重金属污染的土壤。在日本神通川地区的农业工程技术应用当中，这种方法修复重金属比较彻底。我国关于土壤淋洗修复尚处于实验室研究阶段，而可规模化应用的土壤淋洗技术及成套设备研制相对落后，有待进一步的提高和完善。

卫泽斌等研究了化学淋洗和深层土壤固定联合技术修复重金属污染土壤，利用化学淋洗污染土壤并在深层土壤添加固定剂进行盆栽试验。采用混合剂（MC）对取自广东省乐昌市某铅锌矿废水污染的水稻田土壤（每盆5kg）进行缓慢淋洗，收集淋出液并混合，记为淋出液Ⅰ。40d后用蒸馏水对污染土壤继续进行淋洗，收集淋出液并混合，记为淋出液Ⅱ。将两种淋出液经过不同固定剂处理深层土壤（5kg下层土壤和不同的固定剂）且收集水样。下层土壤取自华南农业大学校园20cm以下的酸性赤红壤，与乐昌污染稻田底土性质类似，土壤置于塑料盆中，底部有孔可供水流出。

固定剂设置4个处理：①对照，不加固定剂；②CaO，加入7.5g CaO；③FeCl$_3$，加入1L pH=8的0.55mg/L的FeCl$_3$；④FeCl$_3$+CaO，加入7.5g CaO和1L pH=8的0.55mg/L的FeCl$_3$，每个处理3次重复。结果如表6-2所列。

表6-2 不同固定剂处理的深层土壤对表层土壤第一次淋出液的固定效果

项目	COD	Zn	Cd	Pb
表层淋出液/(mg/L)	2093	10.02	0.0147	25.20
深层固定后/(mg/L)				
CK(无固定剂)	578±99c	1.946±0.435b	0.0056±0.0008b	8.000±1.673b
CaO	1475±50a	4.516±0.095a	0.0098±0.0002a	18.14±0.7314a
FeCl$_3$(碱性)	218±26b	0.3012±0.1232c	0.0025±0.0003c	5.522±0.570b
FeCl$_3$(碱性)+CaO	1672±49b	4.515±0.200a	0.0101±0.0006a	18.21±0.25a
深层固定去除率/%				
CK(无固定剂)	71.61	80.58	62.13	68.26
CaO	28.53	54.92	33.56	26.96
FeCl$_3$(碱性)	89.28	96.99	82.99	78.09
FeCl$_3$(碱性)+CaO	18.00	54.94	31.29	27.75

注：不同小写字母代表多重比较重大差异显著性，带不同小写字母的平均值间在$P<0.05$水平有显著差异；去除率（%）=（固定前重金属浓度－固定后重金属浓度）/固定前重金属浓度×100%。

经过不同固定剂处理的深层土壤后，COD 和重金属含量都明显降低。淋出液 I 经过碱性 FeCl₃ 处理的深层土壤后，淋出液污染物浓度为最低，其中 Zn、Cd 浓度低于地下水质量 III 类标准。CaO 和 FeCl₃（碱性）＋CaO 处理的去除率相当，均明显低于无固定剂处理的深层土壤。见表 6-3。

表 6-3　不同固定剂处理的深层土壤对表层土壤蒸馏水淋出液 II 的固定效果

项目	Zn	Cd	Pb
表层淋出液/(mg/L)	0.4731	0.0025	0.0356
深层固定后/(mg/L)			
CK(无固定剂)	0.2681±0.0457ab	0.0019±0.0002ab	0.2375±0.0551ab
CaO	0.2850±0.0337a	0.0024±0.0001a	0.5717±0.1345a
FeCl₃(碱性)	0.1837±0.0187bc	0.0015±0.0003b	0.0267±0.0089b
FeCl₃(碱性)＋CaO	0.1014±0.0049c	0.0015±0.0002b	0.2315±0.0502ab

注：表中带不同小写字母的平均值间在 $P<0.05$ 水平有显著差异。

第一次淋洗试验 40d 后用蒸馏水淋洗污染土壤，可作为模拟降雨，水的下渗会对下层土壤固定的重金属产生淋洗作用，检验其固定作用的稳定性。结果表明，经不同固定剂处理的深层土壤，淋出液 Zn、Cd 浓度都低于固定前，且均低于地下水质量 III 类标准。但 Pb 只有经碱性 FeCl₃ 处理后的深层土壤低于固定前，低于地下水质量 III 类标准，其余的处理都高于固定前，可能是固定的 Pb 又被解吸出来。

用混合试剂对耕作层污染土壤进行淋洗，降低耕作层土壤重金属；淋出的重金属可以被固定剂处理的深层土壤固定，固定的重金属很少被后期的降水等再淋洗出来，能控制对地下水污染风险，实现重金属污染土壤的修复和安全利用。

二、化学改良技术的应用

重金属污染土壤的化学改良修复技术具有有效性和实用性，适用于大面积污染地区。土壤改良技术只能通过改变土壤中重金属的形态，降低其生物有效性，进而不易被动植物所吸收，从而减小毒性，但不能减少土壤中重金属的含量。

改良剂分为无机改良剂和有机改良剂。无机改良剂包括碱性无机改良剂，磷酸盐，天然、天然改性和人工合成矿物及富含铁锰氧化物的物料。有机改良剂主要是有机物料。在实际应用中，根据重金属污染土壤的程度与特征选择经济有效的改良剂是土壤改良技术的关键。

美国开展了大量现场污染土壤修复工程，其中"超级基金计划"为典型代表。该计划中 24% 的场地采用重金属污染土壤化学改良剂修复技术。英国林业研究所 Tony Hutchings 教授利用木炭、食用菌渣等无毒无副作用材料作为土壤重金属污染的改良剂，已经取得初步成效，计划推进商业化。目前，我国在土壤污染修复方面的工作还集中在实验室研究阶段，实际应用极少。

王凯荣等设计试验以了解不同土壤改良剂对降低重金属污染土壤种植的水稻、糙米 Pb 和 Cd 含量的作用，利用污染土壤盆栽试验和污染区的田间试验，比较施用石灰、碱性煤渣、高炉渣、水稻秸秆和猪厩肥等土壤改良剂降低水稻植株和糙米 Pb、Cd 含量的效应；土样采自湖南株洲市受 Pb、Cd 严重污染的板页岩母质发育水稻土，早稻品种为"浙辐 802"，晚稻为"威优 64"。试验结果如表 6-4、表 6-5 所列。

表 6-4　盆栽和田间试验土壤 pH 值及 Pb、Cd 含量状况

单位：mg/kg

试验名称（代码）	pH 值（水）	全量重金属		可溶态重金属	
		Pb	Cd	Pb	Cd
盆栽试验（Ep）	4.80	582	7.3	361	4.9
株洲田间试验（ZZ-Ef）	6.85	470	5.8	223	3.2
衡阳田间试验（HY-Ef）	6.69	1021	51.3	752	25.6

表 6-5　盆栽条件下不同改良剂对水稻植株和稻米 Pb、Cd 含量的影响

单位：mg/kg

处理	编号	早稻				晚稻			
		植株		糙米		植株		糙米	
		Pb	Cd	Pb	Cd	Pb	Cd	Pb	Cd
对照	Ep1	40.61f	3.05d	1.31e	0.65e	45.01de	6.38d	1.29d	1.07d
石灰	Ep2	26.50de	1.79a	0.54bc	0.34b	11.01a	1.45a	0.93bc	0.20b
碱煤渣	Ep3	16.20a	1.77a	0.28a	0.16a	15.73b	1.74a	0.70a	0.13a
高炉渣	Ep4	19.22b	2.20b	1.21e	0.53de	15.80b	3.38b	0.99b	0.64c
洁净稻草	Ep5	29.60e	2.40bc	0.48b	0.43cd	37.61c	5.15c	1.40d	0.92d
猪厩肥	Ep6	21.83bc	2.10ab	0.64c	0.56e	41.00cd	7.94e	1.19d	1.35e
硅肥	Ep7	22.80c	3.00d	0.97d	0.58e	36.60c	5.24c	1.70e	0.96d
污染稻草	Ep8	23.81cd	2.83c	0.47b	0.42bc	47.93e	7.65de	2.68f	1.49e

注：同一列中带相同字母表示处理间差异不显著（$P < 0.05$）。

施碱煤渣、石灰改良剂处理早、晚稻植株及对应糙米 Pb、Cd 含量与对照相比都降低，均达到显著水平。早、晚稻糙米中 Pb、Cd 含量均从严重超标水平降到国家食品卫生标准允许的含量以下，稻米卫生品质得到了本质性改善。

施用高炉渣有降低水稻植株和糙米 Pb、Cd 含量的作用，但效果不及碱煤渣和石灰明显，没有将 Pb、Cd 含量降到国家食品卫生标准允许的含量。施硅肥显著降低了水稻植株的 Pb 含量，而早稻糙米 Pb 含量降低、晚稻糙米 Pb 含量升高；植株和糙米 Cd 含量大致与对照无显著差异。施硅肥后水稻抗重金属毒害的能力增强，根系发达，生物量和产量显著提高，反而促进了水稻对 Pb、Cd 的吸收及累积。

稻草和猪厩肥都属于常见的有机肥，施用稻草和猪厩肥在早稻期间都表现出植株和糙米 Pb、Cd 含量显著降低，但稻米的 Cd 含量不能达到国家卫生标准水平。在晚稻期间，施稻草处理显著降低了植株 Pb、Cd 含量，对糙米 Pb、Cd 含量的影响不显著；而施猪厩肥的处理，植株和糙米 Cd 含量反而都显著高于对照。在早稻期间，污染稻草并没有加大水稻污染，反而显著降低了水稻植株和糙米的 Pb、Cd 含量。到晚稻期间，施污染稻草与施清洁稻草处理相比，水稻植株和糙米 Pb、Cd 含量都显著提高。

碱煤渣、石灰和高炉渣改良剂都能显著提高土壤 pH 值，其中碱煤渣的作用最明

显，石灰和高炉渣次之。有研究表明，Pb 和 Cd 在土壤中的形态不同，其生物有效性也不同，影响 Pb、Cd 形态的有土壤 pH 值、有机质、碳酸盐含量和腐殖质组成等因素，其中土壤 pH 值起着决定性作用。

盆栽条件下不同改良剂对土壤 pH 值和可溶性 Pb、Cd 浓度的影响如表 6-6 所列。从表 6-6 可知，土壤可溶态 Pb 和 Cd 含量与 pH 值之间存在明显负相关性。同时以上 3 种改良剂中 Ca 与 Cd 竞争根表面的交换位点，从而抑制水稻 Cd 的吸收。施用稻草和猪厩肥对土壤 pH 值及有效 Pb、Cd 含量（EDTA 可提取态）均无显著影响。施污染稻草处理的晚稻植株和糙米 Pb、Cd 含量都有提高，糙米 Pb、Cd 含量达到了显著性差异水平，污染稻草对土壤 pH 值和有效 Pb、Cd 含量（EDTA 提取）没有显著影响。

表 6-6　盆栽条件下不同改良剂对土壤 pH 值和可溶性 Pb、Cd 浓度的影响

处理	编号	幼穗分化期			成熟期		
		pH 值	Pb/(mg/kg)	Cd/(mg/kg)	pH 值	Pb/(mg/kg)	Cd/(mg/kg)
对照	Ep1	5.11ab	387.7b	4.8bc	5.00a	321.0b	4.0ef
石灰	Ep2	6.20d	357.4b	4.3ab	5.73b	305.7b	3.5cde
碱煤渣	Ep3	7.44e	278.6a	3.9a	7.00c	234.4a	2.6a
高炉渣	Ep4	5.73c	369.0b	4.8bc	5.54b	310.1b	3.2bcd
洁净稻草	Ep5	4.92a	372.0b	5.3c	5.00a	328.0b	3.6def
猪厩肥	Ep6	5.18b	356.4b	4.3ab	5.20a	291.0b	2.9abc
硅肥	Ep7	5.05ab	344.2b	4.6abc	5.26a	304.8b	2.8ab
污染稻草	Ep8	5.00ab	358.9b	4.9bc	4.92a	322.3b	4.3f

注：同一列中带相同字母表示处理间差异不显著（$P < 0.05$）；原始土壤 pH 值为 4.80。

在田间试验条件下碱煤渣改良效果与石灰和高炉渣无明显差异（见表 6-7）。施用猪厩肥从整体上看没有降低水稻糙米 Pb、Cd 含量的作用。在田间试验中，没有处理能使稻米的 Pb、Cd 含量降低到符合国家食品卫生标准的水平。

表 6-7　田间试验条件下施用不同改良剂对降低水稻糙米中 Pb、Cd 含量的效果

单位：mg/kg

处理	编号	早稻				晚稻			
		衡阳（HY）		株洲（ZZ）		衡阳（HY）		株洲（ZZ）	
		Pb	Cd	Pb	Cd	Pb	Cd	Pb	Cd
对照	Ep1	1.98b	0.80c	4.14a	1.98b	3.98a	3.76a	2.88c	1.33a
石灰	Ep2	1.22a	0.53a	3.83a	1.41a	4.02a	3.44a	1.46b	1.65b
碱煤渣	Ep3	1.19a	0.62ab	5.25b	1.66ab	3.68a	3.17a	1.26ab	1.15a
高炉渣	Ep4	1.14a	0.70bc	3.50a	1.91b	4.40ab	3.55a	1.39ab	1.39ab
猪厩肥	Ep5	1.74a	0.76bc	6.38c	1.88b	5.19b	3.51a	1.16a	1.67b

注：同一列中带相同字母表示处理间差异不显著（$P < 0.05$）。

从以上试验可以看出，用化学改良剂对重金属污染土壤进行原位修复受到很多因素影响，包括重金属种类、土壤类型、作物类型及环境因素等。因此，在应用到实际污染治理前必须明确改良剂的修复机理，同时也要和其他的治理手段联系起来。

三、电动化学修复的应用

电动化学修复是一种新兴的高效、无二次污染的原位修复技术。电动力学修复重金属污染土壤的主要手段包括直接电动原位方法、改进的电动方法去除重金属[阴阳极施加缓冲液的 pH 值控制法，离子交换膜控制土壤体系 pH 法、施加络合剂（螯合剂）加强迁移法、阴、阳极液混合中和法和极性切换控制法]、电动与其他方法联用去除重金属（电动-氧化还原联合处理法，Lasagna 处理法，电动-生物联合修复）。

在实验室研究中，很多学者已经成功地用电动化学修复技术去除了污染土壤中的重金属，并开始对重金属污染的土壤进行实地修复。但该技术受到很多的因素制约，例如土壤体系中污染物的溶解/增强试剂的投加；较高电压引起土体发热而导致效率变化；土壤中碳酸盐、铁类矿物碎石砂砾、腐殖酸类等。

胡宏韬等进行了土壤铜镉污染的电力学修复实验，研究了电动力学修复效果对铜镉污染土壤的修复效果，分析其迁移变化特征。将土壤进行相应处理后加入试验所需的重金属浓度充分搅拌，将所得的污染土壤分层填放在电解槽中均匀压实，使得相关的土壤介质参数接近自然状态，在电解槽中设置穿孔有机玻璃管等，将模型静置稳定 72h，电压为 0.5V/cm。用酸度计和温度计测定样品 pH 值和温度，样品经消解过滤及离心分离等预处理后用原子吸收法测定重金属质量分数。

阳极附近 Cd 质量分数随着电解过程的进行由初始状态逐渐下降[图 6-1(a)]，而在阴极附近由 Cd 累积开始时的质量分数逐步升高[图 6-1(c)]，由此可得 Cd 在电场作用下是向阴极发生迁移。离阳极越近，土壤 pH 值越低，越增加重金属有效性，从而加速修复过程，使距阳极附近的迁移速率大于较远处的迁移效率。两极 pH 值在修复过程中也不相同，阳极 pH 值随着修复过程的进行降低[图 6-1(b)]，阴极则增加[图 6-1(d)]，说明阳极附近的 H^+ 质量分数增加，阴极附近 OH^- 质量分数增加。

在电场作用下，溶液中的 H^+ 和 OH^- 电解向两极移动使得 pH 值变化，由于离子向两极迁移的速率不同，两极 pH 值变化不一致。在两极中间位置，两离子相遇发生中和反应则 pH 值变化小。在阴极附近 pH 值升高，重金属发生沉淀反应，降低了电动化学修复作用。因此，在实际应用中应该注意土壤 pH 值的变化，以防止土壤理化性质的改变和电动化学修复作用的减弱。

由图 6-2(a) 可看出随着电动化学修复的进行，阳极附近的 Cu 质量分数逐渐下降，反而阴极附近升高[图 6-2(b)]，同时环境 pH 值的变化使得 Cu 在电解槽中的分布有一定变化，从而使 Cu 在阴极逐渐累积，阳极的质量分数变小。说明在电场作用下土壤中 Cu 由阳极向阴极迁移。

虽然实验下的电动化学修复技术得到很大发展，但是对应用于大规模的就地修复技术仍然需要完善。明确土壤类型和环境对于电动化学修复技术的影响，以及在修复过程中土壤理化性质的改变等机理，对于推广电动化学修复技术具有重要意义，在研究和实践中应与其他的污染治理技术相联系。

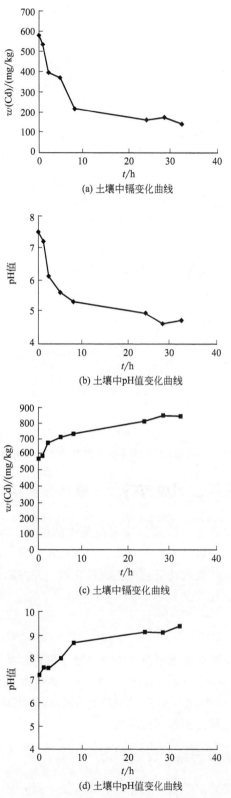

(a) 土壤中镉变化曲线

(b) 土壤中pH值变化曲线

(c) 土壤中镉变化曲线

(d) 土壤中pH值变化曲线

图 6-1　电动化学修复土壤中镉、pH 值变化曲线

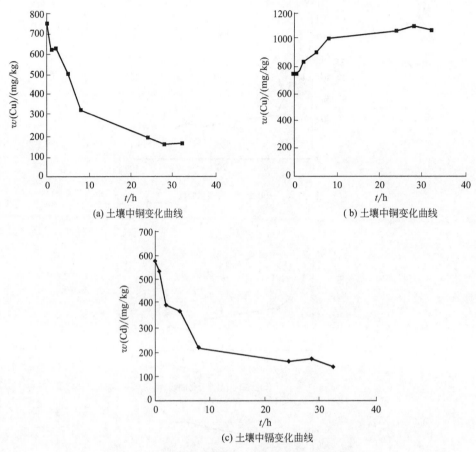

(a) 土壤中铜变化曲线

(b) 土壤中铜变化曲线

(c) 土壤中镉变化曲线

图 6-2　电动化学修复后，土壤中铜和镉变化曲线

四、尾矿库重金属污染土壤原位钝化+植物修复技术

有色金属矿区的尾矿库是重金属污染风险最大的区域，有效控制尾矿库的环境风险，修复矿区重金属污染土壤具有重要意义。云南农业大学张乃明教授课题组承担云南省社会发展科技计划项目开发成功复合型土壤钝化剂，并在高海拔铜矿尾矿库区实施修复技术工程示范，取得良好效果。

1. 尾矿库区概况

修复工程示范区位于迪庆藏族自治州香格里拉市洪鑫铜矿尾矿区，东经 $99°46'7''$～$99°46''37''$，北纬 $28°0'2''$～$28°0'13''$，海拔为 3338m，属高山亚寒带气候类型，最冷月平均气温为 $-2.3℃$，最暖月平均气温为 $14.0℃$，年平均降雨量为 649.4mm。地貌以山地为主，分布的地带性土壤类型以暗棕壤为主。

2. 尾矿库土壤重金属污染状况

铜矿开采选矿排出的尾矿砂富含铜、锌、镉等重金属元素，修复前土壤重金属含量调查结果见表 6-8。尾矿库现状见图 6-3。

表 6-8　尾矿库区土壤重金属含量调查结果（n＝10）

项目	Cu/(mg/kg)	Zn/(mg/kg)	Pb/(mg/kg)	Cd/(mg/kg)
最大值	789.18	294.30	233.84	1.81
最小值	487.59	110.05	140.22	1.01
平均值	656.00	215.75	179.51	1.53
背景值	30.92	97.65	50.81	0.12
平均值/背景值	21.22	2.21	3.52	12.75
土壤环境质量二级标准(pH＜6.5)	50	200	250	0.3

图 6-3　尾矿库土壤修复现场

3. 原位钝化＋植物修复效果

土壤中 Cu 主要以有机质硫化态为主，质量分数达 51.16%～74.01%；其次是残渣态，质量分数达 17.66%～45.36%。采用复合钝化剂修复效果见图 6-4。不同处理对土

(a)　　　　　　　　　　　　　　(b)

图 6-4　采用复合钝化剂修复效果

壤 Cu 形态分布影响如图 6-5 所示。由图 6-5 可以看出施用钝化剂的处理 BLD、BLZ、H+BLD、H+BLZ、X+BLD、X+BLZ 均显著降低了土壤中 Cu 可交换态的含量（p ＜0.05），其中处理 X+BLD、X+BLZ 土壤中 Cu 可交换态含量分别较对照处理降低了 45％和 49％。单种作物的处理 X 和处理 H 土壤中 Cu 可交换态含量较对照处理降低了 1.11％和 8.33％，但差异性不显著。就钝化效率而言云南农业大学研发的复合钝化剂对重金属铜的钝化效率最高达 49％，远高于国内已有报道的钝化率。

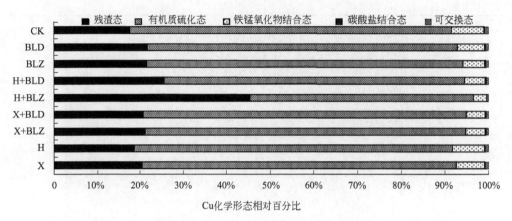

图 6-5 不同处理对土壤 Cu 形态分布影响

施用钝化剂与未施用钝化剂土壤浸提液 Cu、Zn 含量比较如图 6-6 所示。

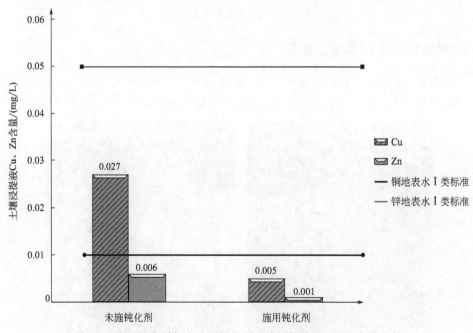

图 6-6 施用钝化剂与未施用钝化剂土壤浸提液 Cu、Zn 含量比较

第七章
重金属污染土壤植物修复

植物修复技术是近年来研究最多的一类修复技术，大量重金属超富集植物的发现与研究，为重金属污染土壤植物修复技术的应用创造了前提条件。植物修复通常包括植物吸收萃取、植物根际过滤、植物固定、植物降解、植物挥发和植物刺激等修复类型。本章重点介绍重金属污染土壤植物修复的概念与特点、原理与方法以及在国内外的工程应用实例。

第一节　植物修复的概念与特点

一、植物修复的概念及类型

1. 植物修复的概念

植物修复（phytoremediation）是指依据特定植物对某种污染物的吸收、超量积累、降解、固定、转移、挥发及促进根际微生物共存体系等特性，利用在污染地种植植物的方法，实现部分或完全修复土壤污染、水污染和大气污染目标的一门环境污染原位治理技术。

简言之，植物修复是利用植物去除环境中有害元素的方法。

2. 植物修复技术的类型

根据植物修复的定义，可将植物修复分为植物萃取（phytoextraction）、根际过滤（rhizofiltration）、植物降解（phytodegradation）、植物挥发（phytovolatilization）、植

物固定（phytostabilization）、植物刺激（phytostimulation）等类型。

（1）植物萃取　利用重金属超富集植物对土壤中重金属的超量积累并向地上部转运的功能，然后通过收割植物地上部，将土壤中的重金属去除的方法。

（2）根际过滤　根际过滤是在植物根际范围内，借助植物根系生命活动，以吸收、富集和沉淀等方式去除污染水体中的污染物的植物修复技术。

（3）植物降解　植物降解是指植物本身通过体内的新陈代谢作用或借助于自身分泌的物质（如酶类），将所吸收的污染物在体内分解为简单的小分子（如 CO_2 和 H_2O），或转化为毒性微弱甚至无毒性形态的过程。

（4）植物挥发　植物挥发是利用植物将污染物吸收到体内后，将其降解转化为气态物质，或把原先非挥发性的污染物转变为挥发性污染物，再通过叶面释放到大气中。

（5）植物固定　植物固定是指利用植物活动降低污染物在环境中的移动性或生物有效性，达到固定、隔绝、阻止其进入地下水体和食物链，以减少其对生物与环境污染的目的。

（6）植物刺激　植物刺激是指通过根际范围内植物的活动刺激微生物的生物降解的植物修复过程。根际的植物修复可增加土壤有机质含量、细菌和菌根真菌数量。反过来，这些因子又有利于土壤中有机化合物的降解。

二、植物修复的特点

植物修复技术具有两面性，既有优点也有缺点。

优点主要表现为：①处理成本低廉；②原位修复，不需要挖掘、运输和巨大的处理场所；③操作简单，效果持久，如植物固化技术能使地表长期稳定，有利于生态环境改善和野生生物的繁衍；④安全可靠；⑤修复过程中土壤有机质含量和土壤肥力增加，被修复过的干净土壤适合于多种农作物生长；⑥植物修复对环境扰动少，不会破坏景观生态，能绿化环境，有较高的美化环境价值，容易为大众和社会所接受。

该技术的缺点主要表现在：①修复速度慢；②对土壤类型、土壤肥力、气候、水分、盐度、酸碱度、排水与灌溉系统等自然和人为条件有一定要求；③超富集植物对重金属具有一定的选择性；④富集了重金属的超富集植物若处置不当会重返土壤；⑤污染物必须是植物可利用态，并且植物修复土壤和水污染时，污染物只能局限在植物根系所能延伸到的区域内，一般不超过 20cm 的土层厚度，才能被有效清除；⑥要针对不同污染状况的环境选用不同的植物生态型；⑦异地引种对生物多样性的威胁，也是一个不容忽视的问题。

第二节　植物修复的原理与方法

在重金属污染土壤的植物修复中，常用的植物修复类型主要有植物萃取、植物固定和植物挥发等，下面将分述各类型的原理和方法。

一、植物萃取

植物萃取的原理主要是运用重金属超富集植物对重金属的超强吸收、转运和富集能力，将土壤中的重金属转移到植物地上部，通过收割地上部后使土壤中重金属含量降低，植物收获物再进行必要的后处理。

1. 超富集植物的定义

植物萃取成败的关键是找到合适的重金属超富集植物。超富集植物（hyperaccumulator）这一术语，最先出现于 Jaffré 等（1976）在《Science》上发表的文章 "*Sebertia acuminate*：A hyperaccumulator of nickel from New Caledonia" 中，以描述某种反常大量富集金属的植物。随后，Brooks 等（1977）对 Ni 超富集植物提出了一个定量化的评价标准：植物干叶片组织中 Ni 含量超过 1000mg/kg 的植物。Reeves（1992）给出了一个更精确化的定义：在自然植物生长地上，至少一个样本地上部任何组织 Ni 含量至少达到 1000mg/kg（干重）的植物。

这个定义表明，超富集植物的标准不应该根据整株植物或根部的金属含量确定，在很大程度上因为难以保证样品不受土壤污染（如根部不易清洗干净），而且与将金属固定在根部而不能进一步向上转运的植物相比，主动富集金属到地上部各组织中的植物更能引起人们的兴趣（Reeves & Baker，2000）。这个详细的定义还澄清了以下问题：①某种植物一些样本超过 1000mg/kg，而另一些小于 1000mg/kg（干重）；②除叶片外（如乳汁）的植物组织含有高含量金属；③在人为条件下（如通过添加大量金属盐到试验土壤或营养液中），某种植物吸收高含量的金属。Reeves 和 Baker（2000）认为，能称为"超富集植物"的是上述第 1、第 2 两种情况，不是第 3 种。因为在第 3 种情况下，"被迫的"金属吸收可能导致植物死亡而不能像自然种群一样完成生命周期。Köhl 等（1997）也认为，对于真正的超富集植物，在非抑制生长的环境，其地上部金属含量超过规定的浓度阈值是非常重要的。可见，他们很重视"自然生长地"和"植物健康生长"这两个重要环节。

对于超富集植物，除地上部要达到所要求的特征外，有人提出需要考虑以下两个系数：一是富集系数（bioaccumulation factor），即植物体金属含量与土壤含量之比，以表征植物从土壤中去除金属的有效性；另一个是转运系数（translocation factor），即植物地上部金属含量与根部含量之比，以显示根部吸收的金属向地上部的转运能力。他们认为这两个系数均大于 1 并且地上部 As 含量达到 1000mg/kg 的植物，才是重金属超富集植物（Tu & Ma，2002；Cai & Ma，2003；McGrath & Zhao，2003）。

最先定义超富集植物是从 Ni 开始的，后来，其他金属的超富集特征阈值也相继给出。现在普遍认为 Ni、Cu、Pb、Co 和 Cr 为 1000mg/kg（干重），Zn 和 Mn 为 10000mg/kg（干重），Cd 和 Se 为 100mg/kg（干重），Hg 为 10mg/kg（干重），Au 为 1mg/kg（干重）。这些阈值基本上是正常非超富集植物地上部相应金属含量的 100 倍以上（Reeves

& Baker，2000；Lasat，2002）。截至目前，全世界共报道了 500 余种分属 101 科的超富集植物，包括菊科、十字花科、石竹科、水青冈科、刺篱木科、唇形科、禾本科、堇菜科和大戟科（Sarma，2011）。国内发现的主要重金属超富集植物如表 7-1 所列。

表 7-1　目前国内发现的主要重金属超富集植物

植物名	超富集元素	参考文献
蜈蚣草	砷	陈同斌等(2002)
东南景天	锌/铅	杨肖娥等(2002)，何冰等(2003)
大叶井口边草	砷	韦朝阳等(2002)
商陆	锰	薛生国等(2003)
宝山堇菜	镉	刘威等(2003)
龙葵	镉	魏树和等(2004)
绿叶苋菜、紫穗槐、羽叶鬼针草	铅	聂俊华等(2004)
土荆芥	铅	吴双桃等(2004)
圆锥南芥	铅/锌/镉	汤叶涛等(2005)
续断菊	铅/锌	祖艳群等(2005)
岩生紫堇	锌/镉	祖艳群等(2005)
井栏边草、斜羽凤尾蕨、金钗凤尾蕨、紫轴凤尾蕨	砷	王宏镇等(2007)
滇白前	铅/锌/镉	肖青青等(2009)
金银花	镉	刘周莉等(2009)

2. 植物超富集重金属的机理

（1）根对重金属的强吸收和从根到茎叶的快速转运　超富集植物发现后，人们围绕其超富集机理进行了大量研究。

Caille 等（2005）研究表明，根对砷的强吸收、有效的砷从根向地上部转运以及通过体内解毒形成的砷耐性是蜈蚣草超富集砷的主要机制。他们将蜈蚣草（*Pteris vittata*）和同属的非超富集植物澳洲凤尾蕨（*Pteris tremula*）分别放入含砷酸盐 $5\mu mol/L$ 的培养液，经过 8h 的培养后，蜈蚣草吸收液中的砷酸盐浓度降低至 $2.2\mu mol/L$，但澳洲凤尾蕨吸收液中仅降低至 $3.9\mu mol/L$［图 7-1(a)］；累积砷吸收曲线虽然两种植物在最初的 7h 都是线性的，但蜈蚣草的斜率更大，砷吸收速率是澳洲凤尾蕨的 2.2 倍［图 7-1(b)］。

（2）较强的抗氧化能力　重金属超富集植物往往比非超富集植物具有较高的抗氧化能力。Xu 等（2012）比较研究了镉胁迫下镉超富集植物龙葵（*Solanum nigrum*）和非超富集植物水茄（*Solanum torvum*）的生理反应，发现与非超富集植物相比，在 $50\mu mol/L\ CdCl_2$ 溶液中培养 24h 后，龙葵根或叶的超氧化物歧化酶（SOD）、过氧化氢酶（CAT）、抗坏血酸过氧化物酶（APX）和谷胱甘肽还原酶（GR）的活性均较高，但过氧化物酶（POD）有所降低（图 7-2）。

（3）植物螯合素的生成　已有的研究表明，重金属胁迫下，生物体内能诱导出两种特殊的小分子蛋白质——金属硫蛋白（metallothioneins，MTs）和植物螯合素（phytochelatins，PCs），它们能与金属螯合，从而起到解毒作用。MTs 是一种小分子量富含半胱氨酸的蛋白质，首先在马肾脏内质中发现，主要存在于动物和一些真菌中，植物

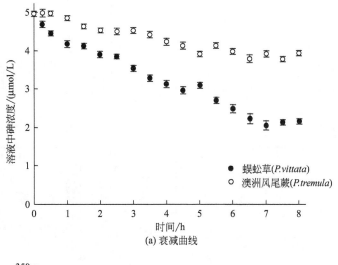

(a) 衰减曲线

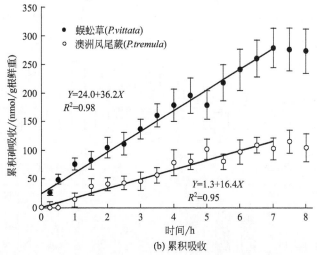

(b) 累积吸收

图 7-1 砷酸盐在两种植物吸收液中的衰减曲线和累积吸收（Gaille et al.，2005）

中仅在小麦（Lane et al.，1987）和十字花科鼠耳芥属（*Arabidopsis*）植物（Murphy et al.，1997）中证实，但在其他植物中很难检测到（Lasat，2002）。因此对该领域的研究主要集中在富含巯基的 PCs 上，其通常的结构式为（γ-Glu-Cys）$_n$ Gly，$n=2 \sim 11$（如 PC$_2$、PC$_3$、PC$_4$）（Grill et al.，1985）。

活性氧自由基除导致上述酶抗过氧化物生成外，还会产生一类小分子量非酶抗过氧化物，如谷胱甘肽（Glutathione，GSH）和抗坏血酸盐等（Hartley-Whitaker et al.，2001）。谷胱甘肽正是 PC 合成的前体物质，PCs 就是在 γ-Glu-Cys-二肽转肽酶（即 PCs 合成酶）的作用下，通过谷胱甘肽生成（Grill et al.，1989）。

一般认为，PCs 的合成是植物耐 As 的一个主要机制。对来自金属和非金属矿区两种植物（*Holcus lanatus* 和 *Cytisus striatus*）的不同种群研究表明，经 As 处理后，均能诱导 PCs 的生成，这种诱导作用能被 PCs 合成酶抑制剂所抑制，从而造成对 As 的高敏感。但是，与非矿区植物相比，矿区植物诱导所形成的 PCs 更长、更多，可能是由

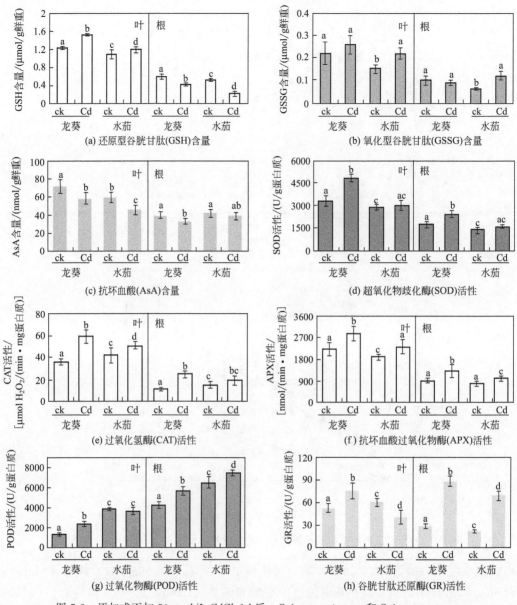

图 7-2　添加或不加 50μmol/L CdCl₂1d 后，*Solanum nigrum* 和 *Solanum torvum*
的抗氧化物质含量和抗氧化酶活性（Xu et al.，2012）

于对砷酸盐富集的时间格局不同造成的（Hartley-Whitaker et al.，2002；Bleeker et al.，2003）。

究竟 As 胁迫下 As 超富集植物体内是否有 PCs 生成，目前对蜈蚣草已有一些研究。Zhang 和 Cai（2003）用反相高效液相色谱柱后衍生法（reversed-phase HPLC with postcolumn derivatization），在 As 处理下从蜈蚣草小叶中分离到一个巯基，后从 1kg 小叶（鲜重）纯化出 2mg。经电喷雾电离质谱（electrospray ionization mass spectrometry，ESI-MS）进行特征分析，发现该砷诱导的巯基是带两个亚单位的 PC，即 PC_2。

然而 PC_2 结合的 As 非常少，在蜈蚣草对 As 的超富集中，它的合成可能只是一种次要的解毒机制，不依赖 PC 的机制似乎才是主要的（Zhang et al.，2004b）。随后，Cai 等（2004）在蜈蚣草小叶中又分离到一种有待证实的巯基，只有 As 胁迫下才生成，其浓度与小叶 As 浓度存在明显的正相关。

值得注意的是，叶轴中该巯基浓度低，而在根中检测不到，并且其他金属元素（Cd、Cu、Cr、Zn、Pb、Hg 和 Se）不能诱导该巯基的合成，表明其是砷胁迫下的特异产物；Zhang 等（2004a）进一步用离子交换色谱-氢原子发生-原子荧光光谱（AEC-HG-AFS）和尺寸排阻色谱-氢原子发生-原子荧光光谱（SEC-HG-AFS）的研究表明，这可能是一种砷复合物，但其在不同 pH 值下稳定和电荷状态等色谱特征显示，它不同于原先发现的 PC_2，即不是 As^{III}-PC_2 复合物。该复合物对温度和金属离子敏感，在 pH 值为 5.9 的缓冲液中呈中性。

至于 As-PC 复合物在细胞中的定位，目前尚不十分清楚，研究较为清楚的是 Cd-PC 复合物：Cd^{2+} 进入植物细胞后，击发了先天性的 PC 合成酶，使 GSH 转变为 PC，Cd^{2+}-PC 复合物主动进入液泡，其在液泡中最终分离，Cd^{2+} 储存在液泡中而 PC 被降解（Zenk，1996）。对蜈蚣草叶片的能量色散 X 线微分析（energy dispersive X-ray microanalysis，EDXA）表明，As 主要分布在上、下表皮细胞，可能在液泡中（Lombi et al.，2002）。Meharg & Hartley-Whitaker（2002）的研究表明，As-PC 复合物可能存在于液泡中，那里的酸性环境有利于该复合物的稳定。

（4）有机酸的生成　有机酸与植物体内重金属的运输和储存有关，其与植物重金属耐性关系已有很多报道（Ma et al.，2001；Nigam et al.，2001）。有机酸与潜在的毒性金属离子结合后，运输至液泡中，这种细胞区室化作用降低了金属离子的活性（Verkleij & Schat，1990）。

Tu 等（2004）研究表明，在砷胁迫下蜈蚣草根分泌物主要为植酸和草酸，虽然非超富集植物 *Nephrolepis exaltata* 中也有这两种有机酸生成，但蜈蚣草分泌的植酸和草酸含量分别为后者的 0.46～1.06 倍和 3～5 倍（Tu 等，2004）（见表 7-2）。

表 7-2　蜈蚣草和波士顿蕨根分泌物中植酸和草酸的含量

蕨类	As 浓度/(μmol/L)	植酸/(μg/g 干重)	草酸/(μg/g 干重)
蜈蚣草	0	396.4(15.9)A	55.3(6.0)A
	67	383.1(29.5)A	48.2(3.7)A
	267	386.7(13.5)A	43.3(15.8)A
	1068	373.0(22.4)A	53.1(20.3)A
波士顿蕨	0	380.4(36.7)A	13.7(1.8)B
	67	262.2(22.1)B	11.5(1.5)B
	267	187.6(23.7)C	7.2(0.7)B
	1068	—	—

注：表中数据为平均值±标准误差（$n=3$），同列中字母相同表示差异不显著（$P<0.05$，Tukey 氏检验）；—表示由于波士顿蕨在 1068μmol/L 暴露 2 天后，砷毒害严重，样品未采集到（Tu 等，2004）。

（5）根际微生态　根际由于土壤、根系和土壤微生物等的相互作用，形成了一个特殊的微生态环境。超富集植物根际能增强金属离子的可溶性，使得 Zn 超富集植物 *Thlaspi caerulescens* 表现出从 Zn 稳定态（immobile fraction）的土壤中极强地提取 Zn

（McGrath et al.，1997）。另外，根系与共生真菌形成的菌根对植物的养分分配也可能起到重要作用，如菌根的形成能为植物获取更多的磷（Meharg & Hartley-Whitaker，2002）。

Fitz 等（2003）运用根际箱法（rhizoboxes）研究了蜈蚣草根际特征的变化，发现根际土壤溶液中可溶性有机碳（dissolved organic carbon，DOC）浓度比非根际升高了86%，并可能因竞争反应增加了总铁的可溶性以及砷从非有效态库中的解吸，从而维持根际土壤溶液中的砷浓度。他们的实验表明，尽管蜈蚣草能大量富集砷，但第一轮收割后，根际土壤溶液的砷浓度并未明显减少。然而，可变砷在总土和根际土中的差异（后者仅占植物体富集总砷的8.9%）说明砷主要通过非有效态库获得。显然，蜈蚣草根际对非有效态砷有一个不断活化的过程（图7-3）。

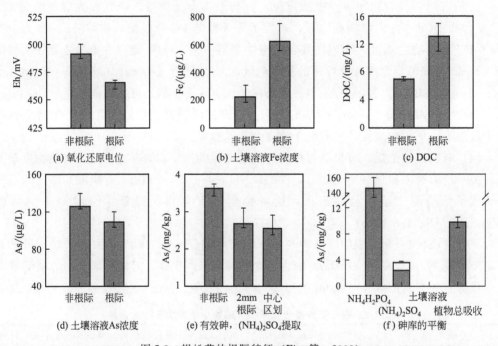

图 7-3 蜈蚣草的根际特征（Fits 等，2003）

某些根际微生物能增加植物对重金属的吸收。Whiting 等（2001）研究表明，由于根际细菌 *Microbacterium saperdae*、*Pseudomonas monteilii* 和 *Enterobacter cancerogenes* 产生的一些促进锌溶解的化合物，根际土壤中的水溶性生物有效态锌浓度显著增加，从而促进了天蓝遏蓝菜（*Thlaspi caerulescens*）对锌的吸收，与对照相比，地上部锌浓度增加了2倍，总锌浓度增加了4倍。此外，毛亮等（2011）将耐 Pb 真菌绿色木霉菌（*Hypocrea virens*）和耐 Cd 真菌淡紫拟青霉菌（*Paecilomyces lilacinus*）的混合液接种在 Cd、Pb 复合污染时，能较好地促进龙葵根系对 Pb 和 Cd 的吸收（见图7-4）。

丛枝菌根真菌能增加植物对重金属的吸收。Leung 等（2006）从一个砷矿中分离到丛枝菌根真菌群落，并将其接种到蜈蚣草（*Pteris vittata*）中，发现其对砷的吸收增强；Orlowska 等（2011）将丛枝菌根真菌 *Rhizophagus intraradices* 接种到 Ni 超富集植物 *Berkheya coddii* 后，植物叶片 Ni 积累量超过 7580mg/株，是非菌根植物

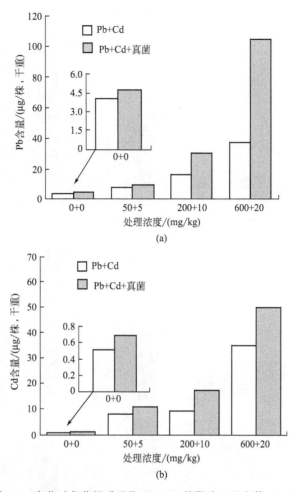

图 7-4　真菌对龙葵根系吸收 Pb、Cd 的影响（毛亮等，2011）

（377mg/株）的 20 倍。

　　但是，Chen 等（2006）将 3 种丛枝菌根真菌（*Glomus mosseae*、*Glomus caledonium* 和 *Glomus intraradices*）分别接种于蜈蚣草，却发现对植物砷吸收无影响。这可能是由于真菌种类的差异造成的。

　　此外，植物内生菌对植物吸收重金属的影响也引起越来越多的关注。Chen 等（2010）将 4 株促生内生菌（plant growth-promoting endophytes，PGPE）接种到龙葵根部后，测定了其根、茎和叶中的 Cd 含量，发现某些内生菌株使植物 Cd 含量显著增加（见图 7-5）。

　　（6）植物超富集重金属的分子机理　随着分子生物学和基因工程技术的发展，目前已有一些通过转基因技术增强植物砷耐性和富集特性的报道。如 Dhankher 等（2002）将大肠杆菌（*Escherichia coli*）中编码 γ-谷氨酰半胱氨酸合成酶（γ-ECS）的基因转至拟南芥（*Arabidopsis thaliana*）中，与野生型相比，表现出中等强度的砷耐性；他们还发现，该基因与 *E.coli* 中编码砷还原酶的基因 *arsC* 在 *A.thaliana* 中共表达后，植物表现出极强的砷耐性，并能使地上部富集 2～3 倍的砷，而单一的 *arsC* 表达由于有亚

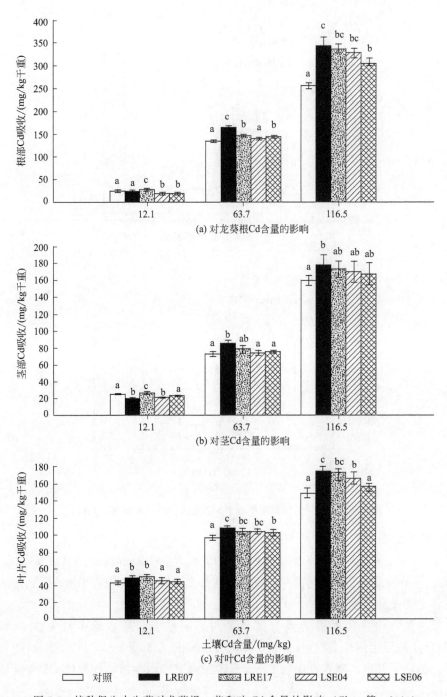

图 7-5　接种促生内生菌对龙葵根、茎和叶 Cd 含量的影响（Chen 等，2010）

硝酸盐生成，导致植物对砷酸盐高敏感。

　　在转基因油菜中也发现，阴沟肠杆菌（*Enterobacter cloacae* UW4）的 1-氨基环丙烷-1-羧酸盐（ACC）脱氨酶在油菜（*Brassica napa*）中表达后，其对砷酸盐的富集能力提高了 4 倍，在 2mmol/L 砷酸盐处理下，该转基因油菜种子能很好地萌发，生物量、叶绿素和蛋白质含量均有提高（Nie et al.，2002）。

目前，从植物中分离到一些参与重金属吸收的转运子基因（表7-3）。将有关的基因通过基因工程技术转移到植物体后，经基因表达使植物的重金属耐性、富集或者挥发得到显著改善（表7-4）。

表 7-3　植物中分离到的参与重金属吸收的转运子基因

基因	植物	元素
OsNramp1	水稻	Mn
OsNramp2	水稻	
Cpx 型重金属 ATPases	拟南芥	Cu,Zn,Cd,Pb
Nramp	拟南芥,水稻	Cd,二价金属
CDF 家族蛋白	拟南芥	Zn,Co,Cd
ZIP 家族(ZAT1,ZAT2,ZAT3)	拟南芥,天蓝遏蓝菜	Cd,Zn,Mn

二、植物固定

当土壤重金属处于重度污染时，用植物萃取方法进行修复的难度就很大，一方面，土壤中有大量重金属需要去除；另一方面，植物本身的重金属富集量和生物量有限。此时，可以通过运用植物对重金属的排斥（exclusion）原理，在污染土壤上种植对重金属不吸收或吸收少的重金属耐性植物，防止重金属的扩散（表7-4）。

表 7-4　转入植物后的基因及其表达对植物重金属耐性、富集和挥发的影响

基因	产物	来源	目标植物	最大观察到的效应[a]
merA	Hg（Ⅱ）还原酶	革兰氏阴性菌	北美鹅掌楸（Liriodendron tulipifera）	$50\mu mol/L\ HgCl_2,500mg\ HgCl_2/kg$
			烟草（Nicotiana tabacum）	V:汞挥发速率增加 10 倍
merA	Hg（Ⅱ）还原酶	革兰氏阴性菌	拟南芥（Arabidopsis thaliana）	$T:10\mu mol/L\ CH_3HgCl$（>40 倍）
merB	有机汞化物裂解酶	革兰氏阴性菌	拟南芥（A. thaliana）	$V:高达 59pg\ Hg^0/(mg\ 鲜重·min)$
APS1	ATP 硫酸化酶	拟南芥（A. thaliana）	印度芥菜（Brassica juncea）	A:硒浓度增加 2 倍
MT-1	金属硫蛋白	老鼠	烟草（N. tabacum）	$T:200\mu mol/L\ CdCl_2$（20 倍）
CUP1	金属硫蛋白	酿酒酵母（Saccharomyces cerevisiae）	甘蓝（Brassica oleracea）	$T:400\mu mol/L\ CdCl_2$（约 16 倍）
Gsh2	谷胱甘肽合成酶	大肠杆菌（Eschericnia coli）	印度芥菜（Brassica juncea）	A:镉含量 125%
Gsh1	γ-谷氨酸-半胱氨酸合成酶	大肠杆菌（E. coli）	印度芥菜（Brassica juncea）	A:镉含量 190%
NtCBP4	阳离子通道	烟草（N. tabacum）	烟草（N. tabacum）	$T:250\mu mol/L\ NiCl_2$（2.5 倍）,铅敏感
ZAT 1	锌转运子	拟南芥（A. thaliana）	拟南芥（A. thaliana）	T:轻微增加
TaPCS1	植物螯合素	小麦	光烟草（Nicotiana glauca R. Graham）	A:铅含量 200%

a. 相对值指未表达转基因的对照植物。

注：A 指地上部富集量；T 指耐性；V 指挥发（Yang et al.，2005）。

植物固定在植物修复中有 3 个优点。

1）可以通过植物的固定作用，防止水土流失，减少土壤侵蚀，从而减少重金属在土壤环境中的迁移。

2）通过分泌特殊的物质，将土壤重金属更多的转化为稳定态，减少其植物有效性。

3）植物还可以通过分泌特殊物质来改变根基周围的土壤环境，来降低重金属的毒性。如六价铬（Cr^{6+}）具有较高的毒性，而通过转化形成的三价铬（Cr^{3+}）溶解性很低，且基本没有毒性。

植物固定技术虽然减少了重金属向植物中的迁移，但未能够彻底的将重金属从土壤环境中去除，当周围环境条件改变或者人为活动介入时，就可能复发，重新造成进一步的污染。相对于重金属超富集植物，植物固定技术中所需的修复植物种类就更多，它们虽然不能将土壤中的重金属元素去除，但能通过发生化学形态的变化使其在土壤中固定，将植物可吸收态转变成难利用态，从而抑制了植物对重金属的吸收。表 7-5 列出了一些常用的植物固定物种。

表 7-5　用于植物固定修复的一些植物种类

植物种类	地点
Agrostis castellana，*Agrostis delicatula*，*Holcus lanatus*，*Cytisus striatus*	葡萄牙 Jales
Lotus corniculatus，*Poa compressa*，*Agrostis gigantea*，*Poa pratensis*，*Phleum pratense*，*Festuca arundinacea*，*Festuca rubra*	加拿大 Copper Cliff
Agrostis capillaris，*F. rubra*	比利时 Maatheide-Lommel

植物本身可以通过根系分泌一些 OH^-，从而改变根际 pH 值。Gonzaga 等（2006）通过盆栽实验种植砷超富集植物蜈蚣草和非超富集植物波士顿蕨（*N. exaltata*），并以无植物作对照，测定了总土（bulk soil）和根际土的 pH 值，发现 3 种处理中，植物对总土 pH 值无显著影响，但是蜈蚣草根际 pH 值为 7.66，*N. exaltata* 根际为 7.18，比无植物的对照分别高 0.4 和低 0.13（图 7-6）。

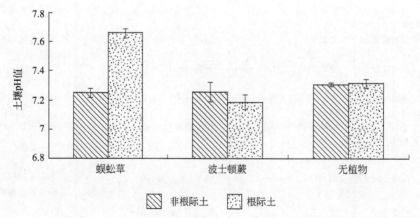

图 7-6　蜈蚣草和波士顿蕨在砷污染土壤中生长 8 周后总土和根际土壤 pH 值的比较

除重金属耐性植物选择外，为了使土壤中的重金属固定，可以通过向土壤中添加化学或生物钝化剂减少土壤中重金属的生物有效态，一方面减少了土壤溶液中重金属向植物根的迁移积累；另一方面将重金属离子固定在土壤中。Khan 和 Jones（2009）在铜尾矿土壤中添加绿肥、绿肥＋污泥、石灰和磷酸二铵后种植莴苣，发现莴苣中 Cu、Fe、Pb、Zn 等元素的含量显著降低（图 7-7）。

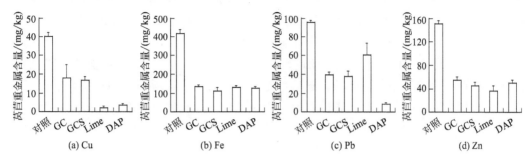

图 7-7　添加绿肥（GC）、GC＋30％污泥（GCS）、石灰（Lime）和磷酸二铵（DAP）后，
生长在铜尾矿土壤中的莴苣 Cu、Fe、Pb、Zn 含量

三、植物挥发

植物挥发主要针对有机污染物和一些容易挥发重金属元素（如 As、Se、Hg 等）的植物修复。在重金属污染土壤的植物挥发修复中，植物或根际微生物将容易挥发的重金属元素吸收、分解后，将其转变为可挥发态，再溢出土壤和植物表面，达到治理土壤重金属污染的目的。但是，植物挥发技术没有将污染物完全去除，只是将污染物从一种介质（如土壤）转移到另一种介质（大气），污染物仍然存在于环境中。因此，植物挥发在植物修复技术中争议最大。

1. 砷污染土壤的植物挥发修复

植物对砷的转化过程中存在甲基化作用。当外源砷（无机砷）进入生物体内后，在特定的酶作用下会生成单甲基砷（MMA）和二甲基砷（DMA）（Logoteta 等，2009）。有研究发现，在只含有无机砷的培养液中生长的植物，其木质部和组织中均能发现甲基砷（Zhao 等，2010）。有些陆生植物中含有甲基砷，比如陆生的菌类能够从无机砷中生物合成 MMA、DMA 等有机砷化合物。在低浓度无机砷处理时，水稻（$O.\ sativa$）的根和茎中也有 DMA，而稻田中主要存在的是无机砷（Zhao 等，2006），并且不同水稻品种甲基化砷的能力差异显著（段桂兰等，2007）。微生物可将无机砷转化为毒性较低的单甲基砷酸（MMAA）、二甲基砷酸（DMAA）、三甲基砷氧（TMAO）以及无毒的芳香族化合物 arsenocholine（AsC）和 arsenobetaine（AsB）（Cullen 和 Reimer，1989；Mandal 和 Suzuki，2002；Turpeinen 等，2002）。甲基砷酸又可在某些微生物作用下分别转化为砷化氢的甲基化衍生物 MMA、DMA 和三甲基砷（TMA）（Teery 和 de Souza，2000；Kallio 和 Korpela，2000；Mandal 和 Suzuki，2002）。甲基砷的沸点较低，很容易挥发进入大气。

2. 硒污染土壤的植物挥发修复

硒的化合物形态对人的毒性最强，其中以硒酸和亚硒酸盐最大，其次为硒酸盐，元素硒的毒性最小。硒以硒酸盐、亚硒酸盐和有机态硒为植物所吸收。能挥发硒的植物主要是将毒性大的化合态硒转化为基本无毒的二甲基硒（周启星，2004）。

Terry 和 Zayed（1994）给出了植物硒挥发的可能机制。从硒酸盐到二甲基硒（DMSe）的转化主要以下 5 个主要的过程（见图 7-8）：①第一步是硒酸盐与 ATP 结合成活性态的 5′-磷酸硒腺（APSe），随后可能通过非酶反应还原为亚硒酸盐；②亚硒酸盐在还原型谷胱甘肽参与下，通过非酶还原为硒代三硫化物（GSSeSG），该化合物后

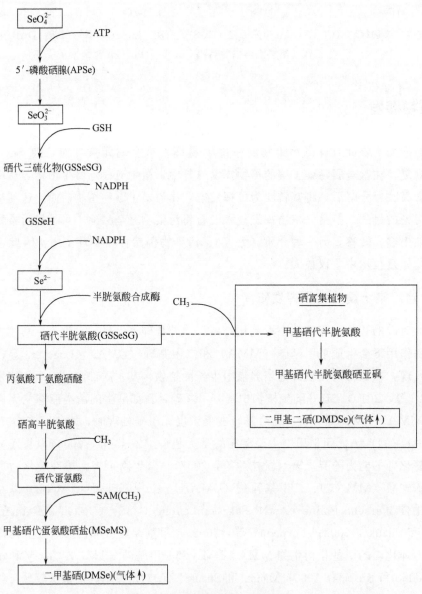

图 7-8 植物硒挥发的可能机制

经两步运用 NAPDH 的反应还原为硒化物（Se^{2-}）；③无机硒化物通过半胱氨酸合成酶转变成硒代半胱氨酸（selenocysteine）；④硒代半胱氨酸转变成硒代蛋氨酸（selenomethionine）；⑤硒代半胱氨酸甲基化为甲基硒代蛋氨酸硒盐（MSeMS）导致最后一步过程，即 MSeMS 裂解为二甲基硒（DMSe）和高丝氨酸。

在硒超富集植物中，这一过程被认为到第三步（硒代半胱氨酸生成）之前与一般植物是一致的，所不同的是，在硒代半胱氨酸这个点上，硒代半胱氨酸经过两次甲基化生成气态的二甲基二硒（DMDSe）。DMSe 和 DMDSe 均容易挥发，DMSe 是挥发的主要形式，占 90%以上。二甲基二硒毒性只有无机硒的 0.3%～0.5%，即毒性降至 1/700～1/500。

刘信平（2009）研究了天然产遏蓝菜（*Thlaspi arvense*）中硒的赋存形态及分布（图 7-9），发现遏蓝菜的总硒含量为 480.69μg/g，其中有机硒 430.4μg/g，占总硒的89.54%；总蛋白质中的硒最多，占总硒的 55.99%；挥发油中硒含量为 87.83，占总硒的 0.035%。因此，遏蓝菜中的硒主要以有机形式赋存，且蛋白质中分布最多。

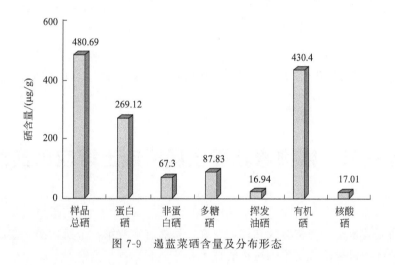

图 7-9　遏蓝菜硒含量及分布形态

3. 汞污染土壤的植物挥发修复

汞是一种对环境危害大的易挥发重金属，在土壤中以多种形态存在，如无机汞（HgCl、HgO、HgCl$_2$）、有机汞（HgCH$_3$、HgC$_2$H$_5$）。一些细菌可将甲基汞和离子态汞转化为毒性小、可挥发的单质汞，从污染土壤中挥发至大气中。由于单质汞（Hg^0）的易挥发特性，可运用转基因技术把植物从土壤中吸收的汞在体内转化为易挥发的 Hg^0 后，通过叶片蒸腾作用将 Hg^0 挥发到大气中，以达到对汞污染土壤修复的目的。

Meagher（2000）构建了汞还原酶（*mer*A）和有机汞裂解酶（*mer*B）的基因表达载体，试验获得了抗汞和使汞挥发的转基因植物——拟南芥（*Arabidopsis thaliana*），增强了对汞的吸收能力。Rugh 等（1996）将 *mer*A 基因转入拟南芥后，与野生型植物相比，转基因型拟南芥对 Hg^0 的挥发能力提高了 3～4 倍，见图 7-10(a)。将 *mer*B 和*mer*A 同时转入拟南芥后，发现与非转基因型的拟南芥相比，转基因型拟南芥耐受有机汞的能力提高了 50 倍，并能有效地将甲基汞转化为无机汞，降低了汞毒性，耐甲基汞和其他有机汞化物的能力明显提高（Rugh 等，1996；Heaton 等，1998；Bizily 等，1999）。

此外，Rugh 等（1998）将 *mer* A 基因转入白杨（*Liriodendron tulipifera*）后，转基因植物能在 Hg 含量高达 $500\mu g/kg$ 的土壤中正常生长，与非转基因白杨相比，元素 Hg 的挥发能力提高了 10 倍，见图 7-10(b)。

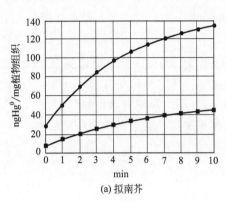
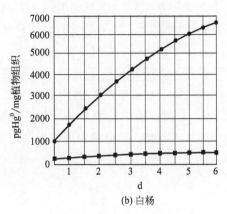

图 7-10　拟南芥和白杨中，野生型（■）和 *mer* A 转基因型（●）Hg^0 挥发的比较

第三节　植物修复重金属污染土壤应用实例

植物修复技术由于经济有效和环境友好，虽然有本章第一节所述的一些缺点，但也不失为一种环境污染治理中可供选择的技术，

一、湖南郴州蜈蚣草植物提取修复示范工程

本示范工程是在国家高技术发展计划（863 项目）、973 前期专项和国家自然科学基金重点项目的支持下，中国科学院地理科学与资源研究所陈同斌研究员建立的世界上第一个砷污染土壤植物修复工程示范基地。试验基地位于湖南郴州，修复前土壤被用于种植水稻。

1999 年冬，发生了一起严重的砷污染事件，导致 2 人死亡、将近 400 人住院，此后 600 亩稻田弃耕。土壤砷含量在 $24 \sim 192 mg/kg$ 之间，用一个砷冶炼厂排放的含砷废水灌溉后土壤砷含量增加。

砷主要聚集在土壤表层 $0 \sim 20 cm$，$40 \sim 80 cm$ 土壤砷含量并未受明显影响。在 $1 hm^2$ 污染土壤上种植蜈蚣草，以检验在亚热带气候条件下修复砷污染土壤的可行性（Chen 等，2007）。植物修复田间试验于 2001 年开始进行（图 7-11）。

图 7-11 中国湖南郴州运用蜈蚣草进行砷污染场地植物修复的田间试验（1hm²）

用 N、P、K 进行施肥并适时灌溉。植物移栽 7 个月后，将其地上部分收割。地上部干重 872～4767kg/hm²，地上部砷含量 127～3269mg/kg（见表 7-6），这与原来土壤中的砷含量显著相关。砷去除效率为 6%～13%，表明蜈蚣草在田间能有效提取土壤中的砷。

表 7-6 野外条件下蜈蚣草的生长和对砷的超富集

地上部生物量 /（kg/hm²）		砷含量/（mg/kg）			砷去除效率/%
		地上部	原土	修复后土	
R1	872	127	23.9	21.5	10.0
R3	1364	206	28.3	24.6	13.2
R4	1616	211	35.4	31.1	12.0
R8	917	708	48.0	45.1	6.1
R16	1849	2292	123.0	114.6	6.9
R20	4767	3269	192.1	169.5	11.8

二、云南个旧尾矿库复垦植物固定修复示范工程

云南个旧是有名的"世界锡都"，由于矿产资源的开发对土壤造成了重金属污染。大屯镇有一尾矿库复垦农田，农民在其上种植甘蔗。2010 年，昆明理工大学环境科学与工程学院植物修复课题组筛选出 3 种土壤重金属改良剂——熟石灰（代号 A）、普钙

（代号 B）、钢渣（代号 C），组成 8 种改良剂组合：CK（空白）、A、B、C、AB、AC、BC、ABC，以通过改良剂添加后对土壤重金属有效态的固定，减少甘蔗中重金属的含量。课题组设立实验小区（每一小区 3m×4m），两个改良剂浓度梯度（低和高），以不加任何改良剂的小区（CK）作对照。选取桂糖 15 号和云引 3 号两个甘蔗品种，分别添加 8 种改良剂组合：CK（空白）、A、B、C、AB、AC、BC、ABC，小区设计如图 7-12 所示。

C	B		BC	CK		AB	C		CK	A		B	A		BC	C
CK	ABC		B	AB		AC	ABC		B	C		CK	ABC		B	A
BC	C		C	AC		B	BC		AB	AC		AB	C		ABC	CK
A	AB		ABC	A		CK	A		BC	ABC		AC	BC		AB	AC
AC	CK		CK	AB		C	AB		C	CK		ABC	AB		BC	A
ABC	B		BC	C		AC	CK		AB	AC		C	A		CK	AC
C	BC		A	B		BC	B		AC	B		AC	BC		ABC	C
AB	A		ABC	AC		ABC	A		A	BC		B	CK		AB	B

图 7-12　植物固定田间试验小区设置

左上：桂糖 15 低浓度 3 个平行区组；右上：云引 3 号低浓度 3 个平行；

左下：桂糖 15 高浓度 3 个平行区组；右下：云引 3 号高浓度 3 个平行区组

注：A：石灰 $[Ca(OH)_2]$；B：普钙（过磷酸钙；含有效 $P_4O_{10} \geqslant 16\%$）；C：钢渣；

低浓度：A：$Ca\ 75g/m^2$，B：$P\ 6g/m^2$，C：钢渣 $100g/m^2$；

高浓度：A：$Ca\ 225g/m^2$，B：$P\ 18g/m^2$，C：钢渣 $300g/m^2$

改良剂添加 4 个月后，测定各处理中 5 种主要重金属（Pb、Cd、As、Cu、Zn）的含量，具体如表 7-7 所列。从表 7-7 中可以看出，桂糖 15 和云引 3 号两个甘蔗品种 Zn 和 Cu 含量均未超标。若不经改良，两个甘蔗品种 Pb 和 Cd 含量均超标。经石灰＋钢渣处理，两个品种 Pb 含量均显著下降；低浓度或高浓度石灰、石灰＋普钙＋钢渣、普钙＋钢渣或钢渣处理，均显著降低两个品种 Cd 含量；低浓度或高浓度石灰＋普钙＋钢渣处理，均显著降低了两个品种砷含量，达到了食品污染物限量值。

三、美国加利福尼亚州中部农业排水沉积物中硒的植物挥发

美国加利福尼亚州中部 San Luis 排水管的农业排水沉积物中含有大量的硒，对周围环境的野生生物构成了严重威胁，对排水沉积物的有效管理成为了一个实际的挑战，因为沉积物被大量的硒、硼和盐所污染。Banuelos 等（2005）在 2002～2003 年间进行了为期 2 年的田间试验，以期筛选出对盐和硼有较高耐性以及对硒有超强挥发能力的最好植物。他们的研究结果表明，植物平均的每日硒挥发速率 $[\mu g\ Se/(m^2 \cdot d)]$ 为：

野生型 *Brassica*（39）＞saltgrass turf（31）＞cordgrass（27）＞saltgrass forage（24）＞elephant grass（22）＞salado grass（21）＞leucaenia（19）＞salado alfalfa（14）＞灌溉裸地（11）＞非灌溉裸地（6）。

表7-7 试验小区经土壤改良120d后甘蔗中重金属含量（单位为mg/kg，鲜重，$n=3$）

处理	低浓度					高浓度				
	Pb	Zn	Cu	Cd	As	Pb	Zn	Cu	Cd	As
桂糖15										
对照	1.7±0.32a	3.18±0.43a	3.61±0.31a	0.42±0.07a	0.57±0a	1.68±0.13a	2.17±0.14a	2.03±0.26a	0.6±0.08a	0.58±0.1a
石灰	1.4±0.26ab	1.51±0.7bc	1.53±0.12b	0.24±0.07bc	0.25±0.07bcd	1.31±0.09a	0.99±0.18c	1.52±0.21ab	0.4±0.07b	0.21±0.09bc
石灰＋普钙	0.55±0.54cd	1.7±1bc	1.29±0.17b	0.25±0.02bc	0.19±0.06cd	1.81±0.62a	0.88±0.17c	1.57±0.34ab	0.31±0.04b	0.1±0.03c
石灰＋普钙＋钢渣	1.12±0.74abc	0.95±0.25c	0.55±0.07c	0.16±0.04c	0.13±0.02d	1.91±0.26a	0.7±0.06c	0.9±0.15c	0.23±0.09b	0.13±0.02c
石灰＋钢渣	0.23±0.09d	1.24±0.34bc	1.18±0.21b	0.21±0.01bc	0.25±0.07bcd	0.41±0.03b	1.01±0.05c	1.31±0.08bc	0.29±0.09b	0.08±0.04c
普钙	0.55±0.16cd	2.07±1.36abc	1.43±0.37b	0.27±0.07b	0.36±0.21bc	1.93±0.2a	1.5±0.07b	1.74±0.09ab	0.28±0.04b	0.36±0.06b
普钙＋钢渣	0.69±0.22cd	2.19±0.43ab	1.37±0.19b	0.22±0.1bc	0.24±0.07bcd	1.87±0.36a	1.55±0.25b	1.78±0.14ab	0.29±0.03b	0.17±0.01c
钢渣	1.1±0.77b	1.86±0.06bc	1.27±0.05b	0.2±0.04bc	0.38±0.18b	1.34±0.16a	0.96±0.09c	1.59±0.12ab	0.26±0.05b	0.21±0.05bc
云引3号										
对照	2.33±0.12a	2.18±0.74a	1.95±0.48a	0.69±0.07a	0.64±0.12a	2.07±0.05a	2.48±0.67a	2.04±0.12a	0.65±0.05a	0.37±0.09a
石灰	1.45±0.48b	2.6±2.39a	1.55±0.39ab	0.27±0.06b	0.22±0.05b	1.81±0.63a	1.26±0.03bc	0.9±0.19b	0.25±0.04b	0.24±0.02ab
石灰＋普钙	1.42±0.28b	1.38±0.1a	1.39±0.03ab	0.38±0.21ab	0.19±0.1b	1.85±0.28a	1.75±0.3ab	1.22±0.04b	0.26±0.07b	0.17±0.03b
石灰＋普钙＋钢渣	1.3±0.18bb	1.13±0.16a	0.88±0.06b	0.23±0.06b	0.09±0.06b	1.86±0.09a	0.36±0.14d	0.88±0.13b	0.19±0.05b	0.12±0.02b
石灰＋钢渣	0.31±0.04d	1.77±0.56a	1.12±0.16b	0.25±0.06b	0.1±0.08b	0.32±0.05b	1.35±0.2bc	1.06±0.14b	0.24±0.01b	0.22±0.07ab
普钙	0.4±0.02cd	1.64±0.33a	0.96±0.11b	0.33±0.23b	0.27±0.12b	1.62±0.28a	0.78±0.11cd	1.3±0.45b	0.26±0.11b	0.22±0.1ab
普钙＋钢渣	1.07±0.2bc	1.3±0.19a	1.13±0.2b	0.27±0.07b	0.25±0.15b	1.91±0.54a	1.03±0.16bcd	0.98±0.15b	0.23±0.04b	0.23±0.03ab
钢渣	1.16±0.25b	1.38±0.03a	1.45±0.37ab	0.25±0.07b	0.18±0.15b	1.94±0.11a	0.86±0.19cd	1.08±0.33b	0.29±0.14b	0.17±0.03b
食品污染物限量/%	0.3	20	10	0.1	0.5	0.3	20	10	0.1	0.5
样品超标率/%	100	0	0	100	12.5	100	0	0	100	6.25

注：表中不同字母表示对于同一种金属，同一甘蔗品种不同钝化剂处理之间存在显著差异（$P<0.05$），字母相同则表示差异不显著（$P>0.05$）。

对于硒挥发速率最高的野生型 *Brassica*，在 2002 年 8 月对硒的挥发速率最高，平均为 $75\mu g$ Se/$(m^2 \cdot d)$，最大为 $120\mu g$ Se/$(m^2 \cdot d)$。与不种植物的裸地相比，种植野生型 *Brassica* 后不同月份之间的硒挥发速率如图 7-13 所示（Banuelos 等，2005）。

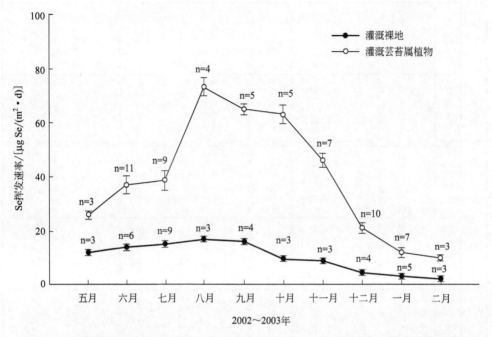

图 7-13　经灌溉后，裸地和种植野生型 *Brassica* 后 2002～2003 年间的硒挥发月平均速率

第八章
重金属污染土壤微生物修复

对于重金属污染土壤的修复，主要包括物理修复、化学修复和生物修复三个方面。最初常采用的有工程法如排土法与客土法，以及传统的物理和化学方法如固化稳定法、电动法、热处理法和化学浸出法等，虽然能达到一定的修复效果，并在特定地区或情况下得以采用，但存在能耗大、需要复杂的设备条件或改变土层结构，修复费用相对昂贵，或易产生二次污染等特点，而限制了上述修复方法的广泛应用（Ebbs et al.，1997；周启星，2002），尤其对于大面积低浓度重金属污染区域的修复，局限性更为明显。

因此，近几十年来，国内外基于重金属污染土壤的生物修复（Bioremediation）方法研究得到广泛关注。相应生物修复技术不仅比物理法、化学法经济，治理效率高，也不易产生二次污染，同时具有现场可操作性强而适于大面积污染土壤的修复的特点，近几年发展迅速，广泛应用于污染土壤的改良和矿山复垦等方面，并成为了当前环境科学研究的重要领域之一。

生物修复是利用植物或土壤中天然的动物、微生物或外源生物，甚至用构建的特异功能生物投加到污染土壤中将污染物快速降解、累积、富集、吸附或转化，使污染物浓度降低到可接受水平，或将有毒有害污染物转化为无害物质（陈坚，2000）从而调控或修复污染土壤的过程。生物修复是一种现场处理土壤污染的技术，具有处理费用低、对环境影响小、效率高等优点，其涉及一系列的作用机制如吸收、吸附、氧化还原反应、甲基化作用等。尽管大范围推广使用生物修复技术仍有如下问题有待解决（姜金华等，2012）：生物不能降解所有进入环境的污染物；生物修复需要对污染地区状况和存在的污染物进行详细调查，耗资较大；特定生物只能降解特定类型的化学物质等。但随着现阶段生物技术的迅速发展及转基因技术的成熟，污染土壤的生物修复呈现出了极大的市场潜力。

根据修复主体的不同，生物修复主要分为微生物修复、植物修复和动物修复（周启星等，2001），而土壤微生物修复在生物修复中又具有它的独特性。此外，植物对重金属的吸收除了可通过微生物产生含 Fe 细胞、分泌生物表面活化剂及有机酸等来提高金属在土壤中的移动性，促进植物吸收高浓度金属外，还可通过与根际促生菌（Plant Growth Promoting Rhizobacteria，PGPR）（Zhuang et al.，2007）和丛枝菌根真菌（Arbuscular Mycorrhiza Fungi，AMF）（王新等，2004；Khan，2006）关联性来提高宿主植物生物量，而增加重金属累积量。因此，重金属污染土壤的微生物修复的另一重要方面是根际微生物中 PGPR 和 AMF 在强化植物修复中的作用，从而为重金属污染的土壤修复提供更广阔的前景。

第一节　微生物修复的概念与特点

一、土壤微生物的种类与功能

土壤微生物包括与植物根部相关的自由微生物、共生根际促生细菌、菌根真菌，它们是根际生态区的完整组成部分（Abdul，2005）。土壤微生物是土壤中的活性胶体，与动植物相比，具有个体微小、比表面积大、代谢能力强、种类多、分布广、适应性强、容易培养等优点（张艳等，2012），造就其在物质循环的独特地位。环境中重金属离子的长期存在使自然界中形成了一些特殊微生物，不能降解和破坏重金属，但可通过改变它们的化学或物理特性而影响金属在环境中的迁移与转化（王建林等，1992；阎晓明等，2002；李季等，2008；赵开弘，2009；黄春晓，2011），因而，微生物在修复重金属污染土壤方面发挥着独特的作用：微生物通过胞外络合作用、胞外沉淀作用以及胞内富集来实现对重金属的固定作用，如细胞壁的亲和性可将重金属螯合在细胞表面；微生物可以通过各种代谢活动产生多种低分子有机酸，直接或间接溶解重金属或重金属矿物来降低土壤中重金属的毒性；微生物的代谢活动也可以通过其氧化还原作用改变变价金属的存在状态，降低这些重金属元素的活性；微生物还可以改变根系微环境，从而提高植物对重金属的吸收、挥发或固定效率。

植物根际是指紧密环绕植物根部，且植物对其生物、化学和物理特性影响较大的区域，最早由德国微生物学家 Lorenz Hiltner 于 1904 年提出。植物根际的微生物多而活跃，构成了根际特有的微生物区。细菌是根际圈中数量最大、种类最多的微生物，其个体虽小，但却是最活跃的生物因素，在有机物分解和腐殖质的形成过程中起着决定性作用。根际圈内细菌有 3 种存在方式：①能与植物根系共生的如根瘤菌等细菌；②生长于根面的细菌；③根系周围的细菌。细菌可以通过多种直接或间接作用影响环境中重金属的活性，如细菌可以通过电性吸附和专性吸附直接将重金属富集于细胞表面，生物沉淀作用可固定胞外重金属离子；细菌的氧化还原作用可以改变变价重金属离子的价态，改变环境中重金属的形态及其在固液体系的分配，降低重金属在环境中的毒性或促进超富集植物对重金属离子的吸收；淋滤作用可滤除污染环境中的重金属。可见合理利用细菌的这些作用，可以有效地进行环境重金属污染的生物修复。

其中，PGPR 是指自由生活在土壤或附生于植物根际的一类可促进植物吸收利用矿物质营养、防治病害、促进生长及增加作物产量的有益微生物，一般具有固氮、解磷、释钾、产生植物激素和分泌抗生素等能力或具有其中之一的能力。自 1978 年 Burr 等首先在马铃薯上报道 PGPR 以来，国内外已发现包括荧光假单孢菌、芽孢杆菌、根瘤菌、沙雷氏属等 20 多个种属的根际微生物具有防病促生的潜能。PGPR 主要通过分泌特异性酶、植物激素和抗生素以及由 N 的固定产生的含 Fe 细胞、螯合物和植物病原体抑制物质等来促进植物的生长（Kamnev and Elied，2000），以及通过合成能够水解的 1-氨基环丙烷-1-羧酸酯（ACC）脱氨基酶来调节乙烯的水平。研究表明，从蛇纹石土壤中分离的细菌菌株 PsM6（*Pseudomonas* sp.）和 PMj15（*Pseudomonas jessenii*）利用 1-氨基环丙烷-1-羧酸作为氮源，能够促进磷酸盐的溶解和吲哚乙酸的产生，而这却是外加细菌菌株能够增加污染和无污染土壤中蓖麻根和茎生物量的可能原因（Rajkumar and Freitas，2008）；而从重金属污染土壤中分离得到的菌株 J62（*Burkholderia* sp.）能够产生吲哚乙酸，含 Fe 细胞和 1-氨基环丙烷-1-羧酸脱氨，同时也能够促进无机磷酸盐的溶解，接种该菌体的土壤能够明显提高玉米和西红柿的生物量。此外，接种 *Variovorax paradoxus* 5C-2（Bellmov et al.，2005）或由 PGPR 产生的 IAA 能够刺激植物 *B. napus* 根的延长或通过增加大麦中 P、K、S 和 Ca 的含量而促进植株的生长（Belmiov et al.，2001；Sheng and Xia，2006）。可见，具有易得且成本低的 PGPR，应用于重金属污染土壤的修复将有很好的前景。

此外，微生物与高等植物的共生是自然界普遍存在的一种现象，而高等植物与 AM 的共生是真菌与高等植物之间具有重要理论和应用意义的共生体系之一。据估计，地球上有占总种数 3% 的植物具有外生菌根，有 94% 的植物具有内生菌根（弓明钦等，1997），而农业和森林生态系统中，AMF 也可与 80%～90% 的地上植物根系形成共生关系（Brundrett，2002）。

在菌根共生体系中，AMF 从植物获得由光合作用所同化的有机营养，植物则通过真菌获得必需的矿质营养及水分等（Smith，1997；Colpaert and Vandenkoornhuyse，2001）。大量研究表明，AMF 在植物的矿质营养和生长发育过程等方面起着重要作用。

(1) 促进植物的生长发育　菌根真菌常通过根外菌丝的延伸增加了菌根与土壤的接触面积，获取仅靠植物根系难以吸收利用的更大范围内的营养源，来提高贫瘠土壤中植物的生长。Merlin 等早在 1952 年就证实了菌根菌丝向宿主植物传递 P 和 N，促进宿主植物的生长。随后人们采用同位素标记及尼龙网、PVC 板隔开等方法对菌根真菌菌丝向宿主植物传递 N 和 P 进行了定量的分析表明，菌丝对植物体 N、P 的运输量较大而促进植物的生长（Li et al.，1991；Johansen et al.，1994）。对含羞草、紫茉莉的研究表明，接种菌根真菌均能促进两种植物植株株高和生物量的增加（李莹等，2000）。目前，AMF 已广泛应用于农作物与经济作物（蔬菜、果树等）的生产当中（李瑞卿等，2002；鹿金颖等，1999）。

(2) 直接或间接调节植物生理代谢过程从而增强其抗旱及耐盐性　贺学礼等（1999）在水分胁迫下对绿豆接种菌根真菌的研究表明，菌根接种明显改善了植株叶片的水分状况。而在盐胁迫下对洋葱接种菌根真菌，不仅能够显著增加植株株高及生物量，还显著增加植株的耐盐性（Mangal and Kumar，1998）。

（3）改善土壤物理结构 冯固等（2001）就菌根接种对玉米根分泌物以及外生菌丝对沙土水稳性大团聚体形成的影响研究表明，接种菌根真菌提高了玉米根系分泌物的总量，增加了水稳性团聚颗粒的含量，并改善了土壤结构。

（4）提高宿主植物籽实活力，使植物幼苗成活率提高、生长加快 在时间尺度上稳定植物群落（Koide and Dickie，2002），对于退化生态系统的恢复也有良好的效果，且菌根真菌的多样性一定程度上决定了植物群落的物种多样性、生产力及稳定性（Marcel et al.，1998），对于维持植物的多样性和生态系统平衡有着重要的意义。

（5）菌根的形成也会影响植物根际微生物的种类和数量 研究表明，树木每克外生菌根（鲜质量）能支持 10^6 个好氧细菌和 10^2 个酵母菌（Garbaye and Bowen，1989），且菌根际微生物的数量比周围土壤高 1000 倍之多（耿春女等，2001）。

（6）具备抵御一定程度重金属胁迫的能力 AMF 可以通过"躲避机制"而在重金属胁迫条件下生存（Pawlowska and Charvat，2004），因而 AMF 广泛分布于各种单一或复合重金属污染土壤中（Elval et al.，1999）。此外，AMF 可以吸附或螯合重金属离子（Kherbawy et al.，1989），分泌的一种糖蛋白球囊霉素（glomalin），可以固持铜、铅、镉等重金属（Gonzalez et al.，2004）。González-Chávez 等（2004）证实，在两种污染土壤中提取出来的球囊霉素中 Cd 含量为 0.02～0.08mg/g，可见球囊霉素也是菌丝吸附重金属的主要位点。胁迫状态下真菌细胞壁分泌的黏液和真菌组织中的聚磷酸、有机酸等均能结合过量重金属（Bradley et al.，1981；Gonzalez-Chavez et al.，2002），或通过真菌表面的吸附作用，或通过外生菌丝分泌的多糖物质的结合使其毒性降低（Dueck et al.，1986）。Kozdró 等（2007）的研究发现，从重污染土壤中分离的真菌比从未污染土壤分离的相同真菌能够累积更高浓度的铅和锌等。因此，丛枝菌根在重金属污染土壤修复上的主要功能是通过直接影响宿主植物对重金属的累积和分配，增加宿主体内重金属含量及其转运能力，以及间接改善宿主的矿质营养状况，尤其是 P 素营养的状况来实现的。

二、微生物修复的概念与特点

微生物修复是指在人为优化的适宜环境条件下，利用天然存在或培养的功能微生物群，促进或强化微生物代谢功能，从而达到降低有毒污染物活性或降解成无毒物质以修复受污染环境的生物修复技术（滕应等，2007）。由于微生物修复技术应用成本低，对土壤肥力和代谢活性负面影响小，可以避免因污染物转移而对人类健康和环境产生影响，已成为污染土壤生物修复技术的重要组成部分。

污染土壤的微生物修复技术主要有原位修复和异位修复两类（滕应等，2007）。微生物原位修复技术是指不需要将污染土壤搬离现场，直接向污染土壤投放 N、P 等营养物质和供氧，促进土壤中土著微生物或特异功能微生物的代谢活性来降解或转化污染物。微生物原位修复主要包括生物通风法（bioventing）、生物强化法（enhanced-bioremediation)、土地耕作法（1and farming）和化学活性栅修复法（chemical activated bar）等几种。微生物异位修复是把污染土壤挖出，进行集中生物处理的方法。微生物异位修复主要包括预制床法（preparedbed）、堆制法（composting biorernediation）及泥浆生物反应器法（bioslutrybioreactor）。从修复主体来看，笔者认为微生物修复又可分为常规微生物修复、PGPR 修复和 AM 修复三个方面。

总之，微生物修复技术在土壤重金属污染治理方面展示出了低成本、高效率、无二次污染等方面的优势，有利于改善生态环境，且具有非常好的应用前景，成为了生物修复技术领域中的研究热点之一（Morgan et al.，2005；赵庆龄等，2010）。

三、微生物修复存在问题与展望

1. 微生物修复存在问题

微生物修复较物理修复、化学修复有着无可比拟的优越性，操作简单、处理费用低、效果好，对环境不会造成二次污染，可以就地进行处理等，具有很大的潜力和广阔的应用前景。但重金属污染土壤微生物修复过程是一项涉及污染物特性、微生物生态结构和环境条件的复杂系统工程，目前仍存在如下问题（Meyer，1973；白淑兰等，2004；刘润进等，2000；黄春晓，2011；张艳等，2012）：①微生物个体微小而难以从土壤中分离、遗传稳定性差、容易发生变异及受环境条件影响较大，修复效率低，重金属回收困难；②微生物对重金属的吸附和累积容量有限，进入修复现场后会与土著菌株竞争，最终可能因难以适应环境或竞争失利而导致数量减少或代谢活性丧失；③一般不能将污染物全部去除、不能修复重污染土壤，需与其他修复方法结合取得完全理想的效果；④重金属污染土壤微生物修复技术大多还处于研究阶段和田间试验与示范阶段，对修复机理的研究还不够透彻，修复过程中还要面临生态安全、复合型污染、新微生物资源评价以及大规模实际应用的问题；⑤虽然高效降解污染物的基因工程菌菌株构建成功，但人们对基因工程菌应用于环境的潜在风险性仍有担心，且美国、日本、欧洲等国严格立法控制基因工程菌的实际应用；⑥利用促生菌修复污染土壤是一种新兴产业，虽然取得了一定进展，但仍需在全球范围的不同农业气候条件下进行验证；⑦若需全面评价 PGPR 在污染土壤修复中的作用，需了解根际内各种物理、化学、生物过程的机械学基础及超富集植物和非累积植物与 PGPR 的相互作用；⑧并非所有植物都能形成菌根，导致一些超富集植物不能形成共生体；⑨菌根真菌对宿主植物有一定的选择性，只能和一种或几种宿主植物较容易形成菌根，致使超富集植物与重金属耐性菌根真菌之间可能难以形成菌根；⑩菌根类型的形成与环境条件关系密切，使菌根植物的重金属污染修复范围受到环境条件的制约而缩小。

2. 微生物修复研究展望

从目前来看，微生物具有丰富的物种资源，遗传特性易于改造，与传统修复技术相比具有很大的优势，在降解途径以及修复技术研发等方面取得了一定的进展，但大规模应用于实践的并不多，且微生物与土壤、微生物与重金属之间的相互作用仍需进一步研究。随着分子生物学技术手段的日益更新，微生物修复机理研究的越来越深入，微生物修复成为了最具有发展和应用前景的生物修复技术之一。因此，如下问题将是较长一段时间内广大环境学家的研究重点：①驯化和筛选高效耐重金属微生物功能菌株及菌群，构建基因工程菌及菌种库，培育具有超量蓄积重金属的微生物；②系统研究污染修复过程中微生物之间、微生物与动物、微生物与植物间的共代谢机理，揭示代谢实时调控的微生物修复策略；③应用现代生物技术，研究微生物的重金属抗性基因的结构和功能，从分子水平上阐述重金属离子与微生物细胞间的相互作用机制；④加强微生物固定化技术如表面展示技术研究，以克服微生物颗粒小、机械强度低、难以分离微生物和回收重金属的缺点；⑤进行微生物修复与动物修复、植物修复及物化方法的有效集成，以弥补单一修复技术的不足；⑥加强修复技术的野外试验研究。

此外，虽然 PGPR 修复污染土壤具有很多的优势，而菌根生物修复技术也是一种很有前途的新技术，不仅成本较低，而且有良好的综合生态效益。但是，由于起步时间短，在理论体系、修复机制和修复技术上有许多不足之处，还需给予更多的关注，今后需要在以下几方面展开工作（Bruors et al.，2000；白淑兰等，2004；佟丽华等，2007）：①有待对 PGPR 的特性做出清晰的界定，进一步了解不同菌株对植物的协同促进作用机制；②了解影响 PGPR 在环境中存活的因素，探索 PGPR 在环境中释放后迅速检测的标记方法，以便为不同环境条件和植物类型选择或构建最优的菌株；③选育优良的菌根真菌重金属耐性和富集菌株，广泛调查、筛选超量富集菌根植物，并进行优势组合，自 1977 年定义了超量富集植物后目前已发现有 400 多种植物能够超量富集重金属，但有关超富集植物和菌根真菌联合进行修复的报道较少，有待于进一步研究；④菌根生物修复技术主要着重于植物和菌根真菌的作用，而很少考虑菌根根际微生物的作用，而菌根的形成会使植物根际微生物种类和数量发生变化，菌根根际生物修复技术能克服微生物修复技术、植物修复技术和菌根生物修复技术的缺点，需要进一步研究和开发利用；⑤菌根生物修复技术虽然应用简便，经济实惠，但目前还不能大面积应用，最急需解决的是菌剂的大量生产、运输和保藏等问题；⑥菌根生物修复技术根据具体情况，结合传统的物理、化学修复和植物修复方法，修复效果可能会更好；⑦结合基因工程技术，把一些抗重金属基因，如啤酒酵母的抗铜基因 cupl、cr55、ccc2P 和 pcalP，*Stapplylocuus aureus* 的抗镉基因 cadC、cadA（Claudia and Marb，2000）引入菌根真菌可能会大大提高真菌的耐重金属能力，提高其修复效果。

第二节　微生物修复技术的原理与方法

微生物修复是利用微生物对某些重金属的吸收累积、沉淀、吸附、氧化和还原等作用把重金属离子转化为低毒产物，减少植物摄取，并降低环境中重金属的毒性的一种修

重金属污染土壤修复理论与实践

复方法（Pavel et al.，2001；王瑞兴等，2007；Singh et al.，2008）。利用微生物（细菌、藻类和酵母等）来减轻或消除土壤重金属污染，国内外已有许多报道，认为土壤重金属污染的微生物修复主要从两个方面着手：一方面是改变重金属在土壤中的存在形态，使其固定，降低其在环境中的迁移性和生物可利用性；二是从土壤中去除重金属。前人认为其修复机理包括细胞代谢、表面生物大分子吸收转运、生物吸附、空泡吞饮和氧化还原反应等（王敏等，2011）。事实上，目前对微生物修复重金属污染的机理还不是完全清楚，且不同类型的微生物对重金属的修复机理也各不相同。如原核微生物主要通过减少重金属离子的摄取，增加细胞内重金属的排放来控制胞内金属离子浓度（Justin et al.，1997）；细菌主要在于改变重金属的形态从而改变其生态毒性；真核微生物体内的金属硫蛋白（metallothionein，MT）能够螯合重金属离子而减少破坏性较大的活性游离态重金属。此外，不同类型微生物对重金属污染的耐性也不同，通常认为：真菌＞细菌＞放线菌（Hiroki，1992）。目前，已报道的能够修复重金属污染的细菌主要为 *Bacillus* sp，*Rhizobium Frank*，*Pseudomonas putida*，*Streptomyces*，*Micrococcus* 等，研究最多的是 *Bacillus* sp. 芽孢杆菌，其中蜡状芽孢杆菌、苏云金芽孢杆菌、短小芽孢杆菌、地衣芽孢杆菌等对重金属均具有良好的耐性和吸附性。研究较多的微生物种类如表 8-1 所列（薛高尚等，2012；苏少华等，2011；Viiayarahavan et al.，2008；Romera et al.，2006；王建龙等，2010）。

表 8-1　微生物修复重金属的种类

细菌	假单胞菌属(*Pseudo-monas*. sp.)、芽孢杆菌属(*Bacillus*. sp.)、根瘤菌属(*Rhizobium* Frank)、包括特殊的趋磁性细菌(*Magnetotactic bacteria*)和工程菌等
真菌	酿酒酵母(*Saccharomyces cerevisia*)、假丝酵母(*Candida*)、黄曲霉(*Aspergillus flavus*)、黑曲霉(*Aspergillus Niger*)、白腐真菌(*White rot* fungi)、食用菌等
藻类	绿藻(*Green algae*)、红藻(*Red algac*)、褐藻(*Brown algac*)、鱼腥藻属(*Anabaena* sp.)、颤藻属(*Oscillatoria*)、束丝藻(*Aphanizomenon*)、小球藻(*chlorella*)等

通常情况下，根据修复原理，土壤重金属污染的微生物修复原理主要包括微生物固定［生物富集、生物吸附（离子交换、静电吸附、共价吸附、胞外络合与细胞壁螯合等）、生物沉淀］、微生物转化（生物溶解、氧化-还原、甲基化与去甲基化）和微生物强化（PGPR 修复、AMF 修复和微生物表面展示技术）三个大的方面。

一、微生物固定

土壤中重金属离子有可交换态、碳酸盐结合态、铁锰氧化物结合态、有机结合态、残渣态 5 种形态，前 3 种形态稳定性差。土壤重金属污染物的危害主要来自前 3 种不稳定的重金属形态（韩春梅等，2005）。微生物固定作用可将重金属离子转化为后两种形态或富集在微生物体内，从而使土壤中重金属的浓度降低或毒性减小。通常情况下，微生物对重金属进行生物固定作用主要包括生物富集、生物吸附、生物沉淀等方面。

1．生物富集作用

土壤重金属的生物富集，一方面是指重金属被微生物吸收到细胞内而富集的过程。细胞通过平衡或降低细胞活性得到平衡条件来对重金属产生适应性，不过微生物富集重金属还与金属结合蛋白和肽以及与特异性大分子结合有关（Frankenberger and Losi，1995）。重金属进入细胞后，通过区域化作用分布在细胞内的不同部位，微生物可将有毒金属离子封闭或转变成为低毒的形式（王保军等，1996；王海峰等，2009）。微生物细胞内可合成金属硫蛋白，金属硫蛋白与 Hg、Zn、Cd、Cu、Ag 等重金属有强烈的亲和性，结合形成无毒或低毒络合物。一些研究表明（Gharieb and Gadd，2004），*S. cerevisiae* 细胞内的谷胱甘肽与微生物对金属离子的摄取有关，GSH 缺陷突变株富集 Se 和 Cr 的浓度是野生型菌株的 3 倍和 2 倍。

另一方面是一些真菌通过和植物根系形成菌根，把重金属富集在菌根内而降低了重金属在植物体内的迁移（王曙光等，2001）。如 AMF 中具有半胱氨酸配位体，对过量锌和镉有螯合作用（Dehn and Schuepp，1989），能形成"金属硫因类"结合物质（Lerch，1980），减轻重金属的毒害。

2．生物吸附作用

1949 年，Ruchhoft 首次提出了微生物吸附的概念。用干燥、磨碎后的绿藻和小球藻吸附重金属，吸附 Pb 最高量达初始浓度的 90%，Cd 最高量达初始浓度的 98%（何池全等，2003）。但由于死亡细胞对重金属的吸附难以实用化，故近年来的研究重点是活细胞对重金属离子的吸附作用。一般可将微生物吸附分为胞外吸附、胞内吸附和细胞表面吸附（Pavel et al.，2001）。

当前，土壤重金属的生物吸附机理一方面是利用土壤中微生物及产物或细胞壁表面的一些基团，如蓝细菌、硫酸还原菌以及某些藻类的活细胞和死细胞及其产生的具有大量阳离子基团的胞外聚合物如多糖、糖蛋白、多肽或生物多聚体等的高亲和性能，通过络合、螯合、离子交换、静电吸附、共价吸附等作用中的一种或几种与重金属相结合的过程（俞慎等，2003；林春梅，2009）。Pulsawat 等（2003）研究发现，胞外聚合物（EPS）可快速固定 Mg^{2+}、Pb^{2+} 和 Cu^{2+}，对 Pb^{2+} 具有更高的亲和力。最近研究发现，不同类型的细菌在与重金属离子的结合位点也各不相同，如革兰氏阳性菌的结合位点是肽聚糖，革兰氏阴性菌的是磷酸基，真菌的是几丁质（Gang and Hu，2010）。大量研究表明，细菌及其代谢产物对溶解态的金属离子有很强的络合能力，这可能由于细胞壁带有负电荷而使整个细菌表面带负电荷，以及细菌的产物或细胞壁表面的一些基团如—COOH、—NH_2、—SH、—OH 等阴离子可以增加金属离子的络合作用（王保军，1996）。朱一民等（2003）研究了 *Mycobacteriumphlei* 菌对重金属 Pb^{2+}、Zn^{2+}、Ni^{2+}、Cu^{2+} 的吸附规律，发现这一菌株由于菌体表面存在的大量负电荷而表现出了超强的金属吸附能力。Macaskie 等（1987）分离的柠檬酸细菌属（*Citrobacer*），具有一种抗 Cd 的酸性磷酸酯酶，能分解有机 2-磷酸甘油，产生 HPO_4^{2-} 与 Cd^{2+} 形成 $CdHPO_4$ 沉淀。王亚雄等（2001）研究表明，类产碱单胞菌（*Pseudomonas pseudoal-*

caligenes）和藤黄微球菌（*Microeoceus luteus*）对 Cu^{2+}、Pb^{2+} 的吸附受 pH 值影响，当 pH 值为 5~6 时吸附 Cu^{2+}、Pb^{2+} 最为适宜，pH 值过高或过低均不利于对以上元素的吸附。

自 19 世纪人们发现真菌能够吸附环境中的重金属离子以来，陆续发现赤霉、出芽短梗霉、丝状真菌、酿酒酵母及一些腐木真菌对重金属的抗性和吸附性。在重金属污染区域，由于真菌对重金属耐性较强，有时可成为占有优势的生物种群（薛高尚等，2012）。目前，研究较多的真菌是酿酒酵母、青霉菌、黑曲霉等。真菌对重金属的吸附主要通过其细胞壁上的活性基团（如巯基、羧基、羟基等）与重金属离子发生定量化合反应而达到吸收的目的，且真菌细胞壁各组分对有毒重金属的吸附能力顺序依次为几丁质＞磷酸纤维素＞羟基纤维素＞纤维素。例如，Fomina 等（2007）利用 XAS（X 射线吸收谱）技术和 SEM（扫描电镜）技术证实真菌中的含氧官能团（如磷酸盐、羧酸盐）在与固定形态重金属 Zn^{2+}、Cu^{2+}、Pb^{2+}（如金属矿物）相互作用中发挥了重要作用。真菌细胞通过螯合作用吸附重金属是由于真菌细胞壁的多孔结构使其活性化学配位体在细胞表面合理排列并易于和金属离子结合，而且真菌的胞壁多糖可提供氨基、羧基、羟基、醛基以及硫酸根等官能团，也能通过络合作用吸附重金属（陈范燕，2008）。研究表明，出芽短梗霉（*Aureobasidium Pullulans*）分泌的 EPS 可将 Pb^{2+} 富集于细胞表面，且随着 EPS 分泌增多，细胞表面的 Pb^{2+} 水平也随之增加（Suh et al.，1999）。此外，微生物可通过摄取必要的营养元素而主动吸收重金属离子，并将重金属离子富集在细胞表面或内部。Bargagli 和 Baldi（1984）从汞矿附近土壤中分离得到许多高级真菌，其中，一些菌根菌和所有腐殖质分解菌都能富集 Hg 达到 100mg/kg 干重。

3. 生物沉淀作用

土壤重金属的生物沉淀是指微生物产生的某些代谢产物与重金属结合形成沉淀的过程。在厌氧条件下，硫酸盐还原菌中的脱硫弧菌属（*Desulfovibrio*）和肠状菌属（*Desulfotomaculum*）可还原硫酸盐生成硫化氢，硫化氢与 Hg^{2+} 形成 HgS 沉淀，抑制了 Hg^{2+} 的活性（刘俊平，2008）。某些微生物产生的草酸也与重金属形成不溶性草酸盐沉淀。

二、微生物转化

微生物对重金属进行生物转化作用主要包括生物溶解、氧化-还原、甲基化和脱甲基化等作用，使重金属形态或价态发生改变而降低重金属的生态毒性或清除土壤中的重金属（夏立江等，1998；腾应等，2002）。土壤中的一些重金属元素以多种价态和形态存在，不同价态和形态的溶解性和毒性不同，通过微生物的氧化还原和去甲基化等作用可改变其价态和形态而改变其毒性和移动性（王保军，1996；姜金华等，2012）。

1. 生物溶解作用

微生物对土壤重金属的溶解主要通过各种代谢活动直接或间接进行，可表现为重金属生物有效性的提高。重金属的生物有效性除与土壤中重金属含量直接相关外，还与土壤 pH 值、氧化还原电势、有机物和根际环境等其他因素有关。根际微生物可以通过分泌生物表面活性剂，有机酸、氨基酸和酶等来提高根际重金属的生物有效性（Lebeau et al.，2008）。土壤中根际细菌（如 *Azotobacter chroococcum*，*Bacillusmegaterium*，*Bacillus mucilaginosus*）（Wu et al.，2006a；2006b）可能通过分泌低分子量的有机酸来降低土壤的 pH 值，从而提高金属 Cd、Pb、Zn 的生物有效性（Chen et al.，2005）。Munier-Lamy 和 Berthelin（1987）发现在酸性条件下微生物通过代谢产生的有机物能有效地将 Al、Fe、Mg、Ca、Cu、U 等溶解，溶解出来的元素以金属-有机酸络合物形式存在，这些有机配体包括乙二酸、琥珀酸、柠檬酸、异柠檬酸、阿魏酸、羟基苯等。此外，土壤微生物能够利用有效的营养和能源，在土壤滤沥过程中通过分泌有机酸络合并溶解土壤中的重金属，如氧化硫杆菌、氧化亚铁杆菌等可以通过提高氧化还原电位、降低酸度等作用对土壤中的重金属的滤除。Chanmugathas 和 Bollag 的研究（1988）发现，在营养充分的条件下，微生物可以通过低分子有机酸的作用促进 Cd 的淋溶；比较不同碳源条件下微生物对重金属的溶解发现，添加有机物作为微生物碳源可促进重金属的溶解。

真菌也能借助有机酸的分泌活化某些重金属离子。Siegel 等（1986）报道，真菌可以通过分泌氨基酸、有机酸以及其他代谢产物溶解重金属及矿物。菌根真菌还能以其他形式如离子交换、分泌有机配体、激素等间接活化土壤重金属而影响植物对重金属的吸收，如在接种外生菌根真菌 *Paxillus involutus* 的土壤上，可萃取的 Cd、Cu、Pb 和 Zn 的含量得到明显提高（Baum et al.，2006）。

2. 生物的氧化-还原作用

土壤中的重金属元素如 As、Cr、Co、Au 等为变价金属，它们以高价离子化合物存在时溶解度通常较小，不易发生迁移，而呈低价离子化合物存在时溶解度较大，较易发生迁移。某些细菌产生的特殊酶能对 As^{5+}、Fe^{2+}、Hg^{2+}、Hg^{+} 和 Se^{4+} 等元素有还原作用，而某些自养细菌如硫-铁杆菌类（*Thiobacillus ferrobacillus*）能氧化 As^{3+}、Cu^{+}、Mo^{4+}、Fe^{2+}、Fe 等。生物还原或氧化作用是微生物中将土壤中的重金属 As、Hg、Se 等还原成单质气态物挥发、Cr^{6+} 还原成 Cr^{3+}、Fe^{3+} 还原成 Fe^{2+}、Mn^{4+} 还原成为 Mn^{3+}、硫酸盐形式的 S^{6+} 还原为 S^{2-}（H_2S）等（陈亚刚等，2009），或通过土壤中的硫酸根等物质的还原使重金属 Cd、Pb 等形成硫化物沉淀而降低其毒性，或氧化无机砷成挥发性有机砷（Shen and Wang，1993；宋志海，2008）而降低其毒性。其中的硫还原过程是硫还原细菌在同化过程中利用硫酸盐合成氨基酸如胱氨酸和蛋氨酸，再通过脱硫作用使 S^{2-} 分泌于体外后可以和重金属如 Cd^{2+} 形成沉淀（李荣林等，2005）。

此外，有些微生物通过其自身活动可改变环境中溶液的特性（如 pH 值等），进一步改变环境对有毒重金属的特征，如高浓度重金属污泥中加入适量的硫，部分微生物如嗜酸硫杆菌（*Acidithiobacillus*）即可把硫氧化成硫酸盐，降低污泥的 pH 值，提高重金属的移动性。在 *Pseudomonas aeruginosa* 和 *Pseudomonas fluorescens* 存在下，土壤

Pb 的可交换态浓度大幅增加，而相应碳酸盐结合态随之减少（Braud et al.，2006），这可能与上述微生物结构上产生的含 Fe 细胞提高了 Pb^{2+} 的移动性有关（Diels et al.，2002）。此外，嗜酸铁氧化细菌（如氧化亚铁硫杆菌、氧化亚铁钩端螺旋杆菌等）能够通过氧化 Fe^{2+}、还原态 S（如 H_2S 和 $S_2O_3^{2+}$ 等）和金属硫化物来获得能源（陈素华，2002；薛高尚等，2012）。这些转移方式可暂时或永久地将金属从生物接触的环境中清除出去（张景来，2002）。

另外，微生物还可以通过对阴离子的氧化，释放与之结合的重金属离子，如氧化铁-硫杆菌（*Thiobacillus ferroxidans*）能氧化硫铁矿、硫锌矿中的负二价硫，使元素 Fe、Zn、Co、Au 等以离子的形式释放出来。

3. 生物的甲基化和脱甲基化作用

生物甲基化或脱甲基化是利用微生物将土壤中的重金属甲基化（如 Se）或脱甲基化（如 Hg），从而降低重金属的毒性并通过挥发途径来修复污染土壤。微生物对重金属进行甲基化和脱甲基化，其结果往往会增加该金属的挥发性，改变其毒性。甲基汞的毒性大于 Hg^{2+}，三甲基砷盐的毒性大于亚砷酸盐，有机锡毒性大于无机锡，但甲基硒的毒性比无机硒化物要低（Nies，2003）。假单胞菌属能够使许多金属或类金属离子发生甲基化反应，从而使金属离子的活性或毒性降低（Gang and Hu，2010）。

三、微生物强化

微生物强化技术即向重金属污染土壤中加入一种高效修复菌株或由几种菌株组成的高效微生物组群来增强土壤修复能力的技术。高效菌株可通过筛选培育或通过基因工程构建，也可以通过微生物表面展示技术表达重金属高效结合肽而获得。基因工程由于可以打破种属界限，把重金属抗性基因或编码重金属结合肽的基因转移到对污染土壤适应性强的微生物体内而构建高效菌株。微生物表面展示技术可以把编码重金属离子高效结合肽的基因通过基因重组的方法与编码细菌表面蛋白的基因相连，重金属离子高效结合肽以融合蛋白的形式表达在细菌表面，可以明显增强微生物的重金属结合能力，这为重金属污染的防治提供了一条崭新的途径（黄春晓，2011）。关于高效菌株的筛选培育，国外对重金属污染土壤中土著降解菌的筛选及其应用已有较深入的研究，如发现在 Zn、Ni 污染土壤生长的超富集植物遏蓝菜（*Thalaspi caerulescens*）和庭荠属植物（*Alyssum bertolonii*）的根际土壤中分别存在大量具有金属抗性的微生物（Khan，2005；Delorme et al.，2001），而 Cu 污染土壤上的芦苇根际环境则存在着大量的耐 Cu 细菌等（Mengoni et al.，2001）。随后 Ueno 等在 2007 年首次提出了本土生物强化技术，即从重金属污染土壤中筛选分离出土著微生物，将其富集培养后再投入到原污染的土壤的技术，因为筛选、富集的土著微生物更能适应原土壤的生态条件，进而更好地发挥其修复功能。目前，有关重金属污染土壤的生物强化修复技术中受到广泛关注的是 PGPR 修复、AMF 修复以及微生物表面展示技术。

1. PGPR 修复作用

促进植物生长的根际细菌往往通过多种机制的协同来促进植物的生长和提高重金属在植物中的富集，如 PGPR 可通过分泌特异性酶、植物激素和抗生素以及 N 固定产生的含 Fe 细胞、螯合物等来促进植物的生长（Kamnev and Elied，2000）。PGPR 还可通过合成 ACC 脱氨基酶来降低植物乙烯的生产量，而降低重金属对植物的毒害。此外，根际细菌能产生最为常见的植物激素——吲哚-3-乙酸（IAA）参与植物对重金属的吸收活动。尽管由 *Kluyvera ascorbata* SUD165 和几种假单胞菌产生的 ACC 脱氨基酶能够增加植物的生物量，但未能增加植物的金属富集率（Bellmov et al.，2005；Safronova et al.，2006）。而由 *Bacillus subtilis* SJ-101 所产生的 IAA 可使 *B. juncea* 中镍的浓度增加 1.5 倍（Zaid et al.，2006）。此外，PGPR 可能通过自身对金属的吸收降低植物对金属的吸收量。如 *B. subtilis* SJ-101 在提供营养促进植物生长增加的同时，能够吸收重金属 Ni 使细胞干重含 Ni 量达到 244.00mg/g 而分担植物对重金属 Ni 的负担，来降低 Ni 对植物的毒害（Zaid et al.，2006）。另外，PGPR 中的根瘤菌及根面细菌对重金属的吸附可能是植物"回避"及耐性机理之一。PGPR 对重金属的吸附，可以降低其可移动性和生物有效性，如从水葫芦表面分离得到的细菌菌株能促进 Cd 和 Cu 在细菌上的固定（Ike et al.，2007），而硫酸盐还原细菌的代谢活动也可以间接使金属以不溶性硫化物的形式被固定（Lloyd et al.，2001）。Scott 和 Palmer 的研究表明，假单胞细菌具有解毒系统，可以在细胞内使 Cd 沉淀，从而避免 Cd 的毒害。

2. AMF 修复作用

丛枝菌根与土壤重金属污染的研究开始于 20 世纪 80 年代初，Bradley 等（1981）在调查英国矿区植物时发现，在金属尤其是重金属含量很高的矿区，植物非常稀疏，少量生存的植物中多为菌根植物，且与非菌根植物相比生长较好，这说明菌根真菌已演化出重金属抗性；随后的研究（Bradley et al.，1982）发现，石楠菌根能够降低植物对过量重金属铜和锌的吸收，进一步确认 AMF 能提高宿主植物对重金属的抗性。丛枝菌根在提高宿主植物抵御重金属毒害的能力、加快土壤中重金属元素的生物提取速度等方面的作用日益受到人们的关注。国内外的研究表明，由于菌根是菌根真菌菌丝同高等植物营养根系形成的共生联合体，AMF 在重金属污染修复中的作用是通过直接或间接促进植物对重金属的调控来实现的。AMF 基于自身的菌根结构及庞大的菌丝体网可通过改变宿主植物根系的形态结构（Richen and Hofner，1996）、生理生化功能以及通过分泌的有机酸等分泌物来改变植物根际环境（Li and Christie，2001），改变重金属的存在形态来达到缓解或免除重金属对植物的毒害，且能通过在植物体内的累积或通过其他形式如菌丝体上的螯合与离子交换、分泌有机配体和激素等间接作用实现对重金属的提取和固定，达到菌根对重金属污染修复的目的（王敏等，2011）。从具体机理来看，菌根对于重金属污染土壤的修复作用主要有以下 3 个方面。

1）菌根真菌可能通过强化宿主植物重金属胁迫下的生理生化活性，而提高其对重金属环境的抗性。如接种菌根能够减轻污水灌溉对小麦生长的抑制，增加植株的总色素含量和氮含量（Shukry，2001）。Azcón 等（2009）在研究中发现，生长在多种重金属污染的土壤中的三叶草在接种了土著菌根真菌后，组织中抗坏血酸过氧化物酶、过氧化氢酶、谷胱甘肽还原酶活性得到增强，表明菌根真菌能够降低重金属胁迫引起的氧化损伤。

2）菌根真菌能影响宿主植物对重金属的富集和分配，使富集植物植株体内重金属富集量增加来强化植物提取的效果，或使菌根植物通过菌丝与金属的结合，减少重金属向地上部的转运甚至直接降低植物对金属的富集（廖继佩，2003；Burke et al.，2000）而保护植物免受重金属毒害。Galli 等（1994）分析认为菌根真菌细胞中的成分如几丁质、色素类物质能与重金属结合，将重金属纯化。

3）菌根真菌通过分泌的分泌物等形式改变植物根际环境，改变重金属的存在状态，促进重金属的纯化作用。重金属元素的可溶性与土壤 pH 值密切相关，真菌接种能提高土壤 pH 值及改变分泌物成分，以及通过其他形式如离子交换、分泌有机配体、激素等间接作用，降低重金属 Cd 等的可溶性，而影响重金属被植物的吸收（Heggo et al.，1990；Jones，1998；陈保冬，2002；阎晓明，2002）。Fomina 等（2007）的研究表明，真菌的菌丝具有富集有害金属离子的功能，这些功能与其分泌的小分子有机酸有关。黄艺等（2006）的研究显示，Cu 污染处理和接种铆钉菇（*G. viscidus*）后，油松分泌物的总有机碳（TOC）含量显著高于未污染对照，说明菌根真菌可以通过分泌有机物质来螯合、固定重金属，影响重金属的生物有效性，从而达到缓解胁迫的目的。黄艺等（2000a）对污染土壤上小麦的研究进一步发现，菌根可通过调节根际中土壤的重金属形态而调节其生物有效性。Ulla 等（2000）对菌根真菌培养物的分析表明，草酸、柠檬酸、苹果酸、琥珀酸等有机酸随重金属浓度的增加而增加，这可能是真菌利用这些有机酸降低 pH 值及与重金属结合、纯化重金属的结果。

3. 微生物表面展示技术

微生物表面展示技术是将编码目的肽的 DNA 片段通过基因重组的方法构建和表达在噬菌体表面、细菌表面（如外膜蛋白、菌毛及鞭毛）或酵母菌表面（如糖蛋白），从而使每个颗粒或细胞只展示一种多肽的技术（黄春晓，2011）。微生物通过细胞表面展示技术（茆灿泉等，2001），将能与重金属结合的金属硫蛋白、植物螯合素及金属结合多肽等展示到细胞表面，从而提高微生物吸附重金属的能力，实现微生物表面重金属的富集。细胞表面展示技术一般分为细菌表面展示技术、噬菌体抗体库技术和酵母表面展示技术三大类。通过生物分子在微生物表面的展示，不仅可增进微生物对金属的富集，而且菌体周围金属浓度的提高有利于金属离子与其他细菌结构成分的作用，增强不同系统中微生物的金属结合。Kuroda 等（2006）利用细胞表面展示技术，将酵母金属硫蛋白（YMT）串联体表达在酵母细胞表面，使得酵母细胞吸附重金属的能力大大提高。图 8-1 是构建酵母质粒文库并结合细胞表面显示技术，从而筛选能够吸附重金属离子的酵母细胞（Kouichi and Mitsuyoshi，2011；薛高尚等，2012）。

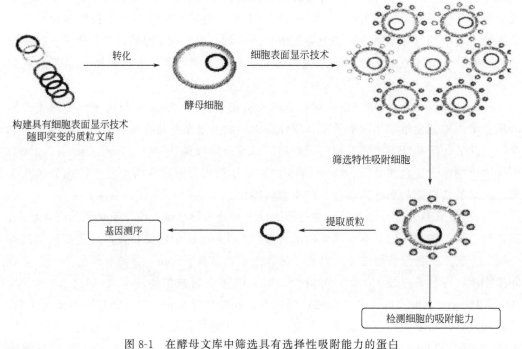

图 8-1　在酵母文库中筛选具有选择性吸附能力的蛋白

第三节　微生物修复重金属污染土壤应用实例

一、微生物固定

1. 生物富集修复

木霉（*Trichodermaharzianum*）、小刺青霉（*Penicillium spinulosum*）和深黄被包霉（*Mortierell isabeUina*）即使在 pH 值很低的情况下，对 Cd、Hg 都仍有很强的富集作用（Siegel et al.，1986；Ledin et al.，1996）。藻类对 Pb 的高忍耐力，可能是由于 Pb 离子容易从细胞壁排出或是高浓度的 Pb 易于从溶液中沉淀所致（况琪军，1996；王保军，1996）。Wnorowski 测定了 80 种从被重金属污染水体中分离出的真菌和异养菌生物累积重金属的能力，筛选出了金属抗性菌株，研究了它们对 Al、Ag、Ni 和 Cd 的摄取能力（Bollag and Bollag，1995）。Thompson 的研究表明，菌根接种可以促进抛荒土壤上亚麻（*Linum usitatissimum*）对磷、锌的吸收（杨耀等，2009）。

2. 生物吸附修复

酿酒酵母可以吸附多种有害重金属，对 Pb、Hg 和放射性核素 U 吸收能力较强。

重金属污染土壤修复理论与实践

大肠杆菌 K212（*Escherichia coli*）的细胞外膜能吸附除 Li、V 以外的其他 30 多种金属离子（Krantz-Rulcker et al.，1996；Tobin et al.，1984）。Chen and Wang（2011）利用表面显微分析技术研究了酿酒酵母细胞吸附重金属离子 Pb(Ⅱ) 前后的细胞表面变化，发现酿酒酵母细胞与 Pb(Ⅱ) 作用后，细胞表面除吸附的 Pb(Ⅱ) 外，还能产生大量含 Pb(Ⅱ) 沉淀而除去。对金属的吸附能力研究显示，根霉（*Rhiopus*）对 Cd 的吸附能力明显较高（Krantz-Rulcker et al.，1996），钝顶螺旋藻、斜生栅藻、普生轮藻、绿藻和小球藻等多种藻类吸附 Pb、Cd 能力也很强。李明春等（1998）从酿酒废水中分离了 6 属 33 个酵母菌株，并对其金属吸附能力进行的研究表明，红酵母类对 Cd 有较强的吸附力。Ziagova 等（2007）的研究发现，假单胞菌对 Cd 的最大吸附量为 278mg/g，对 Cr 的最大吸附量为 95mg/g。

3. 生物沉淀修复

王瑞兴等（2007）对利用微生物矿化固结土壤重金属进行了研究，筛选到一种土壤菌-菌株 A，分析结果显示：菌株 A 在生长繁殖中产生的酶诱导底物分解产生 CO_3^{2-} 使得重金属以碳酸盐沉淀的形式矿化固结，从而降低了其溶解度，削弱了重金属在土壤中的迁移能力。将适当底物添加到被重金属 Cd、Cu、Pb、Zn 等污染的土样中并接种菌株 A，发现 8d 后土壤中有效态的重金属明显减少，去除（固结）率可达 50%～70%。因此，利用微生物矿化固结土壤中的重金属的技术不仅工艺简单，有较高的实用价值，而且，在建设环境友好型社会下具有大面积推广使用的可能性。又如，曹德菊（2004）利用常规微生物资源（枯草杆菌、酵母菌、大肠杆菌等），对 Cd^{2+}、Cu^{2+} 进行生物修复试验，其结果表明，在环境中，Cu^{2+}、Cd^{2+} 浓度较低的情况下，微生物具有良好的修复性能，去除（固结）率可达 25%～60%。

二、微生物转化修复

1. 生物溶解修复

Siegel 等（1986）报道，真菌可以通过分泌氨基酸、有机酸以及其他代谢产物溶解重金属及含重金属的矿物。重金属被溶解后有利于从土壤中被超富集植物更有效地吸收。Paul（1995）通过 X 射线光谱分析发现耐重金属菌株 *Pisolithus tinctorius* 分泌物含大量与磷酸盐结合的铜和锌，从而限制了铜和锌的毒性。Sheng 等（2008）从重金属污染的土壤中分离出分泌生物表面活性剂的杆菌 *Bacillus* sp. J119，接种该菌株后，生长在用 50mg/kg Cd 处理的土壤中的苏丹草、西红柿和玉米等地上组织中 Cd 浓度增加了 39%～70%。Francis 和 Dodge（1988）从洗煤废渣中筛选出一种具有固氮作用的梭菌（*Clostridium* sp.），在厌氧条件下能通过酶促反应直接溶解氧化铁、氧化锰，通过分泌有机酸如丁酸、乙酸、乳酸等使环境 pH 值降低，从而溶解镉、铜、铅和锌的氧化物。

Tiwari 等（2008）从粉煤灰堆放场上生长的 *Typhala tifolia* 根际分离出 11 个细菌

菌株，大部分细菌菌株均能提高 Fe、Zn 和 Ni 的生物有效性，并降低毒性元素 Pb、Cr、Cu 和 Cd 的生物有效性，表明金属生物有效性的提高还具有对金属元素的细菌特异性。Zaidi 等（2006）发现接种有 *B. subtilis* SJ-101 的植物拥有更长的根茎和更大的生物量，在观察过程中发现，该细菌具有促进磷酸盐溶解的能力。随着磷酸盐溶解量的增加，溶液的 pH 值由 7.5 降到 4.8，可以为重金属生物有效性的提高及它们在植物中的累积创造条件（Lebeau et al.，2008）。

2. 生物氧化-还原修复

微生物的氧化作用能使重金属元素的活性降低。Silver 等（1991）提出在细菌作用下氧化-还原是最有希望的有毒废物生物修复系统。如原孢子囊杆菌（*Thiobacillus prosperus*）、含铜杆菌（*Thiobacillus cuprinus*）和钩端螺旋菌（*Leptospirillum*）就具有氧化还原重金属的能力（滕应等，2004；Woolfolk and Whiteley，1962）。中国科学院微生物研究所对烟草头孢酶 F2 在含 200mg/L $HgCl_2$ 的液体培养基中生长 16h 后的汞量变化研究（王保军，1992）发现，汞量减少 90%，$HgCl_2$ 能被还原成单质汞，约有 12% 的汞挥发到大气中，7% 的汞被菌体吸附，其余以元素汞的形式沉积在培养液底部。Fwukowa 从土壤中得到假单胞杆菌 K-62，以及其他来源的绿铜假单胞菌（*P. aeruginosa*）、大肠埃希菌（*E. coli*）和变形杆菌（*Proteus*）等可使无机化合物中的 Hg^{2+} 还原为单质汞（张景来，2002），单质汞的生物毒性比无机汞和有机汞低得多。*Pseudomonad sp.*、*Xanthomona smaltophyla*、青霉菌和荧光假单胞菌（*Pseudomonas fluorescen* LB300）等则均可以把 Cr^{6+} 还原为 Cr^{3+} 而降低其毒性（张素芹，1992；Blake et al.，1993；Mclean and Beveridge，2001），不过 *Xanthomona smaltophyla* 还能诱导其他重金属包括 Pb^{2+}、Hg^{2+}、Au^{3+}、Te^{4+}、Ag^+ 和 SeO_4^- 等的形态转化（Lasat，1997）。褐色小球菌（*Micrococcus lactyicus*）能还原 As^{5+}、Se^{4+}、Cu^{2+}、Mo^{4+}，脱弧杆菌（*Desulfovibro*）在厌氧条件下可将 Fe^{3+} 还原为 Fe^{2+}，厌气的固氮梭状杆菌（*Clostridium* sp.）能通过酶的催化作用还原氧化铁和氧化锰。Barton 等 1992 年从 Cr(Ⅵ)、Zn 和 Pb 复合污染土壤中筛选分离出了菌种 *Pseudomonas mesophilica* 和 *P. maltophilia* 菌株，发现其能将硒酸盐、亚硒酸盐以及二价铅转化为不具毒性且结构稳定的硒和铅（Sabatiji and Knox，1992）。

相反，自养细菌如氧化铁硫杆菌（*Thiobacillus thiooxidans*）和氧化亚铁硫杆菌（*Thiobacillus ferrooxidans*）能氧化 As^{3+}、Cu^+、Mo^{4+}、Fe^{2+}，其中，氧化铁硫杆菌还能氧化硫铁矿、硫锌矿中的 S^{2-}，使元素 Fe、Zn、Co、Au 等以离子的形式释放出来（Compoau and Bartha，1985）；假单胞杆菌（*Pseudomonas*）能使 As^{3+}、Fe^{2+}、Mn^{2+} 等发生氧化；芽孢杆菌（*Bacillus*）、链霉菌（*Streptomyces*）和 *E. coli* 还能将汞蒸气氧化成 Hg^{2+}，这可能与大肠杆菌能够分泌过氧化氢酶等有关（李荣林等，2005）。微生物还可以通过氧化作用分解含砷矿物，Dopson 等（1999）研究了 3 株高温硫杆菌（*Thiobacillus caldus*）协同热氧化硫化杆菌（*Thiobacillus thermosulfidooxidans*）对砷硫铁矿的氧化分解，并提出了高温硫杆菌加速砷硫铁矿分解的可能机制。

此外，在某些特定情况下，还需向污染土壤中添加微生物生长所需的氮、磷等营养元素以及电子受体，刺激土著微生物的生长来增加土壤中微生物的数量和活性。如Higgins（1998）将堆肥、鲜肥、牛粪、泥炭加入铬污染土壤进行原位修复，提高了修复效果。Reddy and Cutright（2003）对铬污染土壤的微生物修复进行的进一步研究发现，限制铬污染场地修复进程的一个共同因素是污染场地通常基于营养的缺乏抑制了外来微生物或土著微生物的生长而导致还原 Cr^{6+} 的潜力下降，因此需向污染区投加营养物质来刺激铬还原菌的新陈代谢和繁殖，促进铬污染土壤的修复。

3. 生物甲基化和脱甲基化修复

Frankenberger 和 Losi（1995）以 Se 的生物甲基化作为基础进行原位生物修复，通过耕作、优化管理、施加添加剂等来加速 Se 的原位生物甲基化，使其挥发来降低美国加利福尼亚 Resterson 水库里 Se 类沉积物的毒性，该技术已在美国西部灌溉农业中用于治理硒污染。

三、微生物强化修复

1. PGPR 修复

PGPR 由于可以改变植物的生物量、污染物摄取能力和植物营养状况，在营养缺乏和重金属污染的土壤中，通过有效增加营养和水分等能促进植物生长而被应用于环境污染的治理。Ma 等成功地从 Ni 污染土壤中分离到能耐重金属污染，并在较高水平重金属污染的土壤中促进植物生长的根际促生细菌（张璐，2007）。Robinson 等（2001）利用从新西兰牧草地苜蓿及黑麦草根际圈内分离出的根尖 lux 标记的荧光假单胞菌（*Pseudemonas fluorescens*）、豌豆根瘤菌（*Rhizobium leguminosarum* bv. trifolii）及根际圈假单胞菌（*Pseudemonas* sp.）进行 Cd 污染的培养试验显示，在 pH 值为 6.5 时，荧光假单胞菌的生物富集系数平均为 231，吸附的 Cd 最大浓度可超过 1000mg/kg，且随着 pH 值的降低，生物富集系数也随之降低，这可能是由于细菌-重金属螯合物稳定性随之降低的缘故；而利用从土壤中筛选的 4 种荧光假单胞菌对 Cd 的富集与吸收效果进行研究发现，这 4 种细菌对 Cd 的富集可达到环境中的 100 倍以上（牛之欣等，2009）。

López 等（2005）的研究表明，在液体培养条件下，加入 EDTA 仅仅使植物 *M. sativa* 对 Pb 的提取量增加 6 倍，若还加入由根际细菌产生的 IAA 则能使植物对 Pb 的提取量增加 28 倍。White 等（2001）在 Zn 污染土壤中接种根际细菌，结果表明，重金属得到了明显的活化，并且提高了超富集植物遏蓝菜（*Thlaspi caerulescens*）对 Zn 的富集能力。Burd 等（1998）用 *Kluyvera ascorbata* SUD165 菌株试验发现，在镍污染土壤中印度芥菜发芽率和生物量较对照组高 50%～100%。接种从重金属污染水稻土中分离的 *Burkholderia* sp. 菌株使印度芥菜、玉米和西红柿等组织中的 Pb、Cd 含量均明显增加（Jiang et al.，2008）。因此，筛选具有重金属抗性的植物根际促生长细菌，并将其应用于重金属污染土壤的修复，可为微生物强化修复提供一条更佳的新途径。

2．AMF 修复

菌根技术作为一种生物新技术，其对于重金属污染土壤的生物修复正在为全球环境工作者所关注。Khan（2005）提出将菌根真菌应用在植物修复中可以通过增加植物生物量从而提高植物修复的效率。研究表明，菌根侵染能提高植物地上部中重金属的转运率（Fred et al.，2001；Sandra et al.，2005），在 Zn 污染条件下，接种丛枝菌根真菌后，三叶草根系及地上部的含 P 量都显著增加，尤其是植物生长量的增加间接地促进植物对重金属的修复作用（Chen et al.，2003）。Cu 污染条件下，菌根真菌能极大地提高 Cu 在玉米根系中的浓度和吸收量，而玉米地上部分的 Cu 浓度和吸收量变化不显著，这表明丛枝菌根有助于消减 Cu 由玉米根系向地上部分的运输（周建民等，2005；2007）。耿春女等（2002）利用菌根吸收和固定重金属 Fe、Mn、Zn、Cu 取得了良好的效果。Cd 污染土壤模拟修复试验结果表明，与对照组相比，接种 *Glomus diaphanum* 菌根菌使玉米的生物量和磷含量大幅增加，根系镉的吸收量增加，但地上部 Cd 的含量却明显降低，说明菌丝侵染使植物将 Cd 滞留在根部，抑制了 Cd 向地上部的转移，从而增加了植物对过量重金属的耐性（王敏等，2011）。

外生菌根真菌与树木根系形成外生菌根之后，能活化土壤中的难溶性养分，减轻了铝的危害作用，并向寄主提供生长促进物质，防止林木的退化衰亡（郭秀珍等，1989；王茂胜等，2003），这与辜夕容等（2005）接种双色蜡蘑对铝毒害环境中的马尾松进行的研究结论基本一致。Richen 和 Hofner（1996）在锌、镉和镍污染的土壤上接种菌根真菌后，发现苜蓿（*Medicago sativa*）体内重金属由根系向地上部分转移增加，这有利于应用植物提取重金属的操作。黄艺等（2000b）的研究表明，菌根接种大幅增加了苗木的铜、锌含量。

Jankong 等（2008）的研究表明，丛枝菌根真菌 *Glomus mosseae*，*Glomus intraradices* 和 *Glomus etunica tum* 不仅增加了野牡丹（*Melastoma malabathricum*）的生物量，还提高了 As 的富集，却降低了粉叶蕨（*Pityrogramma calomelanos*）和万寿菊（*Tagetes erecta*）中 As 的富集。但对 Zn 污染土壤中玉米的研究（Chen et al.，2004；Christie et al.，2004）表明，菌根接种降低了 Zn 向地上部的转运；重金属复合污染土壤上接种混合丛枝菌根真菌也可明显降低宿主植物根和茎 Cd 浓度（Soares and Siqueira，2008）。夏运生和陈保冬等对 As 污染土壤玉米、苜蓿的研究（Xia et al.，2007；Chen et al.，2007；夏运生等，2008；白来汉等，2011）也显示，接种菌根真菌能降低宿主植物地上部的 As 含量而减轻其毒害，这可能与重金属在菌根结构（菌根或液泡）中的结合有关，也可能是菌根接种改善了植物的生长而对重金属产生了"稀释效应"的缘故。Audet 和 Charest（2007a）综述了 AMF 在植物修复中角色的转变。在玉米和 *G. caledonium* 的共生体系中，当 Cu、Fe 和 Zn 含量低且因其低移动性供应不足时，玉米常通过根外菌丝来增加对这些金属的吸收（Audet and Charest，2007b）；相反，当土壤中的上述金属浓度过高时，菌根植物会通过增加养分吸收、获得更大的生物量来降低宿主地上部金属元素的含量而减轻其对环境的污染危害。

四、微生物表面展示技术

微生物表面展示技术是将编码目的肽的 DNA 片段通过基因重组的方法构建和表达在噬菌体表面、细菌表面（如外膜蛋白、菌毛及鞭毛）或酵母菌表面（如糖蛋白），从而使每个颗粒或细胞只展示一种多肽（泉薛等，2001）。微生物表面展示技术可以把编码重金属离子高效结合肽的基因通过基因重组的方法与编码细菌表面蛋白的基因相连，重金属离子高效结合肽以融合蛋白的形式表达在细菌表面，可以明显增强微生物的重金属结合能力，这为土壤重金属污染的防治提供了一条崭新的途径，并取得了一些重要成果。LamB、冰晶蛋白、酵母 a-凝集素、a-凝集素和葡萄球菌蛋白 A 都是表面蛋白，在微生物表面展示技术中用来定位、锚定外源多肽（高蓝等，2005；Gadd，2000）。Sousa 等（1996）将六聚组氨酸多肽展示在 *E. coli* LamB 蛋白表面，可以吸附大量的金属离子，其吸附和富集比 *E. coli* 明显增大，且六聚组氨酸多肽对 Cd^{2+} 无专一性；Xu and Lee（1999）将多聚组氨酸（162 个氨基酸）与 OmpC 融合，重组后的菌株 Cd 吸附能力大大增强；Schembri 等（1999）将随机肽库构建于 *E. coli* 的表面菌毛蛋白 FimH 黏附素上，最终获得了对 Pb、Co、Mn、Cr 等重金属亲和力较高的多肽；Mauro 等（2000）将来源于粗糙脉孢霉（*Neurospora crassa*）的 MTs 串联体在 *E. coli* 中表达，重组后的菌株对 Cd^{2+} 的吸附能力提高了 65 倍。Sriprang 等（2003）将来源于拟南芥的 PCs 转化入根瘤菌（*Mesorbidopsis* sp.）中表达，重组后的菌株对 Cd^{2+} 的结合能力也有明显提高。Kuroda and Ued（2006）将酵母金属硫蛋白（YMT）串联体在酵母表面展示表达后，对重金属的吸附能力提高的程度以八聚体较高。Wernerus 等对木霉属（*T. reesei*）纤维素酶 Ce17A 的纤维素结合域（cellulose binding domain，CBD）中的 11 个氨基酸位置用组合蛋白质工程手段进行 CBD 库（库容量 4.6×10^8）构建，通过噬菌体展示技术筛选获得 8 个对 Ni^{2+} 有特异吸附能力的 CBDs 后与 SpA 融合，在山羊葡萄球菌（*S. carnosus*）表面展示后的工程菌，对 Ni^{2+} 的结合能力得到了不同程度的提高（李宏等，2009）。

第九章
重金属污染土壤联合修复

虽然重金属污染土壤的修复方法多样，但任何一种修复技术都有其不足，已有修复技术在修复效率、经济成本、对生态扰动等方面有各自的局限性，也因其某一局限性而无法大面积推广。

物理修复、化学修复以及工程修复技术往往会破坏污染土壤的理化性质，有时甚至会对环境造成二次污染，对于污染面积巨大且污染程度较轻的土壤基本上难以应用（李文一等，2006）。生物修复方法的缺点：一是周期长，生物的生长常受土壤类型、气候、水分、营养等环境条件限制；二是修复过程局限在生物所能生长的范围内；三是生物修复对单一重金属污染修复较好，对复合污染的土壤修复效果不佳（高晓宁，2013）。

许多研究尝试着将多种修复技术综合应用进行土壤修复，并取得较好的效果。如通过植物、微生物和化学药剂之间的相互作用和相互配合进行重金属污染土壤的修复，如植物-微生物联合定向修复重金属污染土壤的方法、重金属污染土壤改良剂及植物和化学联合修复方法等。多种修复技术的综合应用必将是土壤修复技术研究的趋势（周启星等，2007）。

第一节　植物-微生物联合修复

植物对重金属的富集能力与土壤中微生物的种群分布存在着一定的联系。植物-微生物联合修复是在植物修复的基础上，联合与植物共生或非共生微生物，形成联合修复体。微生物不仅通过其自身的组成成分如菌根外菌丝、几丁质、色素类物质和 EPS 等吸附重金属，而且通过其分泌的各种有机酸或特殊物质来活化重金属，增加其在植物根部浓度（Gadd，2004；Kuffner et al.，2008），通过以下 2 种主要途径强化植物修复作用：①促进植物营养吸收，增强植物抗逆性，借助增加生物量的手段提高修复能力；②增加植物根部重金属浓度，促进重金属的吸收或固定。

一、植物与专性降解菌的联合修复

一般来说，重金属污染往往会导致土壤微生物生物量的减少和种类的改变（王菲等，2008），然而微生物代谢活性并未显示明显的降低（郜红建等，2004），这意味着污染区的微生物对重金属污染可能产生了耐受性（陈桂秋等，2008）。

因此，在污染区往往可以发现大量的耐受微生物菌体，这些耐受菌体的存在有助于土壤重金属污染植物修复的进行。在被重金属污染的土壤里，能促进植物生长的细菌（plant growth-promoting bacteria）也是近几年的研究热点。

土壤中许多细菌不仅能够刺激并保护植物的生长，而且还具有活化土壤中重金属污染物的能力。细菌的分泌物质，如多聚体（主要是多糖、蛋白质和核酸），含有多种具有金属络合、配位能力的基团，如疏基、羧基等，这些基团能通过离子交换或络合作用与金属结合形成金属-有机复合物，使有毒金属元素毒性降低或变成无毒化合物。

俄罗斯科学家培育出一种耐重金属污染并保护植物生长的细菌，这种细菌能够在Zn、Ni、Cr 和 Co 存在的条件下产生抗生素，有效阻止重金属离子进入细胞，同时能够刺激并保护植物的生长（Konopka 等，1999；孔宇等，2004）；Whiting 等（2001）利用 Zn 的超富集植物结合植物根际细菌的应用结果表明，重金属得到明显的活化，提高了植物对 Zn 的吸取。Ma 等（2001）成功地从 Ni 污染土壤中分离得到耐受重金属污染的细菌，并发现这些细菌在较高水平重金属污染的土壤中能够促进植物生长；盛下放等（2003）利用从污染土壤中分离得到的 3 株 Cd 抗性细菌分别接种到含有 200mg/kgCd 的土壤中并利用番茄进行富集实验，结果表明，供试菌株均能显著促进植株生长，活化植株根际 Cd；江春玉等（2008）从土壤样品中筛选出 1 株对碳酸铅、碳酸镉活化能力最强的 Pb、Cd 抗性细菌 WS34，通过盆栽试验发现，菌株 WS34 能促进供试植物印度芥菜和油菜的生长；Idris 等（2004）在遏蓝菜属植物 *Thlaspi goesingense* 根际分离出大量对 Ni 耐受性较强细菌，包括 *Cytophaga*、*Flexibacter*、*Bacteroides* 等，这些细菌可以明显提高 *Thlaspi goesingense* 对 Ni 的富集能力；也有人发现，在 Cu 污染土壤中芦苇根际环境存在耐 Cu 细菌（于瑞莲等，2008）；杨倩（2009）的研究表明，施用砷酸还原菌明显促进了超富集植物蜈蚣草的生长和对 As 的吸收。生物量和吸 As 量分别增长了 93%～290% 和 13%～110%，蜈蚣草对 As 污染土壤的修复效率提高了67%～478%，其中以 PSQ 菌剂的效果最显著。

可见，植物修复重金属污染土壤过程中向土壤中接种专性菌株，不仅可以提高植物生物量，而且还可以提高土壤中重金属的生物可利用性。

二、植物-菌根真菌联合修复

菌根是土壤中的真菌菌丝与高等植物营养根系形成的一种联合体。含有大量微生物的菌根是一个复杂的群体，包括放线菌、固氮菌和真菌。这些菌类有一定降解污染的能力，同时，菌根根际提供的微生态使菌根根际维持较高的微生物种群密度和生理活性，从而使微生物菌群更稳定。

菌根表面延伸的菌丝体，可大大增加根系的吸收面积，大部分菌根真菌具有很强的酸溶和酶解能力，可为植物吸收传递营养物质，并能合成植物激素，促进植物生长。

菌根真菌的活动，还可以改善根际微生态环境，增强植物抗病能力，极大地提高植物在逆境条件下的生存能力。微生物不仅能将本身分泌的质子、酶、铁载体等用来活化重金属，而且也可将土壤有机质和植物根系分泌物转化为自身利用，同时这些小分子化合物（如有机酸）对土壤中的重金属也有活化作用（郜红建，2004）。

1. 植物-菌根真菌修复技术的发展

20世纪60年代，生态学家注意到，最先在受到破坏的生态系统中定居的植物并不是遭到破坏前的优势种类，但未对这一现象做出解释。直到20世纪70年代末80年代初，Bradley等（1981）在调查重金属含量很高的矿区时发现，少量生存的植物中多为菌根植物，且与非菌根植物相比较生长好。含有大量微生物的菌根是一个复杂的群体，包括放线菌、固氮菌、核真菌，这些菌类有一定的降解污染物的能力，同时，菌根根际提供的微生态使菌根根际维持较高的微生物种群密度和生理活性，从而使微生物菌群更稳定。

因此，菌根真菌影响植物的分布和多样性，同时植物也控制菌根真菌分布。Bergelson等（1998）进一步证实了不同植物种间共享的菌丝桥可双向传递碳水化合物，增加生态系统中的生物多样性。越来越多的研究表明，菌根真菌的活动还可改善根际微生态环境，增强植物抗病能力，极大地提高了植物在逆境（如干旱、有毒物质污染等）条件下的生存能力（于瑞莲等，2008）。

2. 植物-菌根真菌修复技术研究现状

自从1887年发现豆科植物根际具有固氮功能和根瘤菌的纯培养获得成功以后，利用微生物和植物的共生关系来修复土壤重金属污染的研究便得到了迅速发展，关于菌根真菌用于植物-生物联合修复重金属污染的报道也很多。Richen 和 Hofner（1996）研究了基因工程根瘤菌（*Mesorhizobiun Huakuii*）B3 和紫云英属豆科植物联合修复重金属，研究发现，菌根共生体能使根瘤中 Cd^{2+} 的富集量增加 17%～20%；Joner 等（1997）研究发现，当以 1mg/kg、10mg/kg 和 100mg/kg Cd 加入土壤中时，菌根化植物吸收 Cd 的量比非菌根化植物分别高 90%、127% 和 131%；黄艺等（2000）通过测定不同施 Zn、Cu 水平下苗木中 2 种重金属的含量，发现菌根苗体内 Cu 和 Zn 的含量是非菌根植物的 2.6 和 1.3 倍；陈晓东等（2001）比较了生长在污染土壤中菌根小麦与无菌根小麦根际 Cu、Zn、Pb、Cd 的形态与变化，得出了菌根环境对土壤中交换态重金属含量有较大影响，必需元素交换态增加，而 Cu、Zn、Pb 的有机结合态含量在菌根根际都高于非菌根际；肖雪毅等（2006）在尾矿上种植三叶草，接种丛枝菌根真菌后显著降低了白三叶草植物体内的 Cu 含量；申鸿等（2005）认为，丛枝菌根真菌能阻止 Cu 向地上部运输，缓减过量 Cu 产生的毒害，从而保证了宿主植物相对正常的生长、改善宿主植物磷营养状况，间接提高了宿主植物对 Cu 污染的抗逆性、有效防止土壤酸化，降低土壤中可提取态 Cu 的浓度，从而减少了其危害；Xia 等（2007）和白来汉等（2012）的研究也表明，接种菌根真菌后有效地阻止了 As 向玉米地上部运输，且促进了作物对磷的吸收。

菌根并不是完全抑制了重金属的转移，而是合理控制了重金属在植物体内的分布（王曙光，2001），植物在菌根真菌的协助下在根部富集重金属从而减轻了重金属对植株的毒害（Leun 等，2007）。丛枝菌根真菌之所以能阻止重金属元素向地上部运输，可能是因为丛枝菌根真菌菌丝体对于重金属具有很强的生物吸附潜力，而且对不同金属元素表现出吸附特异性。李婷等（2005）发现菌根真菌 *Boletus edulis* 具有很强的 Cu、Cd 吸收富集能力，最高处理浓度时，菌丝体内的 Cu、Cd 浓度分别是对照的 26.6 倍和 28 倍。菌丝体对生物体必需元素 Cu 和非必需元素 Cd 具有不同的富集模式，并可根据重金属的种类，有效地调节生长微环境，以降低重金属对菌丝体的生物有效性。这种吸附作用对于金属离子进入宿主植物有一种"过滤效应"，可以避免过量毒害金属进入宿主以及有效平衡矿物质营养，提高植物对重金属的综合耐性（陈保冬，2005）。也有学者认为是由于真菌组织在细胞壁吸附了重金属，降低了重金属转移（Ricken 等，1996）。

3. 植物-菌根真菌联合修复实例

Cuenca 等（1992）将丛枝菌根真菌的接种技术应用在委内瑞拉南部的生态恢复中，使因修筑全国最大的水电站而被毁坏的萨王那植被得到恢复。张文敏等（1996）在矿山复垦试验中发现，当大量丛枝菌根形成以后，可以大幅度加速增肥土壤，有效改良复垦土壤基质。Wang 等（2006）将多种菌根真菌接种到 Cu、Zn、Pb、Cd 等重金属复合污染土壤中，显著提高海州香薷的生物量。毕银丽等（2007）在宁夏大武口煤矸石山的复垦中应用丛枝菌根技术取得了较好的生态效应。Wang 等（2007）将一些丛枝菌根真菌组合与两种青霉结合在一起用于 Cu 尾矿场的植被恢复研究，结果表明，它们能够极大地促进植物生长和植物对矿质营养的吸收，并且提高了植株对尾矿中 Zn、Pb、Cd 的地上以及地下带走量。

三、重金属污染土壤植物-微生物联合修复技术的影响因素

1. 土壤中重金属污染特性

重金属的生态环境效应与其总量的相关性不显著，从土壤物理化学角度来看，土壤中重金属各形态是处于不同的能量状态，其生物有效性不同。在污染土壤中，由于矿物

和有机质成分对重金属的吸附，水溶态重金属所占份额不多。因此，重金属的生物可利用性、其对植物和微生物的毒性和抑制机理都会影响重金属污染土壤植物修复的效率（牛之欣等，2009）。

2. 植物本身生理生化特性

作为植物-微生物联合修复技术的主体，富集植物一般应具有以下几个特性：①即使在污染物浓度较低时也有较高的富集速率，尤其在接近土壤重金属含量水平下，植株仍有较高的吸收速率，且需有较高的运输能力；②能在体内富集高浓度的污染物，地上部能够较普通作物累积 10～500 倍以上某种重金属的植物；③最好能同时富集几种金属；④生长快，生物量大；⑤具有抗虫、病能力（魏树和等，2003）。

目前，全世界发现了约 400 种超富集植物，最重要的超富集植物主要集中在十字花科，世界上研究得最多的植物主要为芸苔属（*Brassica*）、庭芥属（*Ayssun*）及遏蓝菜属（*Thlasype*）（邢前国等，2003）。如在重金属污染土壤上种植天蓝遏蓝菜（*Thlaspi caerulescens*），可以吸收和富集土壤中非可溶性 Cu、Zn、Pb（Martneza et al.，2006）。可见，富集植物的生理特性使其具有独特的活化土壤中其他植物所不能吸收和利用重金属的能力，并通过多种途径改变周围环境，提高重金属的溶解性，从而促进植物根系对重金属的吸收，对于植物-微生物联合修复体系非常重要。

3. 根际环境因素

所谓的根际就是受植物根系活动影响较多的部分土壤，是离根表面数微米的微小区域（Chen 等，2000；彭胜巍和周启星，2008）。从环境科学角度来说，根际是土壤中一个独特的土壤污染"生态修复单元"（魏树和等，2004），是根系和土壤环境相互耦合的生态和环境界面。作为植物根系生长的真实土壤环境，根际环境在植物-微生物修复技术中的作用也不容忽视。根际环境因素主要包括 pH 值、氧化还原状况、根系分泌物、根际微生物和根际矿物质等。

第二节　化学诱导强化植物修复技术

重金属污染土壤这一特殊环境往往会是多种重金属的复合污染，单纯的植物修复技术显然无法彻底解决。化学添加剂可影响土壤重金属的吸附和活化等环境化学行为：添加化学固定剂降低重金属活性可强化植物稳定效果；而植物提取技术，实际应用中常结合化学螯合剂强化植物提取修复效果（仇荣亮，2009）。

由于大多数植物能够吸收利用的重金属只有土壤溶液中的溶解态、与土壤颗粒微弱结合的交换态以及部分碳酸盐态，而土壤中的大部分重金属与土壤固相结合（彭自然等，2001）。因此，植物对重金属的吸收常受土壤中重金属的低生物有效性的限制。例如，一些生物量大的植物如印度芥菜、玉米、豌豆在溶液培养条件下，地上部分可富集高含量的 Pb，但生长在污染土壤上时，其地上部分 Pb 含量很少超过 1000mg/kg（Huang 等，1997）。其主要原因在于土壤中 Pb 的有效性很低和 Pb 被植物根系吸附或沉淀，运输到地上部分的能力差。

化学诱导植物修复技术是指通过向土壤中施加化学物质，来改变土壤重金属的形态，提高重金属的植物可利用性来提高重金属的去除效果（Chen 等，2000）。在化学诱导植物修复技术中，使用最多的化学物质是螯合剂，其余依次为酸碱类物质、植物营养物质、共存离子物质以及近年来新出现的植物激素、腐殖酸、表面活性剂等。

一、螯合剂强化植物修复

在植物修复过程中使用适当的螯合剂，能够将与土壤固相结合的重金属释放出来，这是因为螯合剂能够打破重金属在土壤液相和固相之间的平衡，减弱金属-土壤键合常数，使平衡关系向着利于重金属解吸的方向发展，使大量的重金属进入土壤溶液，同时以金属螯合物的形式保护金属不被土壤重新吸附，既增加土壤溶液中金属含量，又促进植物吸收和从根系向地上部运输金属，有效地提高了植物修复效率（Meers 等，2008；Sarkar 等，2008；Liao 等，2006）。因此，对许多植物而言，需要向土壤中添加移动剂以增加土壤溶液中的金属浓度，进而促进植物对金属的吸收和富集（Kanrek 等，2007）。

螯合诱导的植物提取技术是指施用螯合剂或配位基来诱导或强化植物对金属的超富集作用，此技术早已应用于植物修复或植物采矿（phytomining）中（骆永明，2000）。一般这种技术是在植物生物量已经很高时加入螯合剂或配位剂，减少植物对高浓度重金属的适应时间，这样植物能快速吸收较多重金属离子，并且即使植物因毒害作用死亡也不会影响重金属去除的效果。

目前，常用的螯合剂可以分为三大类：一是人工合成有机螯合剂（见表 9-1）；二是天然有机螯合剂，主要是一些小分子有机酸，包括柠檬酸、苹果酸、丙二酸、乙酸、组氨酸、草酸和酒石酸等；三是无机络合剂，主要包括硫氰化物和氯化物等，前者如硫氰酸铵能够络合提取金，可以用于植物冶矿，而后者基于氯离子和镉离子能够形成稳定的无机络合物，可以用于强化 Cd 的植物修复。

表 9-1　主要的人工合成螯合剂种类（王林等，2007）

缩写	中文名	英文名	补充
EDTA	乙二胺四乙酸	Ethylenediaminetetraacetic acid	应用最广泛的有机螯合剂
HEDTA	羟乙基乙二胺三乙酸	N-hydroxyethylethylenediaminetriacetic acid	
DTPA	二乙基三胺五乙酸	Diethylenetriaminopentaacetic acid	还可以为重金属有效提取剂
EGTA	乙二醇双四乙酸	Ethylenebis (oxyethylenetrinitrilo)-N, N, N', N'-tetraacetic acid	
NTA	氨基三乙酸	Nitrilotriacetic acid	

缩写	中文名	英文名	补充
EDDHA	乙二胺二乙酸	Ethylenediamine-di(o-hydroxyphenylacetic acid)	
CETA	环己烷二胺四乙酸	Trans-1,2-diaminocyclohexane-N,N,N',N'-tetraacetic acid	
EDDS	乙二胺二琥珀酸	Ethylenediaminesuccinate	原作为一种去污剂
HEIDA		N-(2-hydroxyethyl)iminodiacetic acid	
HBED	N,N'-二(2-羟苄基)乙二胺-N,N'-二乙酸	N,N'-di(2-hydroxybenzyl)ethyleneamide N,N'-diacetic acid	用于强化 Pb 的植物修复
DMSA	二巯基丁二酸	Dimercaptosuccinate	用于强化 As 的植物修复
	吡啶甲酸	Picolinic acid	用于强化铬的植物修复

焦鹏（2011）研究发现，施加有机酸后普遍减少了植物的生物量，但降低效果不明显，其对龙葵的抑制作用大于玉米。玉米地上部对 Pb 的富集大小次序是柠檬酸＞酒石酸＞草酸，其 Cd、As 含量的大小趋势均为柠檬酸＞草酸＞酒石酸，其中高浓度柠檬酸处理下玉米对 Cd 的提取量显著高于对照，比其增加了 1.1 倍，As 含量比对照提高了69.2%。施加中浓度柠檬酸处理的龙葵地上部 Pb 含量最大，比对照增加了 1.8 倍。由于有机酸对植物的生长有抑制作用，最终并未提高植物对重金属的提取量。

植物的金属富集效率与螯合剂和金属的亲和力直接相关，如不同螯合剂对土壤 Pb解吸效率 EDTA＞HEDTA＞DTPA＞EGTA＞EDDHA（Huang 等，1997）；Blaylock等（1997）研究表明，Pb 的最适螯合剂为 EDTA，而 Cd 为 EGTA。而且螯合剂的效果与植物品种有关，Ebbs 和 Kochian（1998）研究发现，EDTA 能促进印度芥菜（B. juncea）对 Zn 吸收，但对燕麦（Avena sativa）和大麦（Hordeum vulgare）无效果。因此，针对不同金属和植物种类应选择合适的螯合剂。

Smolders（1998）在 Cd 污染土壤中施用 NaCl，使瑞士牛皮菜叶子中的 Cd 含量加倍，而加入相同物质的量浓度的 NaNO₃ 则没有作用，同时发现土壤溶液中 Cd 离子浓度并没有因为氯化钠加入而显著变化，这表明 NaCl 促进吸收作用可能与 Cl⁻ 和 Cd 形成络合物有关。

Piechalak 等（2003）报道，在 200mg/kg Pb 的土壤中添加 292mg 的 EDTA，同对照相比，豌豆对 Pb 的富集量增加了 67%；Hong 等（2001）研究的结果表明，添加EDTA、HEDTA 后向日葵茎叶中 Cd、Ni 的含量由不添加时的 34mg/kg、15mg/kg 分别增至 115mg/kg、117mg/kg；1.0mg/kg 的 HEDTA 和 EDTA 对土壤 Ni 的活化效果要比 0.5mg/kg 的 EDTA 和 HEDTA 好；将海州香薷和白三叶 2 种植物种植在含 Cu的砂壤土里，向土壤里分别施加柠檬酸、葡萄糖之后，海州香薷幼芽根部 Cu 的浓度分别是白三叶（不能富集 Cu）的 1.9 倍和 2.9 倍，并且不管是否种植植物，土壤施加了葡萄糖或柠檬酸之后都使得可被富集的 Cu 浓度增加，降低土壤 Cu 含量（Chen 等，2006）。

由此可见，螯合剂种类、用量是影响螯合强化修复效率的重要因素。不同螯合剂对重金属有一定的选择性，根据土壤重金属污染状况，选择合适的"重金属-螯合剂"组合将会显著提高螯合强化修复的效率。主要的人工合成螯合剂种类见表 9-1。

除了 EDTA 以外，NTA（Nitrilotriacetic acid）和 EDDS（Ethylenediaminesuccinate）是近年来研究较多的两种螯合剂。NTA 同小分子有机酸一样，即使厌氧条件下在土壤中也很容易降解，其螯合能力虽然略弱于 EDTA，但是比小分子有机酸强得多，是一种比较理想的有机螯合剂，特别是对于 Cu（Wenger 等，2003）。Peualosa 等（2007）研究了几种促进羽扇豆修复土壤重金属污染的因素，结果发现，螯合剂 NTA（三乙酸腈）能够促进金属离子（Fe、Mn、Cu、Zn、Cd）迁移，促使羽扇豆所含的金属离子浓度升高，尤其是 As、Cd 和 Pb 浓度增加更明显。EDDS 可以由微生物产生，毒性较低，比较容易降解，降解产物无害，而且作为一种去污剂其环境风险已经有所评价；虽然它对部分重金属的螯合作用和强化效果弱于 EDTA，但是它造成重金属的渗漏远低于 EDTA（Grčman 等，2003）。Cao 等（2007）采用了 EDDS 来促进植物紫茉莉对 Pb 和 Zn 吸收。现在很多研究表明，由于形成的络合物难以降解和可能引起严重的重金属渗透，EDTA 强化植物修复的环境风险很大，而上述两种螯合剂可以作为它的潜在替代者，只是强化效果有待提高。

尽管添加螯合剂具有强化植物修复能力，但其应用还存在潜在的环境风险和不利因素。当施用浓度过高会对土壤微生物和植物产生毒性，抑制植物的生长，并引起重金属淋溶下渗到地下水导致地下水的污染。同时螯合剂价格比较昂贵，增加了修复成本。针对加入螯合剂后对植物的毒害问题，有人提出在使用螯合剂的同时可添加植物生长调节剂（PGR），例如苗壮素、细胞激肽等，通过其促进植物生长的作用，抵消螯合剂的毒性，从而增强植物修复的能力。

二、表面活性剂强化植物修复

表面活性剂是一种亲水亲脂性化合物，增加细胞的膜透性，它的两亲性使之能与膜中成分的亲水和亲脂基团相互作用，从而改变膜的结构和透性，促使植物对重金属的吸收（陈玉成等，2004）。利用表面活性剂强化植物修复土壤重金属污染是建立在表面活性剂、重金属、土壤、植物四者之间的关系的基础上的。在 Cd、Cu、Zn 含量分别为 25mg/kg、30mg/kg、700mg/kg 的土壤上种植莴苣与黑麦草，用表面活性剂处理后，3 种重金属在地上部分的含量比对照增加了 4～24 倍，但生物量有所下降（石磊等，2009）。王莉玮和陈玉成等（2004）研究发现，联合使用表面活性剂和螯合剂，通过二者对土壤重金属的活化作用，以及表面活性剂增强植物根系对重金属螯合物透性的作用，可以显著促进植物对重金属的吸收和向地上部转运。

但和 EDTA 等有机螯合剂一样，表面活性剂也对植物生长发育表现出一定的毒害作用，并且自身也容易给环境带来影响，因此在选择表面活性剂时应遵循下列原则：对被去除的重金属等有较强的增溶吸附能力；可形成大胶团，形成大孔径膜，提高处理能力；较低浓度即能起作用，以减少表面活性剂的浪费；离子型表面活性剂有较低的 Krafft 点（溶解度急剧增大时的温度），非离子型表面活性剂有较高的浊点；低发泡性；环境友好性，即无毒、生物降解好，不至于产生二次污染。

由此可考虑采用易降解、无毒性的表面活性剂，如生物表面活性剂。生物表面活性剂由植物或动物产生，本身无毒或低毒且易生物降解，不会对植物生长产生不利影响，也不会改变土壤结构和物化性质。它不仅可以促进植物对重金属的吸收，还会促进重金属从植物根部向地上部迁移。叶和松（2006）通过将植物接种能够产生表面活性物质的菌株J119进行盆栽实验，结果表明油菜的地上部和根部的Pb浓度分别增加了31.0%和35.0%。

三、酸碱调节剂强化植物修复

在影响土壤重金属活性的理化性质中，pH值无疑是一个重要的因素。根据土壤的酸度和靶重金属的性质，投加酸性或碱性物质改变土壤pH值能够增加重金属的生物有效性。对于Pb、Zn、Cd等重金属而言，降低土壤pH值能促使部分结合态重金属溶解而进入土壤溶液，成为植物可吸收态重金属（Brown et al.，1994）。如果土壤酸性过大，则植物正常生长会受到影响；同时有些超富集植物适宜在中性或偏碱性土壤条件下生长，这时需要通过添加碱性调节剂来促进植物生长与对重金属的富集（Heeraman et al.，2001）。孙波等（2004）通过对重金属复合污染红壤菜园土和水稻土施用石灰，结果表明，施用石灰降低了0.05mol/L HCl提取的土壤生物有效性Cu和Pb的含量。

降低土壤pH值的方法主要有直接加酸法和施肥法。直接加酸法指直接向土壤中添加酸性化学剂，如稀H_2SO_4等（魏树和等，2005）。施肥法指施入的肥料可增加营养，也具有降低pH值的作用，如施用固铵态肥可降低土壤pH值。但As却是例外，当pH值升高时，As在土壤中的溶解量才会增加。这是因为As在土壤中常以AsO_4^{3-}或AsO_3^{3-}形态存在，若pH值升高，土壤胶体所带正电荷减少，且对As的吸附力降低，使土壤溶液中As的含量不断增加。可通过添加生石灰或施用硝态氮肥等措施来提高土壤pH值（万云兵等，2002）。在调节土壤pH值之前，应先对当地土壤理化性质进行分析，再根据污染土壤中重金属的种类、含量以及植物的生长习性，有针对性地采取某种pH值调节方案（廖晓勇等，2007）。

第三节　农艺措施强化植物修复技术

超富集植物多数是野生植物，通过农艺技术提高植物地上部生物量，将野生超富集植物驯化成栽培作物等，进而可更有效地将农艺技术应用于植物修复。

一、利用水肥进行强化修复

水肥条件是促进植物生长的主要因素，掌握好植物对水肥的需求量和时间对促进植物生长和修复有重要意义。如过量灌水会导致烂根或抑制植物的生长，在苗期、花期植物对水肥特别敏感，尤其是开花期蒸腾强度几乎是植物一生中的顶峰，对水分需求量大，对氮、磷等营养物质的需求也达到顶峰，而且土壤营养是影响植物吸收重金属的重要因素，施加营养使超富集植物生长旺盛、生物量提高、促进植物根系发育，从而提高植物提取效率、提高植物的重金属的迁移总量（刘晓冰等，2005）。

肥料主要通过和重金属的相互作用影响土壤对重金属的吸附解析，改变土壤重金属的形态，进而改变重金属在土壤中的活性，影响植物对其吸收、富集（王林等，2008）。在施肥强化植物修复研究中常用的肥料有氮、磷、钾肥和复合有机肥以及 CO_2 气肥等。

利用 Pb 超富集植物修复 Pb 污染土壤，少量的 N 和 K 可促进富集植物干物质质量的增加，促进植物对 Pb 的吸收。随着 N 和 K 水平的增加，植物对 Pb 的吸收能力降低，但 K 的抑制作用不如 N 的显著；聂俊华等（2004）报道，少量的 N 可提高 Pb 富集植物的生物量，促进植物对 Pb 的吸收，随着施 N 水平的增加，植物对 Pb 的吸收能力降低。

土壤供磷会降低植物对 Pb 的吸收，而且下降极显著（聂俊华等，2004）。孙琴等（2003）研究表明，适当增磷显著促进东南景天的生长，提高其干物质产量，同时促进了东南景天对 Zn 的吸收和 Zn 向地上部分的运输和富集；适当使植物缺磷，可以增加植物根系分泌有机酸，从而提高植物提取重金属的效率。Kumar（1995）发现芥菜在硫酸盐和磷酸盐肥料施用的情况下，一些栽培变种的茎秆部富集 Cd^{2+} 的能力是正常种的 5.2 倍。廖晓勇等（2004）的田间试验表明，当施磷量为 340kg/hm² 时，蜈蚣草的 As 累积量为对照组的 2.4 倍，土壤修复效率最高为 7.84%；当施磷量增加至 600kg/hm² 时，蜈蚣草的 As 累积量反而下降至对照组的 1.2 倍，土壤修复效率也下降至 6.63%。

因此，肥料的施用量需要在一个适当的范围内，过量施用化肥并不一定能提高植物对重金属的累积量，反而可能会降低植物的修复效率。除了考虑肥料用量之外，还应综合考虑选择合适的肥料类型才能最大限度提高植物生物量及其对重金属的吸收能力。如选用生理酸性肥料，如硫酸铵、过磷酸钙、氯化钾，可明显增加植物提取重金属（Sun 等，2003）。

孙波等（2004）通过对重金属复合污染红壤菜园土和水稻土施用有机肥发现，施用猪粪后显著增加了土壤生物有效性 Cd 的含量，土壤生物有效性重金属含量与可溶性有机碳（DOC）成极相关性（$P<0.01$）。在土壤中加入一定比例牛粪可提高黑麦草对 Cd 的吸收效率，非根际土壤中 Cd 含量从 14.56mg/kg 降低至 14.11mg/kg，同时根际土壤中 Cd 含量从 6.75mg/kg 提高至 13.33mg/kg，黑麦草体内吸附 Cd 的含量也有一定程度的增加；在土壤中加入一定比例秸秆可促进 Cd 向根际土壤的迁移，非根际土中 Cd 含量从 14.56mg/kg 降低至 13.27mg/kg，根际土壤中 Cd 含量从 6.75mg/kg 增加至 13.46mg/kg，且土壤与秸秆以 5:2 的比例混合时效果更明显（李贺等，2012）。

二氧化碳施肥能使农作物产量和生物量增加，在植物修复中应用二氧化碳施肥，不仅增强植物对污染环境的抵抗能力，提高植物生物量，而且还能够强化植物对重金属等污染物的吸收甚至诱导植物超富集某些重金属，进而提高重金属污染土壤植物萃取技术的绝对效率和相对效率（唐世荣，2006）。此外，大气中二氧化碳浓度升高不仅会提高植物对水分的利用率，使植物根系更发育，更利于提高土壤养分的生物可利用性，而且会影响到植物根际微生态系统及其分泌物，对植物生理机能产生影响。

席磊（2001）研究发现 CO_2 施肥促进了向日葵和印度芥菜的生长和发育，当 CO_2 浓度为 $1200\mu L/L$ 时，向日葵与印度芥菜相比对照 $350\mu L/L$ 地上部生物量分别增长了 9.19% 和 53.62%。Tang 等（2003）通过研究也认识到：CO_2 浓度升高不仅有利于提高印度芥菜和向日葵抗 Cu 胁迫能力，显著促进了其地上部生物量的提高，而且还可诱导这 2 种植物超富集 Cu，在 $800\mu L/LCO_2$ 浓度下向日葵叶部含 Cu 量达 $2539mg/kg$，印度芥菜含 Cu 量高达 $4586mg/kg$，并改变了植物的生物富集系数和植物中 Cu 的叶/根比。宫恩田（2008）实验也发现，CO_2 浓度升高能促进玉米的生长发育，使玉米的生长发育期提前，较早产生开花现象；抵抗 Cu 胁迫环境的能力增强；病虫害减少。

从植物修复角度考虑，掌握修复植物对水、肥的需求规律，借助农艺施肥措施进行合理水肥供应，不仅可以促进修复植物最大限度地提高生物量，而且能尽可能地提高植物对污染土壤的修复效果。这对提高超富集植物吸收、富集重金属的能力具有重要的应用价值。

二、植物栽培与田间管理措施强化修复

强化植物修复的栽培与田间管理措施主要有翻耕、搭配种植、刈割及轮作、间作、套作等（廖晓勇等，2007）。采取必要的搭配种植，间作或套种 2 种或 2 种以上超富集植物可缩短修复时间，提高修复效率。

（一）田间管理措施强化修复

在污染土壤经翻耕后，可以将深层重金属翻到土壤表层根系分布较密集区域，或适当地进行中耕松土，这样既可促进根系生长发育又能改变污染物质的空间位移，促进植物与重金属的接触，从而提高植物修复效果。

温丽等（2008）用黑麦草对重金属污染土壤进行 90d 的盆栽实验表明，刈割可以促进黑麦草对 Pb 的吸收，使 Pb 的总吸收量增加了 34.12%；通过双季栽培或在花序阶段之后收割可增加龙葵生物产量，龙葵修复 Cd 污染土壤的植物修复效率提高了 9.1%（Pu 等，2011）；温度、光照、土壤水分、空气流通、热量等环境因素对植物生育期影响很大，利用植物对环境条件的反应，可以尽可能地缩短植物生育期从而缩短修复周期。如采取移栽育苗的方法可以缩短植物的生育期，塑料大棚可以提高棚内温度、湿度，加快植物生长速率，并可以在室外温度较低的情况下继续生长；遮阴设备可以促进喜阴植物的生长；还可通过调整当地的种植习惯，改变耕作制度；保持土壤养分均衡，提高植物对重金属的耐性，进行污泥改良土壤；通过种植密度和肥力能够最大化提高产量和修复效果。为了确保植物的正常生长，还必须做好病虫害的防治工作（魏树和等，2004）。

（二）间作体系强化修复

1. 间作对土壤的影响

间作是我国传统的精耕细作的农业措施之一。豆科与禾本科植物间作是比较常见

的一种间作方式，这种间作方式具有许多优点：①植物可充分利用光、热、水、气等资源；②豆科可向禾本科植物转移氮素；③促进禾本科植物对有机磷的吸收；④改善作物的铁营养状况；⑤提高作物的生物量和粮食产量（黄益宗等，2006）。另外也有不少报道表明，间作对植物吸收重金属也有影响。间作主要是通过改变植物根系分泌物、土壤酶活性、土壤微生物、土壤 pH 值等这些对重金属存在形式有作用效果的方面，间接地改变了土壤重金属的有效性，从而最终影响到植物对重金属的吸收。

(1) 间作改变植物根系分泌物　一种作物的根系分泌物可以在土壤中扩散到另一种植物的根际，改变根际土壤中重金属的有效性，从而影响另一种植物对重金属的吸收。左元梅等（2004）报道，玉米和花生间作时，玉米的根系分泌物活化了土壤中难溶性 Fe，从而提高了可被植物吸收的 Fe 的含量，使得花生的 Fe 营养状况得到了明显改善。白羽扇豆的根系分泌有机酸，活化土壤中不溶态的磷酸盐，使得与其间作种植的小麦可以吸收更多的 P（Kamh 等，1999）。另一方面，间作可以直接改变植物根系分泌物的种类和数量，改变土壤中重金属的有效性，从而对两种植物吸收重金属均产生影响。如表 9-2 所列，小麦-玉米间作后，根系分泌物的种类和数量均发生变化。单作小麦和玉米主要分泌苹果酸和柠檬酸，而间作主要分泌酒石酸，并且分泌物中酸的种类增多，且大多数酸的含量升高（郝艳茹等，2003）。玉米和马唐间作，为了活化土壤中的养分，植物根系分泌了更多的有机酸，间接地活化了 Cd，使得植物对 Cd 的富集量提高（刘海军等，2009）。

表 9-2　小麦-玉米间作条件下作物根系分泌的有机酸含量（安玲瑶，2012）

单位：mg/株

处理	草酸	酒石酸	苹果酸	乙酸	柠檬酸	丁二酸
单作小麦			1.06×10^{-2}		7.91	
间作小麦	1.17×10^{-5}	0.66	2.28×10^{-3}	6.29×10^{-4}	4.27×10^{-5}	1.17×10^{-3}
单作玉米	3.62×10^{-4}	3.67×10^{-4}	1.85×10^{-3}	4.77×10^{-4}	1.56×10	
间作玉米	8.78×10^{-4}	3.25×10^{-2}	1.18×10^{-3}	1.70×10^{-3}	4.84×10^{-5}	4.49×10^{-4}

(2) 间作影响土壤中微生物　大量报道证明，植物间作可以提高土壤中微生物的丰富活性，进而提高土壤重金属的有效性，促进植物吸收重金属。花生与某些药用植物间作，改善了土壤环境，提高了真菌的种群多样性；小麦、毛苕子分别与黄瓜间作，均提高了黄瓜根际土壤微生物群落的多样性，并且小麦与黄瓜间作对黄瓜根际土壤微生物群落多样性的影响最为突出（Dai 等，2009；吴风芝，2009）。徐华勤等（2008）认为，茶叶与三叶草间作时，三叶草的枯枝残叶腐烂分解后为土壤提供了丰富的有机碳源，并且能有效调节土壤温度、湿度，改变杂草群落，增加蚯蚓种群数量等，这些都是间作后土壤微生物整体活性增加的重要原因。

植物间作除了影响土壤微生物的种群丰度外，对微生物种群结构也有一定的作用效果。西瓜与旱作水稻间作，细菌、放线菌及总微生物数量会升高，而真菌数量降低；同时西瓜枯萎病的致病菌-西瓜专化型尖孢镰刀菌数量显著降低，有效防止了西瓜枯萎病的发生（苏世鸣等，2008）。

（3）间作影响土壤酶的活性 许多研究都表明，植物间作可以提高土壤酶的活性，进一步提高土壤重金属的有效性，促进植物吸收重金属。板栗和茶叶间作、玉米和大豆间作，土壤酶的活性都高于植物单作；玉米和花生间作，土壤酸性磷酸酶的活性显著高于植物单作（章铁等，2008；刘均霞等，2007；Inal 等，2007）。

徐强等（2007）认为，玉米和线辣椒间作种植，两种植物共生调节了根系的生理活动，通过影响根系分泌物和腐解物的作用，促进了土壤微生物的活动，进而使多种土壤酶活性较一单作处理提高，从而有利于土壤养分的释放和有效化。但是也有少数报道表明，间作也会降低土壤酶的活性，玉米和鹰嘴豆间作后，玉米根际土壤中脲酶和酸性磷酸酶活性显著降低；香蕉与大豆、花生、生姜间作与香蕉单作相比，提高了土壤脲酶、碱性磷酸酶、蔗糖酶的活性，降低了土壤过氧化氢酶的活性（柴强，2005；匡石滋等，2010）。说明间作对土壤酶活性的影响取决于参与间作的植物种类和土壤酶的种类。

（4）间作影响土壤 pH 值 间作可能通过对植物根系分泌物、土壤微生物、土壤酶活性的影响，改变土壤的 pH 值。蚕豆和小麦间作处理的土壤 pH 值低于蚕豆单作处理的土壤 pH 值（Song 等，2007）。而当在酸性较强的土壤中种植植物时，间作比单作更倾向于促进 pH 值升高（黎健龙等，2008；Geren 等，2008）。另一方面，间作对土壤 pH 值的改变也反过来影响了植物的根系分泌物、土壤微生物、土壤酶活性，这些因素都不是独立的，它们之间相互影响、互相制约，共同作用于土壤重金属的有效性，影响着植物对重金属的吸收。

2．间套作体系减少普通作物对重金属的吸收

目前对普通作物间作套种交互作用对植物吸收重金属方面的影响有少量研究。吴华杰等（2003）间作小麦水稻发现，间作交互作用降低了两作物地上部 Cd 的吸收富集，也降低了小麦籽粒的 Cd 浓度，但水稻籽粒的 Cd 浓度有所升高。薛建辉等（2006）将杉木和茶树间作，发现间作杉木可降低茶园土壤 Pb、Ni、Mn、Zn 元素含量，间作茶树叶片中 Pb、Mn、Cu、Zn 含量均显著低于单作茶园，说明间作杉木可以减少茶叶中重金属含量，改善茶叶品质。

王吉秀等（2011）研究了玉米、青花、白菜和油毛菜间作及套作马铃薯、豌豆和西葫芦对重金属 Cd、Pb、Cu 累积含量的影响。结果表明，间套作条件显著降低了重金属 Cd、Pb、Cu 在玉米和蔬菜可食部分的累积含量，与单作相比均下降了 30.0％、37.9％和 28.6％，说明玉米和不同蔬菜间套模式是抑制作物可食部分吸收累积重金属 Pb、Cu、Cd 含量的有效措施；但也有研究认为青菜和甘蓝既不适用于修复土壤的重金属（Cd、Pb、Cr、Cu）污染，也不适用于作为食品产出而种植在重金属污染的土壤中（安玲瑶，2012）。

重金属富集植物与非富集植物种植在一起，能为与之间套作的植物提供一定保护作用。吴启堂等（2002）首先提出将重金属超富集植物与低累积作物玉米套种，超富集植物提取重金属的效率比单种超富集植物明显提高，同时玉米能够生产出符合卫生标准的食品或动物饲料或生物能源，是一条不需要间断农业生产、较经济合理

的治理方法。

Zn 超富集植物 *Thlaspi caerulescens* 和同属的非超富集植物 *Thlaspi arvense* 互作，在添加 ZnO 或 ZnS 的土壤上，与之互作的 *Thlaspi arvense* 吸 Zn 量则明显降低，由于 Zn 的吸收减少，*Thlaspi arvense* 的生物量显著增加，其原因是由于 *Thlaspi caerulescens* 有很强的吸 Zn 能力，能优先吸收土壤中的 Zn，从而减少了 Zn 对 *Thlaspi arvense* 的毒害；据 Gove（2002）报道，Zn 超富集植物遏蓝菜与大麦种植在一起，减少了大麦对 Zn 的吸收。

Cd 富集植物油菜与中国白菜间作在一起，降低了中国白菜对 Cd 的提取量（Su 等，2008）；在 10mg/kg 和 20mg/kg 的 Cd 处理土壤上，与油菜（中油杂 1 号）套种的小白菜有较高的地上部生物量和较低的 Cd 累积量，油菜可以减轻 Cd 对小白菜的毒性，但小白菜的 Cd 浓度也是比较高的（Liu 等，2007）；黑麦草与小麦间作，根际土壤中 Cd 含量显著增加，从 6.75mg/kg 提高至 14.77mg/kg，同时黑麦草体内 Cd 含量有大幅度降低，说明小麦间作能抑制黑麦草对土壤中 Cd 的吸收（李贺等，2012）。玉米-鹰嘴豆间作的玉米地下部 Pb 含量仅分别为玉米单作和玉米-羽扇豆间作时的 53.9% 和 63.8%（黄益宗等，2006）。

东南景天与玉米间作，可以减少玉米对 Cu 和 Zn 的吸收（李新博等，2009）；玉米不易吸收土壤中的重金属（Cd、Pb、Cr、Cu），尤其是玉米间作时对重金属的吸收能力还会降低，因此玉米间作适用于在重金属污染土壤中种植产出可安全食用的产品（安玲瑶，2012）；与黑麦草及紫云英间作可减少油菜富集 Cd 与 Pb，降低重金属对人类的危害（向言词等，2010）。

3. 间套作提高植物对土壤重金属的提取

不同作物种植在一起也会提高植物对重金属的吸收。Cd 富集植物甘蓝型油菜与菜心或玉米间作在一起，油菜地上部 Cd 浓度和 Cd 累积量明显得到提高，表明间作技术用于修复 Cd 污染土壤的能力（Wu 等，2002）；王激清等（2004）通过盆栽试验把印度芥菜与同属的农作物油菜互作，互作时印度芥菜的吸 Cd 量和对土壤的净化率在高浓度 Cd 处理下高于单作，但油菜植株 Cd 含量也增加，产量下降；土壤 Cd 含量为 5.37mg/kg 时，间作提高了印度芥菜地上部分 Cd 的含量而降低了苜蓿地上部分 Cd 的含量（Liu 等，2005）。因此，间套作方式可以提高植物对重金属的提取效率，这种方式也可以替代螯合诱导植物修复中的化学螯合剂。

李凝玉等（2008）将眉豆、扁豆、鹰嘴豆、紫花苜蓿、油菜、籽粒苋和墨西哥玉米草 7 种作物分别与玉米间作在人工 Cd 污染土壤上，结果发现：4 种豆科作物大幅提高玉米对 Cd 的富集量，其中眉豆和鹰嘴豆效应最大，它们使玉米富集 Cd 总量分别达到玉米单作的 1.6 倍和 2.1 倍，玉米草和籽粒苋则降低了玉米对 Cd 的富集；7 种间作植物对 Cd 有不同的吸收水平，其中油菜与籽粒苋可大量富集 Cd、Zn。豌豆和大麦混作，豌豆地上部的 Cu、Pb、Zn、Cd 和 Fe 浓度是分别是单作的 1.5 倍、1.8 倍、1.4 倍、1.4 倍和 1.3 倍，混作中大麦的根系分泌物能活化土壤重金属并有利于豌豆吸收（Luo 等，2008）。

安玲瑶（2012）在重金属（Cd、Pb、Cr、Cu）复合污染的土壤上比较研究不同种植模式下植物吸收重金属的特性。结果表明，番茄对土壤中重金属的吸收能力最高，尤其是间作时番茄对重金属的吸收能力还会提高，因此，番茄间作适用于修复土壤重金属污染。与玉米间作的大叶井口边草地上部和根部对 As、Cd 的吸收有显著提高，同时显著降低了地上部对 Pb 的吸收，而地下部对 Pb 的吸收却有明显增加，尤其以玉米（云瑞 8 号）的间作效应最显著（秦欢等，2012）。

选择适当的植物种类，尽可能提高超富集植物对重金属的吸收，降低与之间作的农作物重金属含量，是植物修复的有效途径。

参 考 文 献

[1] Abdul G Khan. Role of soil microbes in the rhizospheres of plants growing on tracemetal contaminated soils in phytoremediation [J]. J Trace Elem Med Biol，2005，18：355-364.

[2] Yalcin B A，Akram N A. Principles of electrokinetic remediation. Environmental Science and Technology，1993，27（13）.

[3] Agrelot J. C et al. Proceeding of NWWA Conference：New York，1984.

[4] Ainsworth C C，Pilon J L，Gassman P L，et al. Cobalt，cadmium and lead sorption to hydrous iron oxide：residence time effect [J]. Soils. Soc. Am. J. 1994，58：1615-1623.

[5] American Petroleum Institute. 1996. A guide to the assessment and remediation of underground petroleum releases. 3 rd Edition. API Publication 1628，Washington DC.

[6] Andersson A，Nilsson K O. Influence of lime and soil pH on Cd availability to plants [J]. American Biology，1974，3：198-212.

[7] Anderson W C. 1993. Innovative site remediation technology-thermal desorption. Washington DC，American Academy of Environmental Engineers. Arias M，Barrel MT. Enhancement of copper and cadmium adsorption on kaolin by the presence of humic acids. Chemo sphere，2002，48：1081-1088.

[8] Arnesen A K M，Singh B R. Plant uptake and DTPA-extractability of Cd，Cu，Ni and Zn in a Norwegian alum shale soil as affected by various addition of dairy and pig manures and peat [J]. Can. J. Soil Sci. 1998，78：531-539.

[9] Audet P，Charest C. Heavy metal phytoremediation from ameta analytical perspective [J]. Environ Pollut，2007a，147：231-237.

[10] Audet P，Charest C. Dynamics of arbuscular mycorrhizal symbiosis in heavy metal phytoremediation：meta-analytical and conceptual perspectives [J]. Environ Pollut，2007b，147：609-614.

[11] Backes C A，McLaren R G，Rate A W，et al. Kinetics of cadmium and cobalt desorption from iron and manganese oxides [J]. Soil Sci. Soc. Am. J. 1995，59：778-785.

[12] Baker A J M，McGrath S P，Sidoli C M D，et al. The possibility of in situ heavy metal decontamination of polluted soils using crops of metal-accumulating plants [J]. Resources，Conservation and Recycling，1994，11（1）：41-49.

[13] Banuelos G S，Lin Z Q，Arroyo I，et al. Selenium volatilization in vegetated agricultural drainage sediment from San Luis Drain，Central California [J]. Chemosphere，2005，60：1203-1213.

[14] Bargagli R，Baldi F. Mercury and methyl mercury in higher fungi and their relation with the substrata in a cinnabar mining area [J]. Chemosphere，1984，13（9）：1059-1071.

[15] Bartan L L，David A Sabatini. Transport and remediation of subsurface contaminants [J]. Washington D. C：American Chemical Society，1992：99-107.

[16] Basta N T，Gradwohl R，Snethen K L，et al. Chemical immobilization of lead，zinc and cadmium in smelter-contam inated soils using biosolids and rock phosphate [J]. Journal of Environmental Quality，2001，30：1222-1230.

[17] Baum C，Hrynkiew Icz K，Leinewber P，et al. Heavy metal mobilization and uptake by mycorrhizal and non-mycorrhizal willows [J]. Journal of Plant Nutrition and Soil Science，2006，169：516-522.

[18] Belimov A A，Safronova V I，Sergeyeva T A，et al. Characterisation of plant growth promoting rhizobacteria isolated from polluted soils and containing 1-am inocyclop ropane-1-carboxylate deaminase [J]. Canadian Journal of Microbiology，2001，47：642-652.

[19] Bellmov A A，Hontzeas N，Safronova V I，et al. Cadmium tolerant plant growth promoting bacteria associated with the roots of Indian mustard（Brassica juncea L. Czern.）[J]. Soil Biology and Biochemistry，2005，37：

241-250.

[20] Bergelson J M，Crawley M J. Mycorrhizal infection and plant species diversity [J]. Nature，1998，334：202.

[21] Blake R C，Choate D M，Bardhan S，et al. Chemical transformation of toxic metals by a Pseudomonas strain from a toxic waste site [J]. Environ Toxicol Chem，1993，12：1365-1376.

[22] Bleeker P M，Schat H，Vooijs R，et al. Mechanisms of arsenate tolerance in Cytisus striatus. New Phytologist，2003，157：33-38.

[23] Bollag J M，Bollag W B. Soil contamination and the feasibility of biological remediation [A]. In：Skipper HD (eds). Bioremediation：Science and Applications [C]. ASA，Madison，1995. 1-12.

[24] Bradley R，Burt A J，Read D J. Mycorrhizal infection and resistance to heavy metal toxicity in Coluna vulgaris [J]. Nature，1981，292：335-337.

[25] Bradley R，Burt A J，Read D J. The biology of mycorrhiza in the ericaceae：Ⅷ. The role of mycorrhiza infection in heavy resistance [J]. New Phytologist，1982，91：197-209.

[26] Braud A，Je Ze Quel K，Vieille E，et al. Changes in extractability of Cr and Pb in a polycontaminated soil after bioaugmentation with microbial producers of biosurfactants，organic acids and siderophores [J]. Water，Air and Soil Pollution，2006，6：261-279.

[27] Brooks R R.，Lee J，Reeves R D，et al. Detection of nickeliferous rocks by analysis of herbarium specimens of indicator plants. Journal of Geochemical Exploration，1977，7：49-57.

[28] Brown G A，Elliott H A. Influence of electrolytes on EDTA extraction of Pb from polluted soil [J]. Water Air Soil Poll，1992，62.

[29] Brown S，Christensen B，Lomb E，et al. An inter-laboratory study to test the ability of amendments to reduce the availability of Cd，Pb，and Zn in situ [J]. Environmental Pollution，2005，138：34-45.

[30] Brown S L，Chaney R L，Angle J S，et al. Phytoremediation potential of Thlaspi caerulescens and Bladder champion for zinc and cadmium contaminated soil [J]. Environmental Quality，1994，23：1151-1157.

[31] Bruemmer G W，Garth J，Tiller K G. Reaction kinetics of the adsorption and desorption of nicer，zinc and cadmium by goethite. I. Adsorption and diffusion of metals [J]. J. Soil Sci.，1988，39：37-52.

[32] Brundrett M C. Coevolution of roots and mycorrhizas of land plants [J]. New Phytologist，2002，154：275-304.

[33] Bruors R R，Lee J，Reeves R D，et al. Detection of nickeliferous rocks by analysis of herbarium specimens of indicator plants [J]. Journal of Geochemistry Exploration，2000，7：49-57.

[34] Burke S J，Angle J S，Chaney R L，et al. Arbuscular mycorrhizae effects on heavy metal uptake by corn [J]. Int J Phytorem，2000，2：23-29.

[35] Caille N，Zhao F J，McGrath S P. Comparison of root absorption，translocation and tolerance of arsenic in the hyperaccumulator Pteris vittata and the nonhyperaccumulator Pteris tremula. New Phytologist，2005，165：755-761.

[36] Cai Y，Ma L Q. Metal tolerance，accumulation，and detoxication in plants with emphasis on arsenic in terrestrial plants. In：Cai Y & Btaids OC (eds). Proceedings of the ACS symposium series 835 on biogeochemistry of environmentally important trace elements. American Chemistry Society，2003，95-114.

[37] Cai Y，Su J，Ma L Q. Low molecular weight thiols in arsenic hyperaccumulator Pteris vittata upon exposure to arsenic and other trace elements [J]. Environmental Pollution，2004，129：69-78.

[38] Cao RX，Ma L Q，Chen M，et al. Phosphate-induced metal immobilization in a contaminated site [J]. Environmental Pollution，2003，122：19-28.

[39] Chanmugathas P，Bollag J M. Microbial role in immobilization and subsequent mobilization of cadmium in soil [J]. Arch Environ Contamin Toxicat，1988，17：229-235.

[40] Chen B D，Tao H Q，Li X L，et al. The role of arbuscular mycorrhiza in zinc uptake by red clover growing in a calcareous soil spiked with various quantities of zinc [J]. Chemosphere，2003，50：839-846.

［41］ Chen B D，Xiao X Y，Zhu Y G，et al. The arbuscular mycorrhizal fungus Glomus mosseae gives contradictory effects on phosphorus and arsenic acquisition by Medicago sativa Linn ［J］. Sci. Total Environ. ，2007，379，226-234.

［42］ Chen B D，Zhu Y G，Smith F A. Effects of arbuscular mycorrhizal inoculation on uranium and arsenic accumulation by Chinese brake fern （Pteris vittata L. ） from a uranium mining-impacted soil ［J］. Chemosphere，2006，62：1464-1473.

［43］ Chen B，Shen H，Li X，et al. Effects of EDTA application and arbuscular mycorrhizal colonization on growth and zinc uptake by maize （Zea mays L. ） in soil experimiently contaminated with zinc ［J］. Plant and Soil，2004，261：219-229.

［44］ Chen C，Wang J L. Cell surface characteristics of Saccharomyces cerevisiae after Pb(Ⅱ) uptake ［J］. Acta Scientiae Circumstantiae. 2011，31 (8)：1587-1593.

［45］ Chen H M，Zheng C R，Tu C，et al. Chemical methods and phytoremediation of soil contaminated with heavy metals ［J］. Chemosphere，2000，41：229-234.

［46］ Chen L，Luo S L，Xiao X，et al. Application of plant growth-promoting endophytes （PGPE） isolated from Solanum nigrum L. for phytoextraction of Cd-polluted soils ［J］. Applied Soil Ecology，2010，46：383-389.

［47］ Chen S B，Zhu Y G，Ma Y B. The effect of grain size of rock phosphate amendment on metal immobilization uncontaminated soils. Journal of Hazardous Materials B，2006，134：74-79.

［48］ Chen T B，Wei C Y，Huang Z C，et al. Arsenic hyperaccumulator Pteris vittata L. and its arsenic accumulation ［J］. Chinese Science Bulletin，2002，47：902-905.

［49］ Chen T B，Liao X Y，Huang Z C，et al. Phytoremediation of arsenic-contaminated soil in China ［J］. In Willey N. （ed. ）. Phytoremediation：Methods and Reviews. Humana Press，Totowa，New Jersey. 2007，393-404.

［50］ Chen Y X，Wang Y P，Lin Q，et al. Effect of copper tolerant rhizosphere bacteria on mobility of copper in soil and copper accumulation by Elsholtzia splendens ［J］. Environment International，2005，31：861-866.

［51］ Christie P，Li X L，Chen B D. Arbuscular mycorrhiza can depress translocation of zinc to shoots of host plants in soils moderately polluted with zinc ［J］. Plant and Soil，2004，261：209-217.

［52］ Cicalese M E，Mack J P. 1994. Application of pneumatic fracturing extraction for removal of VOC contamination in low permeable formations. I&EC Special Symposium，American Chemical Society，Atlanta，Georgia，Sep. 27~29.

［53］ Clarke A N，Wilson D J，Percin P R. 1994. Thermally enhanced vapor stripping. In hazardous waste soil remediation，D. J. Wilson and A. N. Clarke （eds）. Marcel Dekker Inc.

［54］ Claudia G Marb K. Identification of the copper region in Saccharonyces cerevisiae by microarrays ［J］. Biolchem，2000，275 (41)：32310-32316.

［55］ CMI Corporation. 1997. Thermal soil remediation equipment.

［56］ Colpaert I V，Vandenkoornhuyse P. Mycorrhizal fungi：Prasad MNv ed Metals in the environment-Analysis by biodiversity ［M］. New York，USA，Marcel Dekker Inc：2001，37-58.

［57］ Committee to Develop On-Site Innovative Technologies. 2003. Thermal desorption，treatment technology. Western Governors' Association，Mixed Radioactive/Hazardous Waste Working Group.

［58］ Compoau G C，Bartha R. Sulfate-reducing bacteria：Principal methylators of mercury in anoxic estuarine sediment ［J］. Appl Environ Microbiol，1985，50：498-502.

［59］ Conger R M，Pokier R. Phytoremediation experimentation with the herbicide bentazon ［J］. Remediation，1997，7 (2)：19-37.

［60］ Cullen W R，Reimer K J. Arsenic speciation in the environment ［J］. Chemical Reviews，1989，89：713-764.

［61］ Cuningham S D. Phytoremediation of contaminated soils ［J］. Trend Biotechno，1995，13 (9)：393-397.

［62］ Dai C C，Xie H，Wang X X，et al. Intercropping peanut with traditional Chinese medicinal plants improves soil microcosm environment and peanut production in subtropical China ［J］. African Journal of Biotechnology，

2009, 8 (16): 3739-3746.

[63] Davidson C M, Duncan A L, et al. A critical evaluation of three stage BCR sequential extraction procedure to assess the potential mobility and toxicity of heavy metal in industrially-contaminated land. Analytica Chimica Acta, 1998, 363.

[64] Davis H W J, Roulier M, Bryndzia T. 1995. Hydraulic fractures as anaerobic and aerobic biological treatment zones. U. S. EPA/600/R-95/012. Environmental Protection Agency.

[65] Dehn B, Schuepp H. Influence of VAM on the uptake and distribution of heavy metal in plants [J]. Agric Ecosyst Environ, 1989, 29: 79 83.

[66] Delorme T A, Gagliardi J V, Angle J S, et al. Influence of the zinc hyperaccumulator Thaspi caerulescens and the nonmetal accumulator Trifolium pretense on soil microbial populations. Canadian Journal of Microbiology, 2001, 47: 773-776.

[67] Dermont G, Bergeron M, Mercier G, et al. Soil washing for metal removal: A review of physical/chemical technologies and field applications [J]. Journal of Hazardous Materials, 2008, 152: 1-31.

[68] Dhankher OP, Li Y, Rosen B P, et al. Engineering tolerance and hyperaccumulation of arsenic in plants by combining arsenate reductase and γ-glutamylcysteine synthetase expression [J]. Nature Biotechnology, 2002, 20: 1140-1145.

[69] Diels L, Lelie N V D, Bastiaens L. New developments in treatmen t of heavy metal contaminated soils [J]. Reviews in Environmental Science and Biotechnology, 2002, 1: 75-82.

[70] Diels L, Van der Lelie N, Bastiaens L. New developments in treatment of heavy metal contaminated soils. Rev Environ Sci Bio/Technol, 2002, 1: 75-82.

[71] Dopsonm, Lindstorm E B. Potential role of Thiobacillus caldus in arsenopyrite bioleaching [J]. Appl Environ Microhiology, 1999, 65 (1) 36-401.

[72] Dueck T A, Visser Ernstw H O, et al. Vesicular-arbuscular mycorhizae decrease zinc toxicity to grasses growing in zinc-polluted soil [J]. Soil Biol Biochem, 1986, 18: 331-333.

[73] Dueck TA, Visser P, Ernest WHO, et al. Vesicular-arbuscular mycorrhizas decrease zinc-toxicity grasses in zinc polluted soil [J]. Soil Biol Biochem, 1986, 18.

[74] Elval C, Barea J M, Azcăn-aguil LA R. Diversity of arbuscular mycorrhizal fungus populations in heavy-metal-contaminated soils [J]. Appl Environ Microbiol, 1999, 65: 718-723.

[75] Evans L J. Chemistry of metal retention by soils. Environ Sci Technol, 1989, 23.

[76] Federa l Remediation Technologies Roundtable (FRTR). 2002a. 3. 2 In situ physical/chemical treatment, soil flushing. [2010-7-20]. http: //www. Frtr. gov/matrix2/section4/4-6. Html.

[77] Fitz W J, Wenzel W W, Zhang H, et al. Rhizosphere characteristics of the arsenic hyperaccumulator Pteris vittata L. and monitoring of phytoremoval efficiency [J]. Environmental Science & Technology, 2003 (37): 5008-5014.

[78] Fomina M, Chamock J, Bowen A D, et al. X-ray absorption spectroscopy (XAS) of toxic metal mineral transformations by fungi [J]. Environ Microbial, 2007, 9 (2): 308-321.

[79] Fortin J, Jury W A, Anderson M A. Enhanced removal of trapped non-aqueous phase liquids from saturated soil using surfactant solutions [J]. Journal of Contaminant Hydrology, 1997, 24.

[80] Francis A J, Dodge C J. Anaerobic microbial dissolution of transition and heavy metal oxides [J]. Appl Environ Microbiol, 1988, 54 (4): 1009-1014.

[81] Frankenberger W T, Losi M E. Applications of bioremediation in the cleanup of the heavymetals and metalloids [A]. Inc Skipper H D. (eds). Bioremediation: Science and Applications [C]. ASA, Madison, 1995. 173-210.

[82] Frank U, Skovronek H S, Liskowitz J J, et al. 1994. Site demonstration of pneumatic fracturing and hot gas injection. EPA/600/R-94/011. U. S. Environmental Protection Agency.

[83] Fred T D, Jeffrey D P, Ronald J N, et al. Mycorrhizal fungi enhance accumulation and tolerance of chromium

重金属污染土壤修复理论与实践

in sunflower（Helianthus annuus）[J]. Journal of Plant Physiology，2001，158：777-786.

[84] Freeman H M，Eugene F H. 1995. Hazardous waste remediation：innovative treatment technologies. Technomic Publishing Co，Inc，Lancaster，PA.

[85] Fristad W E，Elliott D K，Royer M D. EPA site emerging technology program：Cognis terramet lead extraction process [J]. Air & Waste Manage Assoc，1996，46：470-480.

[86] Gadd G M. Bioremedial potential of microbial mechanisms of metal mobilization and immobilization [J]. Curr Opin Biotechnol，2000，11（3）：271-279.

[87] Galli V，Schuepp H，Brunold C. Heavy metal binding by mycorrhizal physiol [J]. plant，1994，92：364-368.

[88] Gang W，Hubiao K. A critical review on the bioremoval of hazardous heavy metals from contaminated soils：Issues，progress，eco-environmental concerns and opportunities [J]. Journal of Hazardous Materials，2010，174：1-8.

[89] Garbaye J，Bowen G D. Stimulation of ectomycorrhizal infection of Pinus radiata by some microorganisms associated with the mantle of ectomycorrhizas [J]. New Phytologist，1989，112：383-388.

[90] Garcia-Delgado R A，Rodriguez-Maroto J M，Gomez-Lahoz C，et al. Soil flushing with EDTA solutions：A model for channeled flow [J]. Separation Science and Technology，1998，33.

[91] Garcia-Sanchez A，A lvarez-Ayuso E，Rodriguez-Martin F. Sorption of As（V）by some hydroxides and clay minerals：Application to its immobilization in two polluted mining soils [J]. Clay Minerals，2002，37：187-194.

[92] Geosafe Corporation. 1994. In-situ vitrification technology. SITE Technology Capsule Harding Lawson Associates. 2003. Air sparging/soil vapor extraction system，company information. Http：//www. Harding. com/hla-airs. html.

[93] Geren H，Avcioglu R，Soya H，et al. Intercropping of corn with cowpea and bean：Biomass yield and silage quality [J]. African Journal of Biotechnology，2008，7（22）：4100-4104.

[94] Gharieb M M，Gadd G M. Role of glutathione in detoxification of metal（loid）s by Saccharomyces cerevisiae [J]. Bio. Metals，2004，17：183-188.

[95] Gidarakos E，Giannis A. Chelate agents enhanced electrokinetic remediation for removal cadmium and zinc by conditioning catholyte pH [J]. Water，Air，and Soil Pollution，2006，172.

[96] Gonzaga M I S，Santos J A G，Ma L Q. Arsenic chemistry in the rhizosphere of Pteris vittata L. and Nephrolepis exaltata L [J]. Environmental Pollution，2006，143：254-260.

[97] González-Chávez M C，Carrillo-González R，Wright S F，et al. The role of glomalin，a protein produced by arbuscular mycorrhizal fungi，in sequestering potentially toxic elements [J]. Environ. Pollut. ，2004，130：317-323.

[98] Gonzalez-Chavez M C，Haen Jan D，Vangronsveld J，et al. Copper sorption and accumulation by the extraradical mycelium of different Glomus spp. （arbuscular mycorrhizal fungi）isolated from the same polluted soil. Plant Soil，2002，240：287-297.

[99] Gonzalez M C，Carrillo G R，Wright S，et al. The role of global in a protein produced by arbuscular mycorrhizal fungi in sequestering potentially toxic elements [J]. Environ Pollution，2004，130：317-323.

[100] Gove B，Hutchinson J J，Young S D，et al. Uptake of metals by plants sharing a rhizosphere with the hyper accumulator Thlaspi caerulescens [J]. International Journal of Phytoremediation 2002，4（4）：267-281.

[101] Gray C W，Dunham S J，Dennis P G，et al. Field evaluation of in situ remediation of a heavy metal contaminated soil using lime and red-mud [J]. Environmental Pollution，2006，142（3）：530-539.

[102] Grčman B. Ethylenediaminedissuccinate as a new chelate for environmentally safe enhanced lead phytoextraction [J]. Journal of Environmental Quality，2003，32（2）：500-506.

[103] Grill E，Löffler S，Winnacker E L，et al. Phytochelatins，the heavy-metals-binding peptides of plants，are synthesized from glutathione by a specific γ-glutamilcysteine dipeptidyl transpeptidase（phytochelatin synthase）. Pro-

ceedings of the National Academy of Sciences of the United States of America, 1989, 86: 6838-6842.

[104] Grill E, Winnacker E L, Zenk M H. Phytochelatins: the principal heavy metal complexing peptides of higher plants [J]. Science, 1985, 230: 674-676.

[105] Guo Zu-mei, Wei Ze-bin, Wu Qi-tang, et al. Chelator-enhanced phytoextraction coupling with soil washing to remediate multiple-metals-contaminated soils [J]. Practice Periodical of Hazardous, Toxic, and Radioactive Waste Management, 2008, 12 (3): 210-215.

[106] Hanson A T, Samani Z, Dwyer B, et al. Heap leaching as a solvent-extraction technique for remidiation of metals-contaminated soils [J]. ACS Symposium Series, 1992.

[107] Sabatini D A, Knox R C (Eds.). Transport and Remediation of Subsurface Contaminants. ACS Symposium Series, No. 491. American Chemical Society, Washington DC, USA, 1992, PP.

[108] Harmon R E, McLaughlin M J, Cozen G. Mechanisms of attenuation of metal availability in situ remediation treatments [J]. Environmental Science and Technology, 2002, 36: 3991-3996.

[109] Hartley-Whitaker J, Ainsworth G, Wooijs R, et al. Phytochelatins are involved in differential arsenate tolerance in Holcus lanatus [J]. Plant Physiology, 2001, 126: 299-306.

[110] Hartley-Whitaker J, Woods C, Meharg AA. Is differential phytochelatin production related to decrease arsenate influx in arsenate tolerant Holcus lanatus [J]. New Phytologist, 2002, 155: 219-225.

[111] Haruvy N, Offer R, Hadas A, et al. Wastewater irrigation economic concerns regarding beneficiary and hazardous effects of nutrients [J]. Water Resources Management. 1999.

[112] Heeraman D A, Claassen V P, Zasoski R J. Interaction of lime, organic matter and fertilizer on growth and uptake of arsenic and mercury by Zorro fescue (Vulpia myuros L.) [J]. Plant and Soil, 2001, 23: 215-231.

[113] Heggo A, Angle J S. Effects of vesicular-arbuscular mycorrhiza fungi on heavy metal uptake by soybean [J]. Soil Boil Biochem, 1990, 22: 865-869.

[114] Higgins T E. In situ reduction of hexavalent chromium in alkaline soils enriched with chromite ore processing residue [J]. Air and Waste Manage Assoc., 1998, 48: 1100-1106.

[115] Hiroki M. Effects of heavy metal contamination on soil microbial population [J]. Soil Science and Plant Nutrition, 1992, 38 (1): 141-147.

[116] Hong C, Tersea C. EDTA and HEDTA effects on Cd, Cr and Ni uptake by Heliauthus auuuus [J]. Chemosphere, 2001, 45: 21-28.

[117] Huang J W, Cben J, Berti W R, et al. Phytoremediation of Pb contaminated soils: role of synthetic chelates in lead phytoextraction [J]. Environment Science and Technology, 1997, 31: 800-805.

[118] Huang S S, Liao Q L, Hua M, et al. Survey of heavy metal pollution and assessment of agricultural soil in Yangzhong district, Jiangsu Province, China [J]. Chemosphere, 2007, 67 (11): 2148-2155.

[119] Hydro-Search, Inc. 1996. Work plan for dual phase extraction system with pneumatic fracturing at united defense LP. Ground Systems Division, 328 West Brokaw Road, Santa Clara County, California.

[120] Hydro-Search, Inc. 1997. GeoTrans implementation report, dual phase extraction system with pneumatic fracturing at united defense LP. Ground Systems Division, 328 West Brokaw Road, Santa Clara County, California.

[121] Hydro-Search, Inc. 1999. GeoTrans Personal communication between Micheal Montroy of HIS GeoTrans and james DiLorenzo of U. S. EPA Region 1.

[122] Idris R, Trifonova R, Puschenreiter M, et al. Bacterial communities associated with flowering plants of the Ni hyper accumulator Thlaspi geosingense [J]. Applied and Environmental Microbiology, 2004, 70: 2667-2677.

[123] Igwe G J, Walling P D, Johnson D. 1994. Physical and chemical characterization of lead-contaminated soil. Innovative Solutions for Contaminated Site Management. The Water Environment. The Water Environment Federation conference, Miami, FL.

[124] Ike A, Sriprang R, Ono H, et al. Bioremediation of cadmium contaminated soil using symbiosis between

leguminous plant and recombinant rhizobia with the MTL4 and the PCS genes [J]. Chemosphere, 2007, 66: 1670-1676.

[125] I llera V, Garrido F, Serrano S, et al. Immobilization of the heavy metals Cd, Cu and Pb in an acid soil and ended with gypsum-and lime-rich industrial by-products [J]. European Journal of Soil Science, 2004, 55: 135-145.

[126] Inal A, Gunes A, Zhang F, et al. Peanut/maize intercropping induced changes in rhizosphere and nutrient concentrations in shoots [J]. Plant Physiology and Biochemistry, 2007, 45: 350-356.

[127] Jaffré T, Brooks R R, Lee J, et al. Sebertia acuminate: a hyperaccumulator of nickel from New Caledonia [J]. Science, 1976, 193: 579-580.

[128] Jankong P, Visoott I V, Iseth P. Effects of arbuscular mycorrhizal inoculation on plants growing on arsenic contaminated soil [J]. Chemosphere, 2008, 72: 1092-1097.

[129] Jiang C Y, Sheng X F, Qian M, et al. Isolation and characterieat ion of a heavy metal resistant Burkholderia sp. from heavy metal contaminated paddy field soil and its potential in promoting plant growth and heavy metal accumulation in metal polluted soil [J]. Chemosphere, 2008, 72: 157-164.

[130] Johansen A, Jakobsen I, Jensen E S. Hyphae N transport by a vesicular-arbuscular mycorrhizal fungus associated with cucumber grown at three nitrogen levels [J]. Plant and Soil, 1994, 160: 1-9.

[131] Johnston C D, Rayner J L, Briegel D. Effectiveness of in-situ air sparging for removing NAPL gasoline from a sandy acquifernear Perth, Western Austrilian [J]. J of Contaminant Hydrology, 2002, 59.

[132] Jones D L. Organic acid in the photosphere-a critical review [J]. Plant and Soil, 1998, 205: 25-40.

[133] Azcón R, Biró B, Roldán A, et al. Antioxidant activities and metal acquisition in mycorrhizal plants growing in a heavymetal multi-contaminated soil amended with treated lignocellulosic agrowaste [J]. Applied Soil Ecology, 2009, 41: 168-177.

[134] Jurate V, Mika S, Petri L. Electro kinetic soil remediation critical overview [J]. The Science of the Total Environment, 2002, 289: 97-121.

[135] Justin D H, David J R, Shaheen S, et al. Cadmium-specific formation of metal sulfide 'Q-particles' by klebsiella pneumoniae [J]. Microbiology, 1997, 143: 2521-2530.

[136] Kallio MP, Korpela A. Analysis of gaseous arsenic species and stability studies of arsine and trimethyarsine by gas chromatography-mass spectrometry [J]. Analytica Chimica Acta, 2000, 410: 65-70.

[137] Kamh M, Horst W J, Amer F, et al. Mobilization of soil and fertilizer phosphate by cover crops [J]. Plant and Soil, 1999, 211: 19-27.

[138] Kamnev A A, Elied V D. Chemical and biological parameters as tools to evaluate and improve heavy metal phytoremediation [J]. Bio sci Rep, 2000, 20 (4): 239-258.

[139] Khan A G. Mycorrhizoremediation: an enhanced form of phytoremediation [J]. Journal of Zhejiang University Science, 2006, 7 (7): 503-514.

[140] Khan G. Role of soil microbes in the rhizospheres of plants growing on trace metal contaminated soils in phytoremediation [J]. Journal of Trace Elements in Medicine and Biology, 2005, 18: 355-364.

[141] Khan M J, Jones D L. Effect of composts, lime and diammonium phosphate on the phytoavailability of heavy metals in a copper mine tailing soil [J]. Pedosphere, 2009, 19 (5): 631-641.

[142] Kherbawy E, Angle J S, Heggo A, et al. Soil pH, rhizobia, and vesicular-arbuscular mycorrhizae inoculation effects on growth and heavy metal uptake of alfalfa (Medicago sativa L) [J]. Biol Fertil Soils, 1989, 8: 61-65.

[143] Kim S O, Moon S H, Kim K W. Removal of heavy metals from soils using enhanced electrokinetic soilprocessing [J]. Water, Air, and Soil Pollution, 2001, 125.

[144] Kita D, Kubo H. 1983. Several solidified sediment examples. Proceedings of the 7th U. S. /Japan Experts Meeting.

[145] Köhl K I, Harper F A, Baker A J M, et al. Defining a metal-hyperaccumulator plants: the relationship between metal uptake, allocation and tolerance [J]. Plant Physiology, 1997, 114: 124.

[146] Koide R T, Dickie I A. Effects of mycorrhizal fungi on plant populations [J]. Plant and Soil, 2002, 244: 307-314.

[147] Konopka A, Zakhamva T, Bischoff M, et al. Microbial biomass and activity in lead contaminated soil [J]. Applied and Environmental Microbiology, 1999, 65: 2256-2259.

[148] Kouichi K, Mitsuyoshi U. Yeast biosorption and recycling of metal ions by cell surface engineering [J]. Microbial Biosorption of Metals, 2011: 235-247.

[149] Kozdró j J, Piotrowska-Seget Z, Krupa P. Mycorrhizal fungi and ectomycorrhiza associated bacteria isolated from an industrial desert soil protect pine seedlings against Cd(II) impact [J]. Ecot oxicology, 2007, 16: 449-456.

[150] Krantz-Rulcker C, Allard B, Schnurer J. Adsorption of IIB-metes by three common soil fungi-comparison and assessment of importance for metal distribution in natural soil systems [J]. Soil Biol Biochem, 1996, 28 (7): 967-975.

[151] Krishnamurthy S. Extraction and recovery of lead species from soil [J]. Environment Process, 1992, 11 (4): 256-260.

[152] Kruger E L, Anhalt J C, Sorenson D. Atrazine degradation in pesticide-contaminated soils. In: Phytoremediation of Soil and Water Contaminants. Washington DC: American Chemical Society, 1997: 54-64.

[153] Kuhlman M I, Greenfield T M. Simplified soil washing process for a variety of soils [J]. J. Hazard. Mater. , 1999, 66: 31-45.

[154] Kumpiene J, Lagerkvist A, Maurice C. Stabilization of As, Cr, Cu, Pb and Zn in soil using amendments-A review [J]. Waste Management, 2008, 28: 215-225.

[155] Kuroda K, Ued M. Effective display of metallothionein tandem repeats on the bioadsorption of cadmium ion [J]. Applied Microbiology and Biotechnology, 2006, 70 (4): 458-463.

[156] Lagader A J M, Miller D J, Lilke A V. Pilot-scale subcritical water remediation of polycyclic aromatic hydrocarbon and pesticide-contaminated soil [J]. Environ Sci Tehnol, 2000, 34 (8).

[157] Lane B R, Kajoika R, Kennedy R. The wheat germ Ec protein is zinc-containing metallothionein. Biochemistry and Cell Biology, 1987, 65: 1001-1005.

[158] Lasat M M. Phytoextraction of toxic metals: a review of biological mechanisms [J]. Journal of Environmental Quality, 2002, 31: 109-120.

[159] Lebeau T, Braud A J Z, Quel K. Performance of bioaugmentation assisted phytoextraction applied to metal contaminated soils: a review [J]. Environ Pollut, 2008, 153: 497-522.

[160] Ledin M, Krantz Rulcker C, Allard B. Zn, Cd and Hg accumulation by microorganisms, organic and inorganic soil components in mult-compartment systems [J]. Soil Biochem, 1996, 28 (6): 791-799.

[161] Lerch K. Copper metal lithopone in a copper binding protein from Neurospora crassa [J], Nature, 1980, 284: 368-370.

[162] Leung H M, Ye Z H, Wong M H. Interactions of mycorrhizal fungi with Pteris vittata (As hyperaccumulator) in As-contaminated soils [J]. Environmental Pollution, 2006, 139: 1-8.

[163] Leung H M, Ye Z H, Wong M H. Survival strategies of plants associated with arbuscular mycorrhizal fungi on toxic mine tailings [J]. Chemosphere, 2007, 66: 905-915.

[164] Liao Y C, Chang S W, Wang M C, et al. Effect of transpiration on Pb uptake by lettuce and on water soluble low molecular weight organic acids in rhizosphere [J]. Chemosphere, 2006, 65: 343-351

[165] Lighty J S, Silcox G D, Pershing D W, et al. Fundamental experiments on thermal desorption of contaminants from soils [J]. Environment Progress, 1989, 8 (1): 127-141.

[166] Liu Z L, He X Y, Chen W, et al. Accumulation and tolerance characteristics of cadmium in a potential hy-

peraccumulator—Lonicera japonica Thunb [J]. Journal of Hazardous Materials, 2009, 169: 170-175.

[167] Li X L, Christie P. Changes in solution Zn and pH and uptake of Zn by arbuseular mycorrhizal red clover in Zn-contaminated soil. Chemosphere, 2001, 42: 201-207.

[168] Li X L, George E, Marschner H. Phosphorus depletion and pH decrease at the root-soil and hyphae-soil interfaces of VA mycorrhizal white clover fertilized with ammonium [J]. New Phytologist, 1991, 119: 397-404.

[169] Lloyd J R, Mabbett A N, Willam S D R, et al. Metal reduction by sulphate reducing bacteria: physiological diversity and metal specificity [J]. Hydrometallurgy, 2001, 59: 327-337.

[170] Logoteta B, Xu X Y, Macnair M R, et al. Arsenite efflux is not enhanced in the arsenate-tolerant phenotype of Holcus lanatus. New Phytologist, 2009, 183 (2): 340-348.

[171] Lokeshwari H, Chandrappa G T. Impact of heavy metal contamination of Bellandur Lake on soil and cultivated vegetation [J]. Current science, 2006, 91 (5): 622-627.

[172] Lombi E, Zhao F J, Fuhrmann M, et al. Arsenic distribution and speciation in the fronds of the hyperaccumulator Pteris vittata [J]. New Phytologist, 2002, 156: 195-203.

[173] López M L, Peralta-Videa J R, Benitez T, et al. Enhancement of lead uptake by alfalfa (Medicago sativa) using EDTA and a plant growth promoter [J]. Chemosphere, 2005, 61: 595-598.

[174] L Zhang, P Somasundaran, V Ososkov, et al. Flotation of hydrophobic contaminants from soil [J]. Colloids and Surfaces, 2001, 117.

[175] Macaskie I E, Dean A C R, Cheethan A K, et al. Cadmium accumulation by a citrobacter sp. The chemical nature of the accumulated metal precipitate and its location on the bacterial cells [J]. J Gen. Microbial, 1987, 133: 539-544.

[176] Ma J F, Ryan P R, Delhaize E. Aluminium tolerance in plants and the complexing role of organic acids [J]. Trends in Plant Science, 2001, 6: 273-278.

[177] Management of Bottom Sediments Containing Toxic Substances. 1981. New York City, U. S. A. U. S. Army Corps of Engineers, Water Resource Support Center (eds.). 192-210.

[178] Mandal B K, Suzuki KT. Arsenic round the world: a review [J]. Talanta, 2002, 58: 201-235.

[179] Mangal J L, Kumar V. Vesicular arbuscular mycorrhiza (VAM) improved performance of potted onions under saline conditiongs with and without phosphorus nutrition [J]. Vegetable Science, 1998, 25 (2): 119-123.

[180] Marcel G A, Vander H, Klironomos J N, et al. Mycorrhizal fungal diversity determines plant biodiversity, ecosystem variability and productivity [J]. Nature, 1998, 396: 69-72.

[181] Maria S, Irena B, Sergey O, et al. Effect of biosurfactants on crude oil desorption and mobilization in a soil system. Environment International, 2005, 31.

[182] Martin I, Bardos P. A Review of Full Scale Treatment Technologies for the Remediation of Contaminated Soil. Surry: EPP Publications. 1996.

[183] Martneza M, Bemalb P, Almelac C, et al. An engineered plant that accumulates higher levels of heavy metals than Thlaspi caerulescens, with yields of 100 times more biomass in mine soils [J]. Chemosphere, 2006, 64: 478-485.

[184] Mauro J M, Pazirandeh M. Construction and expression of functional multi domain polypeptides in Escherichia coli: expression of the Neurospora crassa metallothionein gene [J]. Letters in Applied Microbiology, 2000, 30 (2): 161-166.

[185] Ma Y, Dickinson N M, Wong M H. Beneficial effects of earthworms and arbuscular mycorrhizal fungi on establishment of leguminous trees on Pb/Zn mine tailings [J]. Soil Biology & Biochemistry, 2006, 38: 1403-1412.

[186] McGrath S P, Sanders J R, Shalaby M H. The effects of soil organic matter levels on soil solution concentra-

参考文献

199

tion and extractabilities of Mn, Zn and Cu [J]. Geoderma, 1988, 42: 77-188.

[187] McGrath S P, Shen Z G, Zhao F J. Heavy metal uptake and chemical changes in the rhizosphere of Thlaspi caerulescens and Thlaspi ochroleucum grown in contaminated soils [J]. Plant and Soil, 1997, 180: 153-159.

[188] McGrath S P, Zhao F J. Phytoextraction of metals and metalloids from contaminated soils [J]. Current Opinion in Biotechnology, 2003, 14: 277-282.

[189] Mclean J, Beveridge T J. Chormate reduction by a Pseudomonad isolated from a site contaminated with chromated copper arsenate [J]. Appl Environ Microbiol, 2001, 67: 1076-1084.

[190] Meagher R. Phytoremdiation of toxic elemental and organic pollutants [J]. Current Opinion in Plant Biology, 2000, 3: 153-162.

[191] Means J. 1995. The application of solidification/stabilization to waste materials. Boca Raton: Lewis Publisher.

[192] Means R S. 1996. Soft books-Environmental Restoration Cost Books. ECHOS, LLC.

[193] Meers E, Tack F M G, Verloo M G, et al. Degrade ability of ethylenedi-aminedisuccinic acid (EDDS) in metal contaminated soils: implications for its use soil remediation [J]. Chemophere, 2008, 70: 358-363.

[194] Meharg A A, Hartley-Whitaker J. Arsenic uptake and metabolism in arsenic resistant and nonresistant plant species [J]. New Phytologist, 2002, 154: 29-43.

[195] Member Agencies of the Federal Remediation Technologies Roundtable. 1995. Remediation case studies: thermal desorption, soil Washing, and in-situ vitrification.

[196] Mench M, Martin E. Mobilization of cadmium and other metals from two soils by root exudates of Zea may L., Nicotiana tabacum L. and Nicotiana rustica L. Plant Soil, 1991, 132: 187-196.

[197] Mench M, Vangronsveld J, Lepp N. Phytostabilisation of metal-contaminated sites. In: Morel J-L et al. (eds.), Phytoremediation of metal-contaminates soils, 109-190. Springer, 2006.

[198] Mengoni A, Barzanti R, Gonnelli C, et al. Characterization of nickel resistant bacteria isolated from serpentine soil [J]. Environmental Microbiology, 2001, 11: 691-698.

[199] Merlin E, Nission H. Transport of labeled nitrogen from ammonium source to pine seeding through mycorrhizal mycelium[J]. Svenslz Botan isk Tidslcrift, 1952, 46: 281-285.

[200] Meyer F H. Distribution of ectomycorrhizae in native and manmade forests Ectomycorrhizae [M]. New York: Academic press, 1973: 79-105.

[201] Morgan J A W, Bending G D, White P J. Biological costs and benefits to plant-microbe interactions in the rhizosphere [J]. J Experimental Botany, 2005, 56 (417): 1729-1739.

[202] Moriarty F. Eco-toxicology: The Study of Pollutants in Ecosystems [M]. London: Academic Press, 1999.

[203] Mulligan C N, Yong R N, Gibbs B F. Remediation technologies for metal-contaminated soils and groundwater: an evaluation [J]. Engineering Geology, 2001, 60.

[204] Munier-Lamy C, Beahelin T J. Formation of polyelectrolyte complexes with (Fe, Al) and trace (V, Cu) elements during neterotrophic microballeaching of rocks [J]. Geomicrobial J, 1987, 5: 119-124.

[205] Murdoch L C, Kemper M, Wolf A. 1992. Hydraulic Fracturing to improve in-situ remediation of contaminated soil [A]. Annual Meeting of the Geological Society of America, Cincinnati, OH, Oct. 26~29, 24 (7): A72.

[206] Murphy A, Zhou J, Goldsbrough P B, et al. Purification and immunological identification of metallothioneins 1 and 2 from Arabidopsis thaliana [J]. Plant Physiology, 1997, 113: 1293-1301.

[207] Naidu R, Bolan N S, Kookana R S, et al. Ionic-strength and pH effects on the adsorption of cadmium and the surface charge of soils [J]. European Journal of Soil Science, 1994, 45: 419-429.

[208] National Academy of Sciences. 1993. In-situ bioremediation-when does it work? National Academy Press. EPA/540/R-93/519a and b, Office of Solid Waste and Emergency Response.

[209] Nava Haruvy. Agricultural reuse of wastewater: Nation-wide cost-benefit analysis [J]. Agriculture, Ecosystems & Environment, 1997, 66.

[210] Nie L, Shah S, Rashid A, et al. Phytoremediation of arsenate contaminated soil by transgenic canola and the

plant growth-promoting bacterium Enterobacter cloacae CAL2 [J]. Plant Physiology and Biochemistry, 2002, 40: 355-361.

[211] Nigam R, Srivastava S, Prakash S, et al. Cadmium mobilisation and plant availability—the impact of organic acids commonly exuded from roots [J]. Plant and Soil, 2001, 230: 107-113.

[212] Nies D H. Efflux-mediated heavymetal resistance in Prokaryotes [J]. FEMS Microbiol Review, 2003, 27: 313-339.

[213] N Vasudevan, P Rajaram. Bioremediation of oil sludge-contaminated soil [J]. Environment International, 2001.

[214] OCETA Environmental Technology Profile. 1995. Limnofix in-situ sediment treatment.

[215] Orlowska E, Przybylowicz W, Orlowski D, et al. The effect of mycorrhiza on the growth and elemental composition of Ni-hyperaccumulating plant Berkheya coddii Roessler [J]. Environmental Pollution, 2011, 159: 3730-3738.

[216] Parrish Z D, Banks M K, Schwab A P. Assessmentof contaminant lability during phytoremediation of polycyclic aromatic hydrocarbon impacted soi [J]. EnvironmentalPollution, 2005, 137.

[217] Page M, Page C L. Electro-remediation of contaminated soils [J]. Journal of Environmental Engineering, 2002, 128 (3): 208-219.

[218] Pavel K, Martina M, Tomas M. Microbial Biosorption of Metals [M]. Springer Science: Business Media B. V, 2011: 320.

[219] Pawlowska T E, Charvat I. Heavy-metal stress and developmental patterns of arbuscular mycorrhizal fungi [J]. Appl Environ Microbiol, 2004, 70: 6643-6649.

[220] Pennanen T, Frostegard A S A, Fritze H, et al. Phospholipid fatty acid composition and heavy metal tolerance of soil microbial communities along two heavy metal-polluted gradients in coniferous forests [J]. Applied and Environmental Microbiology, 1996, 62 (2): 420-428.

[221] Pittman Jr C H, He J. Dechlorination of PCBs, PAHs, herbicides and pesticides net and in soils at 25°C using Na/NH_3 [J]. J of Harzadous Materials, 2002, 92 (1).

[222] Pope C J, Peters W A, Howard J B. Thermodynamic driving forces for PAHs isomerization and growth during thermal treatment of polluted soils [J]. Journal of Hazardous Materials. 2000, 79 (1-2).

[223] Portland Cement Association. 1991. Solidification and stabilization of waste using Portland cement.

[224] Pu H K, Tie H S, Yu F S, et al. Strategies for enhancing the phytoremediation of cadmium-contaminated agricultural soils by Solanmnig rum L. [J]. Environmental Pollution, 2011, 159: 762-768.

[225] Pulsawat W, Leksawasdi N, Rogers P L, et al. Anions efects on biosorption of Mn (Ⅱ) by extracellular polymeric substance (EPS) from rhizobium etli [J]. Biotechnology Letters, 2003, 25: 1267-1270.

[226] Rajkumar M, Freitas H. Influence of metal resistant plant growth promoting bacteria on the growth of Ricinus commun is in soil contaminated with heavy metals [J]. Chemosphere, 2008, 71: 834-842.

[227] Razo I, Carrizales L, Castro J, et al. Arsenic and heavy metal pollution of soil, water and sediments in a semi-arid climate mining area in Mexico [J]. Water, Air, and Soil Pollution, 2004, 152 (1-4): 129-152.

[228] Reddy K R, Cutright T J. Nutrient amendment for the bioremediation of a chromium-contaminated soil by electrokinetics [J]. Energy Sources, Part A: Recovery, Utilization and Environmental effects, 2003, 25 (9): 931-943.

[229] Reeves R D, Baker A J M. Metal-accumulating plants. In: Raskin I. & B. D. Ensley eds. Phytoremediation of toxic metals: using plant to clean up the environment [M]. New York: John Wiley & Sons. 2000, 193-229.

[230] Reeves R D. The hyperaccumulation of nickel by serpentine plants, In: Baker, A. J. M. , J. Proctor & R. D. Reeves. eds. The vegetation of ultramafic (serpentine) soils. Andover, UK: Intercept. 1992, 253-277.

[231] Reilley K A. Utilization of biomass residue for the remediation of organic polluted soils [J]. J Environ Sci Qual 1996, 25.

[232] Richen B, Hofner W. Effects of arbuscular mycorrhizal fungi (AMF) on heavy metal tolerance of alfalfa

(Medicago satival L.) 　 and oat (Arena sativa L.) on a sewage sludge treated soil. Z pflanzenernahr Bodenk，1996，159：189-194.

[233] Ricken R，Hoefner W. Effect of arbuscular mycorrhizal fungi on heavy tolerance of alfalfa and oat on a sewage sludge treated soil [J]. Pflanzenernaehr Bodenkd，1996，159 (2)：189-194.

[234] Robinson B，Russell C，Hedley M，et al. Cadmium adsorption by rhizobacteria：Implications for New Zealand pastureland [J]. Agric Ecosyst Environ，2001，87：315-321.

[235] Romera E，Gonzalez F，Ballester A，et al. Biosorption with algae：A statistical review [J]. Critical Reviews in Biotechnology，2006，16 (4)：223-235.

[236] Rossi G，Figliolia A，Socciarelli S，et al. Capability of Brassica napus to accumulate admium，zinc and copperfrom soil [J]. Acta Biotechnologica，2002，(1-2).

[237] 　Rugh C L，Dayton-Wilde H，Stack NM，et al. Mercuric ion reductase and resistance in transgenic Arabidipsis thaliana expressing a modified bacterial merA gene [J]. Proceedings of the National Academy of Science of the United States，93：3182-3187.

[238] Rugh C L，Senecoff J F，Meagher R B，et al. Development of transgenic yellow poplar for mercury phytoremediation [J]. Nature Biotechnology，1998，16：925-928.

[239] Rugh C L，Wilde H D，Stack N M，et al. Mercuric ion reduction and resistance in transgenic Arabidopsis thalianaplants expressing a modified bacterial merA gene [J]. Proc Natl Acad Sci USA，1996.93.

[240] Ryan J A，Zhang P，Hesterberg D，et al. Formation of chlorophyll romorphite in a lead-contaminated soil amended with hydroxyl apatite [J]. Environ. Sci. Techno，2001，35：3798-3803.

[241] Safronova V，Stepanok V，Engqvist G，et al. Root associated bacteria containing 1-am inocyclopropane-1-carboxylate deaminase improve growth and nutrient uptake by pea genotypes cultivated in cadmium supplemented soil [J]. Biology and Fertility of Soils，2006，42：267-272.

[242] Salido A L，Hasty K L，Lim J M，et al. Phytoremediation of arsenic and lead in contaminated soil using Chinese brake ferns (Pterisvittata) and Indian mustard (Brassica juncea) [J]. Int. J. Phytoremediation，2003，5.

[243] Sandra C，Nadia P，Pietro F L，et al. The arbuscular mycorrhizal fungus Glomus mosseae induces growth and metal accmulation changes in Cannabis sativa. L [J]. Chemosphre，2005，59：21-29.

[244] Sabatiji David A，Knox Robert C. Transport and Remediation of Subsurface Contaminants [M]. Washington D. C.：American Chemical Society，1992：99-107.

[245] Sarkar D，Andra S S，Saminathan S K M，et al. Chelan aided enhancement of lead mobilization in residential soils [J]. Environmental Pollution，2008，156：1139-1148.

[246] Sarma H. Metal hyperaccumulation in plants：A review focusing on phytoremediation technology. Journal of Environmental Science and Technology，2011，4：118-138.

[247] Schembri M A，Kjaergaard K，Klemm P. Bioaccumulation of heavy metals by fimbrial designer adhesions [J]. FEMS Mierobiol Letts，1999，170：363-371.

[248] Schuring J R，Chan P C，Boland T M. 1995. Using Pneumatic Fracturing for in-situ remediation of contaminated sites. Remediation，77-90.

[249] Shahalam. Wastewater irrigation effect on soil，crop and environment：a Pilot scale study at Irbid Jordan [J]. water，Air，soil Pollut.，1998，106.

[250] Sheng X F，He L Y，Wang Q Y，et al. Effects of inoculation of biosurfactant producing Bacillus sp. J119 on plant growth and cadmium uptake in a cadmium. amended soil [J]. J Hazard Mater，2008，155：17-22.

[251] Sheng X F，Xia J J. Improvement of rape (Brassica napus) plant growth and cadmium uptake by cadmium resistant bacteria [J]. Chemosphere，2006，64：1036-1042.

[252] 　Shen H，Wang Y T. Characterization of enzymatic reduction of hexavalent chromium by Escherichia coli ATCC33456 [J]. Appl Environ Microbiol，1993，59：3771-3777.

[253] She P, Liu Z, Ding F X, et al. Surfactant enhanced electro remediation of phenanthrene [J]. Chinese J Chem. Eng, 2003, 11: 73-78.

[254] Shiau B J, Sabatini D A, Harwell J H. Solubilization and microemulsification of chlorinated solvents using direct food additive (edible) surfactants [J]. Ground Water, 1994, 32.

[255] Shukry W M. Effect of industrial effluents polluting the River Nile on growth, metabolism and productivity of Triticum aestivum and Hcia faba plants [J], Acta Bolanica Hungarica, 2001, 43 (3-4): 403-421.

[256] Siegel S M, Keller P. Metal speciation [M]. Chicago: Separation and recovery Proc Intern Symp Kluwer Academic Publishers, 1986: 77-94.

[257] Silver S. Biotechnol Briding [J]. Res Appl, 1991: 265-289.

[258] Singh B R, Myhr K. Cadmium uptake by barely from different Cd sources at two pH levels [J]. Geoderm, 1998, 84: 185-194.

[259] Singh S, Kang S H, Mulchandani A, et al. Bioremediation: environmental clean-up through pathway engineering [J]. Curr Opin Biotechnol, 2008, 19: 437-444.

[260] Smolders E, Lambregts T M, Mclaughlin M J, et al. Effect of soil solution chloride on cadmium availability to Swiss chard [J]. Journal of Environmental Quality, 1998, 27 (2): 426-431.

[261] Smith S E, Read D J. Mycorrhizal symbiosis (2nd edition) [M]. London, U K: Academic Press, 1997.

[262] Soares C R F S, Siqueira J O. Mycorrhiza and phosphate protection of tropical grass species against heavy metal toxicity in multi-contaminated soil [J]. Biology and Fertility of Soils, 2008, 44: 833-841.

[263] Sogorka D B, Gabert H, Sogorka B J. Emerging technologies for soils contaminated with metals electro kinetic remediation [J]. Hazard and Wastes, 1998, 33: 673-685.

[264] Song Y N, Zhang F S, Marschner P, et al. Effect of intercropping on crop yield and chemical and microbiological properties in rhizosphere of wheat (Triticum aestivum L.), maize (Zea mays L.), and faba bean (Vicia faba L) [J]. Biol. Fertil. Soils, 2007, 43: 565-574.

[265] Sousa C, Cebolla A, De Lorenzo V. Enhanced metal load sorption of bacterial cells Displaying Poly-His Peptides [J]. Nature Biotechnology, 1996, 14: 1017-1020.

[266] Sriprang R, Hayash I M, Ono H, et al. Enhanced accumulation of Cd^{2+} by a Mesorhizobium sp. transformed with a gene from Arabidopsis thaliana coding for phytochelatin synthase [J]. Applied and Environmental Microbiology, 2003, 69 (3): 1791-1796.

[267] Suh J H, Yun J W, Kim D S. Effect of extracellular polymeric substances PS on Pb accumulation by Aure-basidium pullulans [J]. Bioproc Biosyst Eng, 1999 (1): 1-4.

[268] Taggart A F. Handbook of mineral dressing, ores and industrial minerals [M]. New York, NY: John Wiley & Sons. 1945.

[269] Tang S R, Xi L E, Zheng J M, et al. The responses of in than mustard and sunflower growing on copper contaminated soil to elevated CO_2 [J]. Bulletin of Environmental Contamination and Toxicology, 2003, 71 (5): 988-997.

[270] Terry N, de Souza M. Phytoremediation of selenium in soil and water [J]. Proceedings of Soil Remediation, 2000, 2000: 156-160.

[271] Terry N, Zayed AM. Selenium volatilization by plants. In: Frankenberger WT Jr and Benson S (eds.). Selenium in the Environment. Marcel Dekker, New York, 343-367.

[272] Tessier A, Campbell P G C, Bisson M. , Sequential extraction procedure for the speciation of particulate trace metals [J]. Analytical Chemistry. 1979, 51, (7).

[273] Tiwari S, Kumar I B, Sing N S. Microbe induced changes in metal extractability from fly ash [J]. Chemosphere, 2008, 71: 1284-1294.

[274] Tobin J, Cooper D, Neufeld R. Uptake of heavy metal ions by Rhizopus arrhizus biomass [J]. Appl Environ Microbiol, 1984, 47 (4): 821-824.

参考文献

[275] Tokunaga S, Hakuta T. Acid washing and stabilization of an artificial arsenic-contaminated soil [J]. Chemosphere, 2002, 46.

[276] Troxler W L, Yezzi J J, et al. 1992. Thermal desorption of petroleum contaminated soils. In hydrocarbon contaminated soils, Vol. Ⅱ. [M] P. T. Costecki, E. J. Calabrese, Marc Bonazountas (eds.). Boca Raton: Lewis Publishers.

[277] Tu C, Ma L Q. Effects of arsenic concentrations and forms on arsenic uptake by the hyperaccumulator ladder brake [J]. Journal of Environmental Quality, 2002, 31: 641-647.

[278] Tuin B J W, Tels M. Removing heavy metals from polluted clay soils by extraction with hydrochloric acid, EDTA or hypochlorite solutions [J]. Environmental Technology. 1990, 11.

[279] Turpeinen R, Kallio M P, Kairesalo T. Role of microbes in controlling the speciation of arsenic and production of arsines in contaminated soils [J]. The Science of the Total Environment, 2002, 258: 133-145.

[280] Tu S, Ma L, Luongo T. Root exudates and arsenic accumulation in arsenic hyperaccumulating Pteris vittata and non-hypreraccumulating Nephrolepis exaltata [J]. Plant and Soil, 2004a, 258: 9-19.

[281] Ueno A, Ito Y, Yamamoto I, et al. Isolation and characterization of bacteria from soil contaminated with diesel oil and the possible use of these in autochthonous bioaugmentation [J]. Microbiol Biotechnol, 2007, 23: 1739-1745.

[282] Ulla S, Ahonen-Jonnarch Patricr A W. Organic acids produced by mycorrhizal Pinus sylvestris exposed to elevated aluminum and heavy metal concentratlons [J]. Mycorrhizal Research, 2000, 146, 557-576.

[283] U. S. Environmental Protection Agency. 1994. Alternative methods for fluid delivery and recovery. EPA/625/R-94/003. Office of Research and Development, Washington DC.

[284] U. S. Environmental Protection Agency. 1990. Contaminated sediments: relevant statues and EPA program activities. EPA 506/6-90/003. Office of Water, Washington DC.

[285] U. S. Environmental Protection Agency. 1991. Engineering bulletin: thermal desorption treat. EPA/540/2-91/008. Superfund.

[286] U. S. Environmental Protection Agency. 1997. Innovation site remediation technology, solidification/stabilization. EPA542-B-97-007. Design & Application, Volume 4.

[287] U. S. Environmental Protection Agency. 1995. In-situ remediation technology status report: treatment walls. EPA/542/K-94/004. Office of Solid Waste and Emergency Response, Washington DC.

[288] U. S. Environmental Protection Agency. Remediation technologies screeningmatrix and reference guide. EPA 542-B-93-005, 1993.

[289] U. S. Environmental Protection Agency. 1993. Selecting remediation techniques for contaminated sediment. EPA 823-B93-001. Office of Water, Washington DC.

[290] U. S. Environmental Protection Agency. 1996. Technology fact sheet: a citizen's guide to thermal desorption. EPA/542/F-96/005. Technology Innovation Office, Washington DC.

[291] U. S. Environmental Protection Agency. 1995. Tech trends: thermal desorption at gas plants. EPA/542/N-95/003.

[292] U. S. Environmental Protection Agency. 1999. Treatment technologies for site cleanup: annual status report (9th edition), EPA-542-R99-001.

[293] Verkleij J A C, Schat H. Mechanisms of metal tolerance in higher plants. In: Shaw AJ. ed. Heavy Metal Tolerance in Plants: Evolutionary Aspects [M]. Boca Raton: CRC Press. 1990, pp. 179-193.

[294] Viard B, Pihan F, Promeyrat S, et al. Integrated assessment of heavy metal (Pb, Zn, Cd) highway pollution: bioaccumulation in soil, Graminaceae and land snails [J]. Chemosphere, 2004, 55 (10): 1349-1359.

[295] Viiayarahavan K, Yun Y S. Bacterial biosorbents and biosorption [J]. Biotechnology Advances, 2008, 26 (3): 266-291.

[296] Wade A, Wallace G W, Seigwald S F. 1995. A full-scale pilot study to investigate the remedition potential of

airsparging through a horizontal well oriented perpendicular to a contaminant plume: preliminary results. Woodward-Clyde Consultants, Overland Park, KS. Ground Water, 33 (5): 856-857.

[297] Wang F Y, Lin X G, Yin R, et al. Effects of arbuscular mycorrhizal inoculation on growth of Elsholtsia splendens and Zea mays and the activities of phosphates and unease in a multi-metal-contaminated soil under unsterilized conditions [J]. Applied Soil Ecology, 2006, 31: 110-119.

[298] Wang F Y, Lin X G, Yin R. Role of microbial inoculation and chatoyant in phytoextraction of Cu, Zn, Pb and Cd by Elsholtzia splendens-A field case [J]. Environmental Pollution, 2007, 147: 248-255.

[299] Wang H B, Wong M H, Lan C Y, et al. Uptake and accumulation of arsenic by eleven Pteris taxa from southern China [J]. Environmental Pollution, 2007, 145: 225-233.

[300] Weggler-Beaton K, McLaughlin M J, Graham R D. Salinity increased cadmium uptake by wheat and Swiss chard from soil amended with biosolids [J]. Australian Journal of Soil Research, 2000, 38.

[301] Wenger K, Gupta S K, Furrer G, et al. The role of nitrilotriaeetate in copper uptake by tobacco [J]. Journal of Environmental Quality, 2003, 32 (5): 1669-1676.

[302] White P J. Phytoremediation assisted by microorganisms [J]. Trends Plant Sci, 2001, 6: 502.

[303] Whitfield L, Richards A J, Rimmer D L. Relationships between soil heavy metal concentration and mycorrhizal colonisation in Thymus polytrichus in northern England [J]. Mycorrhiza, 2004, 14 (1): 55-62.

[304] Whiting S N, Souza M P, Terry N. Phizosphere bacteria mobilize Zn for hyperaccumulation by Thlaspi caerulescens [J]. Environmental Science & Technology, 2001, 35: 3144-3150.

[305] Wickramanayake G B, Gavaskar A R. 2000. Physical and thermal technologies: remediation of chlorinated and recalcitrant compounds: The Second International Conference on Remediation of Chlorinated and Recalcitrant Compounds. New York: Battelle Press. 332.

[306] Wiles C C. A review of solidification/stabilization technology [J]. Journal of Hazardous Materials, 1987, 14: 5-21.

[307] Wiles C C. A view of solidification/stabilization technology [J]. Hazard. Mater., 1987, 14.

[308] Wilson S C, Jones K C. Bioremediation of soil contaminated with polynuclear aromatic hydrocarbons (PAHs): A review. Environ. Pollut., 1993, 81.

[309] Woolfolk C A, Whiteley H R. Reduction of inorganic compounds with molecular hydrogen by micrococcus lactilyticus [J]. J Bacterial, 1962, 84: 647-658.

[310] Wu Q T, Wei Z B, Ouyang Y. Phytoextraction of metal-contaminated soil by hyperaccumulator sedum alfredii H: effects of chelator and coplanting [J]. Water, Air and Soil Pollution, 2007, 180: 131-139.

[311] Wu Q T, Deng J C, Long X X, et al. Selection of appropriate organic additives for enhancing Zn and Cd phytoextraction by hyperaccumulators [J]. Journal of Environmental Sciences, 2006a, 18: 1113-1118.

[312] Wu S C, Luo Y M, Cheung K C, et al. Influence of bacteria on Pb and Zn speciation, mobility and bioavailability in soil a laboratory study [J]. Environ Pollut, 2006b, 144: 765-773.

[313] Xia Y S, Chen B D, Christie P, et al. Arsenic uptake by arbuscular mycorrhizal maize (Zea mays L.) grown in an arsenic-contaminated soil with added phosphorus [J]. Journal of Environmental Sciences, 2007, 19 (10): 1245-1251.

[314] Xinghui X, Jingsheng C. Advances in the Study of Remediation Methods of Heavy Metal Contaminated Soil. [J]. Chinese journal of enviromental science, 1997, 3.

[315] Xu J, Zhou Y Y, Ge Q, et al. Comparative physiological responses of solanum nigrum and solanum torvum to cadmium stress [J]. New Phytologist, 2012, 196: 125-138.

[316] Xu Z, Lee S Y. Display of polyhistidine peptides on the escherichia coli cell surface by using outer membrane protein C as an anchoring motif [J]. Appl Environ Microbiol, 1999, 65: 5142-5147.

[317] Yang D S, Takeshima S, Delfino T A, et al. 1995. Use of soil mixing at a metals site. Proceedings of Air & Waste Management Association, 8th Annual Meeting. Jun.

[318] Yang X E，Feng Y，He Z L，et al. Molecular mechanisms of heavy metal hyperaccumulation and phytoremediation [J]. Journal of trace Elements in Medicine and Biology，2005，18：339-353.

[319] Zaid I S，Usman I S，Singh B R，et al. Significance of Bacillus subtilis strain SJ101 as a bioinoculant for concurrent plant growth promotion and nickel accumulation in Brassica juncea [J]. Chemosphere，2006，64：991-997.

[320] Zenk M H. Heavy metal detoxification in higher plants-a review [J]. Gene，1996，179：21-30.

[321] Zhao F J，McGrath S P，Meharg A A. Arsenic as a food chain contaminant：Mechanisms of plant uptake metabolism and mitigation strategies [J]. Annual Review of Plant Biology，2010，61：535-559.

[322] Zhao R，Zhao M X，Wang H，et al. Arsenic speciation in moso bamboo shoot—A terrestrial plant that contains organoarsenic species [J]. Science of Total Environment，2006，371：293-303.

[323] Zhang W，Cai Y，Downum K R，et al. Arsenic complexes in the arsenic hyperaccumulator Pteris vittata (Chinese brake fern). Journal of Chromatography A，2004a，1043：249-254.

[324] Zhang W，Cai Y，Downum K R，et al. Thiol synthesis and arsenic hyperaccumulation in Pteris vittata（Chinese brake fern）[J]. Environmental Pollution，2004b，131：337-345.

[325] Zhang W，Cai Y. Purification and characterization of thiols in an arsenic hyperaccumulator under arsenic exposure [J]. Analytical Chemistry，2003，75：7030-7035.

[326] Zhou J M，Dang Z，Cai M F，et al. Soil heavy metal pollution around the Dabaoshan mine，Guangdong province，China [J]. Pedosphere，2007，17（5）：588-594.

[327] Zhou Q X. Soil quality guidelines related to combined pollution of chromium and phenol in agricultural environments [J]. Hum Ecol Risk Assess，1996，2（3）.

[328] Zhuang X，Chen J，Shim H，et al. New advances in plant growth promoting rhizobacteria for bioremediation [J]. Environment International，2007，33：406-413.

[329] Zhu Y G，Chen S B，Yang J C. Effects of soil amendments on lead uptake by vegetable crops from a lead contaminated soil from Anhui China Environmental Intentional 2004，30. 351-356.

[330] Ziagova M，Dimitriadis G，Aslanidou D，et al. Comparative study of Cd（II）and Cr（VI）biosorption on Staphylococcus xylosus and Pseudomonas sp in single and binary mixtures [J]. Bioresource Technology，2007，98（15）：2859-2865.

[331] Zu Y Q，Li Y，Schvartz C H. Hyperaccumulation of Pb，Zn and Cd in herbaceous grown on lead-zinc mining area in Yunnan，China [J]. Environmental international，2005，31（5）：755-762.

[332] 白来汉，张仕颖，张乃明，等. 不同磷石膏添加量与接种菌根对玉米生长及磷、As、硫吸收的影响 [J]. 环境科学学报，2011，31（11）：1-7.

[333] 白淑兰，房耀维，赵春杰. 菌根技术在重金属污染修复中的研究与展望 [J]. 生态环境，2004，13（1）：92-94.

[334] 毕银丽，吴王燕，刘银平. 菌根在煤矸石山大田应用的初步生态效应 [J]. 生态学报，2007，27（9）：3738-3743.

[335] 陈保冬，李晓林，朱永官. 从枝菌根真菌菌丝体吸附重金属的潜力及特征 [J]. 菌物学报，2005，24（2）：283-291.

[336] 陈承利，廖敏. 重金属污染土壤修复技术研究进展 [J]. 广东微量元素科学，2004，10.

[337] 曹德菊，程培. 3种微生物对Cu、Cd生物吸附效应的研究 [J]. 农业环境科学学报，2004，（23）：471-474.

[338] 崔德杰，等. 土壤重金属污染现状与修复技术研究进展 [J]. 土壤通报，2004：35（3）366-357.

[339] 崔德杰，张玉龙. 土壤重金属污染现状与修复技术研究进展 [J]. 土壤通报，2004，35（3）：366-370.

[340] 崔芳，袁博. 污染土壤修复标准及修复效果评定方法的探讨 [J]. 中国农业通讯，2010，26（21）.

[341] 车飞，于云江，胡成. 沈抚灌区土壤重金属污染健康风险初步评价 [J]. 农业环境科学学报，2009，28（7）.

[342] 陈范燕. 重金属污染的微生物修复技术 [J]. 现代农业科技, 2008, 24: 297-299.

[343] 陈刚才, 甘露, 万国江. 土壤有机物污染及其治理技术 [J]. 重庆环境科学, 2000, 22 (2).

[344] 程国玲, 李培军, 王凤友, 等. 多环芳烃污染土壤的植物与微生物修复研究进展 [J]. 环境污染治理技术与设备, 2003, 4 (6).

[345] 陈桂秋, 曾光明, 袁兴中, 等. 治理重金属污染河流底泥的生物淋滤技术 [J]. 生态学杂志, 2008, 27 (6): 639-644.

[346] 崔红标, 梁家妮, 范玉超. 磷灰石等改良剂对铜污染土壤的修复效果研究——对铜形态分布、土壤酶活性和微生物数量的影响 [J]. 土壤, 2011, 43 (2).

[347] 陈怀满. 环境土壤学 [M]. 北京: 环境科学出版社. 2005.

[348] 陈红艳, 王继华. 受污染土壤的微生物修复 [J]. 环境科学与管理, 2008, 22 (8).

[349] 陈静, 王学军, 陶澍, 等. 天津污灌区耕作土壤中多环芳烃的纵向分布 [J]. 城市环境与城市生态, 2003, 16.

[350] 陈坚. 环境生物技术 [M]. 北京: 中国轻工业出版社, 2000: 55-56.

[351] 晁雷, 周启星, 陈苏. 建立污染土壤修复标准的探讨 [J]. 应用生态学报, 2006, 17 (2).

[352] 陈梅梅, 陈保冬, 许毓. 菌根真菌对石油污染土壤修复作用的研究进展 [J]. 生态学杂志, 2009, 28 (6).

[353] 陈怀满, 郑春荣, 涂从, 等. 中国土壤重金属污染现状与防治对策 [J]. Ambio, 1999, 28 (2): 130-134.

[354] 陈牧霞, 地里拜尔·苏力坦, 杨潇, 等. 新疆污灌区重金属含量及形态研究 [J]. 干旱区资源与环境, 2007, 21 (1).

[355] 陈平, 程洁, 徐琳. 日本土壤污染对策立法及其所带来的发展契机 [J]. 环境保护, 2004, 4: 013.

[356] 柴强, 黄鹏, 黄高宝, 等. 间作对根际土壤微生物和酶活性的影响研究 [J]. 草业学报, 2005, 14 (5): 105-110.

[357] 陈素华. 微生物与重金属间的相互作用及其应用研究 [J]. 应用生态学报, 2002, 13 (2): 239-242.

[358] 陈少瑾, 梁贺升. 零价铁还原脱氯污染土壤中 PCBs 的实验研究 [J]. 生态环境学报, 2009, 18 (1).

[359] 崔卫华. 汽油污染土壤修复的 SVE 方法研究 [D]. 广州: 中山大学, 2007.

[360] 陈晓东, 常文越, 邵春岩. 土壤污染生物修复技术研究进展 [J]. 环境保护科学, 2001, 27: 23-25.

[361] 曹心德, 魏晓欣. 土壤重金属复合污染及其化学钝化修复技术研究进展 [J], 环境工程学报, 2011, 5 (7): 1441-1452.

[362] 程先军. 污水资源灌溉利用分析 [J]. 中国水利 (A 刊), 2003.

[363] 陈玉成, 董姗燕, 熊治廷. 表面活性剂与 EDTA 对雪菜吸收 Cd 的影响 [J]. 植物营养与肥料学报, 2004, 10 (6): 6512-6521.

[364] 陈燕芳, 刘晓端, 谭科艳. AB-DTPA 提取法在重金属污染土壤修复模拟试验中的应用可行性 [J]. 岩矿测试, 2010, 29 (2).

[365] 陈亚刚, 陈雪梅, 张玉刚, 等. 微生物抗重金属的生理机制 [J]. 生物技术通报, 2009, 10: 60-65.

[366] 陈英旭. 土壤重金属的植物污染化学 [M]. 北京: 科学出版社. 2008.

[367] D·芬. 柴油污染土壤的现场机械清洗法 [J]. 国外金属矿选矿, 2002, 4.

[368] 段桂兰, 王利红, 陈玉, 等. 水稻砷污染健康风险与砷代谢机制的研究 [J]. 农业环境科学学报, 2007, 26 (2): 430-435.

[369] 董克虞, 杨春惠, 林春野. 北京市污水农用利用区划的研究 [J]. 北京: 中国环境科学出版社. 1993.

[370] 丁文川等. 不同热解温度生物炭改良铅和镉污染土壤的研究 [J], 科技导报, 2011, 29 (14): 22-25.

[371] 党志良, 冯丽, 卢兰青. 污灌增产效益及其对土壤环境影响分析 [J]. 陕西水力发电, 1997, 13 (3).

[372] 范向宇, 王慧, 罗启仕. 电动生物修复中电极矩阵的优化设计 [J]. 中国环境科学, 2006, 26 (1): 34-38.

[373] 句炳新, 申哲民, 吴旦. 电动修复对 Cd 污染土壤肥力的影响 [J]. 农业环境科学学报, 2006, 25 (2).

[374] 耿春女, 李培军, 韩桂云, 等. 生物修复的新方法-菌根根际生物修复 [J]. 环境污染治理技术与设备, 2001, 2 (5): 20-26.

[375] 耿春女, 等. 菌根生物修复技术在沈抚污水灌区的应用前景 [J]. 环境污染治理技术与设备, 2002, 3

(7)：51-55.

[376] 宫恩田 . 二氧化碳诱导玉米修复 Cu 污染土壤研究 [D]. 广州：广州大学，2008.

[377] 郭观林，周启星，等，重金属污染土壤原位化学固定修复研究进展 [J]. 应用生态学报，2005；16（10）1990-1996.

[378] 冯固，张玉凤，李晓林 . 丛枝菌根真菌的外生菌丝对土壤水稳性团聚体形成的影响 [J]. 水土保持学报，2001，15（4）：99-102.

[379] 邵红建，蒋新，常江，等 . 根分泌物在污染土壤生物修复中的作用 [J]. 生态学杂志，2004，23（4）：135-139.

[380] 高红霞，刘英莉，阎红，等 . 某污灌区蔬菜有机提取物对小鼠肝肾组织的氧化损伤作用 [J]. 环境与健康，2009，26（7）.

[381] 顾继光，周启星，王新 . 土壤重金属污染的治理途径及其研究进展 [J]. 应用基础与工程科学学报，2003，11（2）.

[382] 高蓝，李浩明 . 表面展示技术在污染环境生物修复中的应用 [J]. 应用与环境生物学报，2005，11（2）：256-259.

[383] 安玲瑶 . 作物间作对重金属吸收的影响及其机制的研究 [D]. 杭州：浙江大学，2012.

[384] 弓明钦，陈应龙，仲崇禄，等 . 菌根研究及应用 [M]. 北京：林业出版社，1997；14-17.

[385] 高太忠，李景印 . 土壤重金属污染研究与治理现状 [J]. 土壤与环境，1999，8（2）：137-140.

[386] 高晓宁 . 土壤重金属污染现状及修复技术研究进展 [J]. 现代农业科技，2013，9；229-231.

[387] 郭秀珍，毕囡昌 . 林木菌根及应用技术 [M]. 北京：中国林业出版社，1989.

[388] 郭彦威，王立新，林瑞华 . 污染土壤的植物修复技术研究进展 [J]. 安全与环境工程 . 2007.14（3）：26-28.

[389] 郭郢，姚淑萍，郑卫萍 . 污水灌溉对农业生产与人体健康的影响 [J]. 环境与健康杂志，1994，11（2）.

[390] 巩宗强，李培军，台培东 . 污染土壤的淋洗法修复研究进展 [J]. 环境污染治理技术与设备，2002，3（7）.

[391] 巩宗强，污染土壤的淋洗法修复研究进展 [J]. 环境污染治理技术与设备，2002；3（7）：45-50.

[392] 韩冰 . 白银市污水灌溉对农田环境及小麦产量质量的影响研究 [J]. 甘肃农业科技，1999，6.58.

[393] 韩春梅，王林山，巩宗强，等 . 土壤中重金属形态分析及其环境学意义 [J]. 生态学杂志，2005，24（12）：1499-1502.

[394] 何池全，李蓄，顾超 . 重金属污染土壤的湿地生物修复技术 [J]. 生态学杂志，2003，22（5）：78-81.

[395] 黄春晓 . 重金属污染土壤原位微生物修复技术及其研究进展 [J]. 中原工学院学报 . 2011，22（3）：41-44.

[396] 黄冠华，杨建国，黄权中 . 污水灌溉对草坪土壤与植株氮含量影响的试验研究 [J]. 农业工程学报，2002，18（3）.

[397] 黄国强，李凌，李鑫钢 . 土壤污染的原位修复 [J]. 环境科学动态 . 2000，（3）：25～37，37.

[398] 胡宏韬，程金平 . 土壤铜镉污染的电动力学修复试验 [J]. 生态环境学报，2009，18（2）：511-514.

[399] 胡宏韬，张小良，柳云龙 . 地表污染渗滤液对地下环境的污染机理 [J]. 农业环境科学学报，2006，25：1-4.

[400] 胡家权，李建云，王月英 . 不同土壤类型及灌溉对稻米品质的影响研究 [J]，云南农业科技，2006，2.

[401] 韩晋仙，马建华，魏林衡，等 . 污灌对潮土重金属含量及分布的影响-以开封市化肥河污灌为例 [J]. 土壤，2006，38（3）.

[402] 胡克伟，关连珠 . 改良剂原位修复重金属污染土壤研究进展 [J]. 中国土壤与肥料，2007（4）：1-5.

[403] 华珞，陈世宝，百玲玉，等 . 土壤腐殖酸与 ^{109}Cd、^{65}Zn 及其复合存在的络合物稳定性研究 [J]. 中国农业科学，2001，34（2）：187-191.

[404] 黄瑞农 . 环境土壤学 [M]. 北京：高等教育出版社 . 1986.

[405] 湖坤，龚文琪，刘友章 . 有色金属矿山固体废物综合回收和利用分析 [J]. 金属矿山 . 2005（12）：70-72.

[406] 黄爽，张仁铎，程晓如，等 . 石家庄污灌区污水灌溉技术的研究 [J]. 灌溉排水学报，2003，22（5）.

[407]　胡文，王海燕，查同刚．北京市凉水河污灌区土壤重金属累积和形态分析 [J]．生态环境，2008，17（4）．

[408]　贺学礼，赵丽莉，李生秀．水分胁迫及 VA 菌根接种对绿豆生长的影响 [J]．核农学报，1999，14（5）：290-294．

[409]　杭小帅，周建民，王火焰，等．粘土矿物修复重金属污染土壤 [J]．环境工程学报．2007，1（9）：113-120．

[410]　黄昀．重庆三峡库区土壤-柑桔系统重金属生态行为研究 [D]．重庆：西南农业大学，2003．

[411]　黄艺，陈有键，陶澍．菌根植物根际环境对污染土壤中 Cu、Zn、Pb、Cd 形态的影响 [J]．应用生态学报，2000，11（3）：431-434．

[412]　黄艺，黄志基，范玲，等．铆钉菇对重金属的耐性及其对油松分泌 TOC 的影响 [J]．农业环境科学学报，2006，25（4）：875-879．

[413]　郝艳茹，劳秀荣，孙伟红，等．小麦-玉米间作作物根系-根际微环境的交互作用 [J]．农村生态环境，2003，19（4）：18-22．

[414]　黄艺，陶澍，陈有键，等．外生菌根对欧洲赤松苗（Pmus sylvestris）Cu、Zn 富集和分配的影响 [J]．环境科学，2000，21（2）：1-6．

[415]　黄益宗，朱永官，胡莹，等．玉米和羽扇豆、鹰嘴豆间作对作物吸收富集 Pb、Cd 的影响 [J]．生态学报，2006，26（5）：1478-1485．

[416]　何振立．土壤微生物量及其在养分循环和环境质量评价中的意义 [J]．土壤，1997，29（2）：61-69．

[417]　江春玉，盛下放，何琳燕，等．一株铅镉抗性菌株 WS34 的生物学特性及其对植物修复铅镉污染土壤的强化作用 [J]．环境科学学报，2008，28（10）：1961-1969．

[418]　姜金华，乔桂枝，孙娅楠．污染土壤的生物修复综述 [J]．广州化工，2012，40（14）11-13．

[419]　洪坚平．土壤污染与防治（第二版）[M]．北京：中国农业出版社，2005．

[420]　姜永利．个旧尾矿库复垦农田植物固化修复研究 [D]．昆明：昆明理工大学，2012．

[421]　况琪军．重金属对藻类的致毒效应 [J]．水生生物学报，1996，20（3）：277-283．

[422]　匡石滋，田世尧，李春雨，等．香蕉间作模式和香蕉茎秆沤还田对土壤酶活性的影响 [J]．中国生态农业学报，2010，18（3）：617-621．

[423]　可欣，李培军，巩宗强，等．重金属污染土壤修复技术中有关淋洗剂的研究进展 [J]，生态学杂，2004：23（5）：145-149．

[424]　李博文，谢建治，郝晋珉．不同蔬菜对潮褐土 Cd、Pb、Zn 复合污染的吸收效应研究 [J]．农业环境科学学报，2003，22（3）．

[425]　梁传福，姜若松．抚顺石油化工污水对沈抚灌区流域的影响 [J]．辽宁农业科学，1998，3．

[426]　李萃青．FILTER 系统运行试验研究 [D]．合肥：合肥工业大学，2004．

[427]　林春梅．重金属污染土壤生物修复技术研究现状 [J]．环境与健康杂志，2009，25（3）：273-275．

[428]　刘登义，王友保，张徐祥，等．污灌对小麦幼苗生长及活性氧代谢的影响 [J]．应用生态学报，2002，13（10）．

[429]　林凡华，陈海博，白军．土壤环境中重金属污染危害的研究 [J]．环境科学与管理，2007，32（7）：74-76．

[430]　李非里，刘丛强，杨元根，等．贵阳市郊菜园土-辣椒体系中重金属的迁移特征 [J]．生态与农村环境学报，2007，23（4）．

[431]　刘海军，陈源泉，隋鹏，等．马唐与玉米间作对镉的富集效果研究初探 [J]．中国农学通报，2009，25（15）：206-210．

[432]　李红英，郭良才，党春霞．白银市土壤重金属污染综合整治 [J]．环境研究与监测，2006，19（4）．

[433]　李宏，江澜．土壤重金属污染的微生物修复研究进展 [J]．贵州农业科学，2009，37（7）：72-74．

[434]　李洪良，邵孝侯，黄鑫，等．农田污水灌溉的危害研究进展与解决对策 [J]．节水灌溉，2007，2．

[435]　李贺，朱新萍，郑春霞，等．不同农艺措施对黑麦草修复土壤中 Cd 的影响 [J]．环境整治，2012，（1）：44-47．

[436]　黎健龙，涂攀峰，陈娜，等．茶树与大豆间作效应分析 [J]．中国农业科学，2008，41（7）：2040-2047．

[437] 廖继佩，林先贵，曹志洪．内外生菌根真菌对重金属的耐受性及机理 [J]．土壤，2003，35（5）：370-377．

[438] 刘俊平．山西省农田重金属污染生物防治研究 [J]．山西农业科学，2008，36（6）：16-17．

[439] 刘均霞，陆引罡，远红伟，等．玉米、大豆间作对根际土壤微生物数量和酶活性的影响 [J]．贵州农业科学，2007，35（2）：60-61．

[440] 鹿金颖，毛永民，申连英，等．果树 VA 菌根研究进展 [J]．河北农业大学学报，1999，22（4）：50-56．

[441] 李剑超，王果．有机物料影响下土壤溶液铜形态及其有效性研究 [J]．农业环境保护，2002，21（3）：197-200．

[442] 刘姣，曹靖，南忠仁．白银市郊区重金属质量复合污染分数对土壤酶活性的影响 [J]．兰州大学学报，2010，46（5）．

[443] 李季，许艇．生态工程 [M]．北京：化学工业出版社，2008．

[444] 李玲，宋莹，陈胜华，等．矿区土壤环境修复 [J]．中国水土保持．2007（4）：18-21．

[445] 廖敏，黄昌勇，谢正苗．施加石灰降低不同母质土壤中镉毒性机理研究 [J]．农业环境保护，1998，17（3）：101-103．

[446] 雷鸣，廖柏寒，秦普丰．土壤重金属化学形态的生物可利用性评价 [J]．生态环境，2007，16（5）：1551-1556．

[447] 廖敏，谢正苗，黄昌勇．重金属在土水系统中的迁移特征 [J]．土壤学报，1998，35．

[448] 李明春，姜恒，侯文强，等．酵母菌对重金属离子吸附的研究 [J]．菌物系统，1998，17（4）：367-373．

[449] 李培军，刘宛，孙铁珩．我国污染土壤修复研究现状与展望 [J]．生态学杂志，2006，25（12）．

[450] 李培军，台培东，等．污染土壤的淋洗法修复研究进展 [J]．环境污染治理技术与设备，2002，3（7）．

[451] 刘润进，李晓林．丛枝菌根及其应用 [M]．北京：科学出版社，2000．

[452] 李荣林，李优琴，沈寿国，等．重金属污染的微生物修复技术 [J]．江苏农业科学，2005，（4）：1-3，25．

[453] 李瑞卿，刘润进，李敏．园艺作物菌根及其在生态农业中的作用 [J]．中国生态农业学报，2002，10（1）：24-26．

[454] 李森照 中国污水灌溉与环境质量控制 [M]．北京：气象出版社．1995．

[455] 刘威，束文圣，蓝崇钰．宝山堇菜（Viola baoshanensis）——一种新的镉超富集植物 [J]．科学通报，2003，48（19）：2046-2049．

[456] 李文一，徐卫红，李仰锐，等．土壤重金属污染的植物修复研究进展 [J]．污染防治技术，2006，19（2）：18-22．

[457] 刘晓冰，邢宝山，周克琴，等．污染土壤植物修复技术及其机理研究 [J]．中国生态农业学报，2005，13（1）：134-138．

[458] 李新博，谢建治，李博文，等．印度芥菜-苜蓿间作对镉胁迫的生态响应 [J]．应用生态学报，2009，20（7）：1711-1715．

[459] 陆小成，陈露洪，徐泉．污染土壤电动修复 [J]．环境科学，2004，24（增刊）．

[460] 罗孝俊，杨卫东，党志．有机物污染的土壤治理方法及研究进展 [J]．矿物岩石地球化学通报，2000，19（2）．

[461] 刘小楠，尚鹤，姚斌．我国污水灌溉现状及典型区域分析 [J]．中国农村水利水电，2009，6．

[462] 吕晓男，孟赐福，麻万诸．重金属与土壤环境质量及食物安全问题研究 [J]．中国生态农业学报，2007，15（2）．

[463] 刘信平．天然产遏蓝菜挥发性物质及硒赋存形态分析 [J]．食品科学，2009，30（18）：252-254．

[464] 龙新宪，杨肖娥，倪吾钟．重金属污染土壤修复技术研究的现状与展望 [J]．应用生态学报，2002，13（6）．

[465] 李晓云，史良图，王海文．微生物在污染蔬菜土壤修复中的作用 [J]．吉林农业科学，2007，32（4）．

[466] 廖晓勇，陈同斌，谢华，等．磷肥对砷污染土壤的植物修复效率的影响：田间实例研究 [J]．环境科学学报，2004，24（3）：455-462．

[467] 李莺，王虹，薛鹰．非灭菌条件下菌根真菌对紫茉莉幼苗生长的影响 [J]．西安联合大学学报（自然科学

版），2000，3（2）：7-10.

[468] 骆永明 . 金属污染土壤的植物修复 [J]. 土壤，1999，5.

[469] 骆永明 . 强化植物修复的螯合诱导技术及其环境风险 [J]. 土壤，2000（2）：58.

[470] 骆永明 . 中国主要土壤环境问题及对策 [M]. 南京：河海大学出版社，2008.

[471] 李玉双 . 污染土壤淋洗修复技术研究进展 [J]. 生态学杂志，2011，30（3）：596-602.

[472] 廖晓勇，陈同斌，阎秀兰，等 . 提高植物修复效率的技术途径与强化措施 [J]. 环境科学学报，2007，27（6）：881-893.

[473] 孟凡乔，巩晓颖，葛建国，等 . 污灌对土壤重金属含量的影响及其定量估算——以河北省汶 . 河和府河灌区为例 [J]. 农业环境科学学报，2004，23（2）.

[474] 毛亮，靳治国，高扬，等 . 微生物对龙葵的生理活性和吸收重金属的影响 [J]. 农业环境科学学报，2011，30（1）：29-36.

[475] 马满英，施周，刘有势 . 鼠李糖脂洗脱土壤中多氯联苯影响因素的研究 [J]. 环境工程学报，2008（1）.

[476] 牟树生，青长乐 . 环境土壤学 [M]. 北京：中国农业出版社 .1991.

[477] 莫争，王春霞，陈琴，等 . 重金属 Cu，Pb，Zn，Cr，Cd 在水稻植株中的富集和分布 [J]. 环境化学，2002，21（2）.

[478] 聂俊华，刘秀梅，王庆仁 .Pb 超富集植物对营养元素 N、P、K 的响应 [J]. 生态环境，2004，13（3）：306-309.

[479] 南忠仁，李吉均，张建明，等 . 干旱区土壤小麦根系界面 Pb、Ni 行为的环境影响——以甘肃省白银市区污灌耕作土为例 [J]. 中国沙漠，2001，21（1）.

[480] 南忠仁，李吉均 . 白银市区土壤作物系统重金属污染分析与防治对策研究 [J]. 环境污染与防治，2002，24（3）.

[481] 南忠仁，李吉均 . 城郊土壤共存元素对土壤作物系统 Cd，Pb 迁移的影响分析-以白银市城郊为例 [J]. 城市环境与城市生态，2001，14（2）.

[482] 南忠仁，李吉均 . 干旱区污灌土壤作物系统 Cu，Zn 的行为特性 [J]. 盐湖研究 .2001，9（1）.

[483] 南忠仁 . 甘肃省白银市中心区土壤环境质量评价 [J]. 西北师范大学学报，1994，30（1）.

[484] 牛之欣，孙丽娜，孙铁珩 . 重金属污染土壤的植物—微生物联合修复研究进展 [J]. 生态学杂志，2009，28（11）：2366-2373.

[485] 彭胜巍，周启星 . 持久性有机污染土壤的植物修复及其机理研究进展 [J]. 生态学杂志，2008，27（3）：468-475.

[486] 彭自然，王毓芳，徐伯兴 . 螯合诱导植物修复被重金属污染土壤 [J]. 上海化工，2001，17.

[487] 青长乐，牟树森，蒲富永，等 . 论土壤重金属毒性临界值 [J]. 农业环境科学学报，1992，2：001.

[488] 齐广平 . 生活污水灌溉对茄子生长效应的影响 [J]. 甘肃农业大学学报，2001，36（3）.

[489] 曲健，汪群慧，杜晓明，等 . 沈抚灌区上游土壤中多环芳烃的含量分析 [J]. 中国环境监测，2006，22（3）.

[490] 秦丽，祖艳群，湛方栋，等 . 续断菊与玉米间作对作物吸收富集 Cd 的影响 [J]. 农业环境科学学报，2013，32（3）：471-477.

[491] 仇荣亮，汤叶涛，章卫华 . 工矿废弃地重金属污染土壤修复进展 [J]. 土壤资源持续利用与生态环境安全学术会议论文集 .170-174.

[492] 仇荣亮 . 工矿废弃地重金属污染土壤修复进展 [J]. 土壤资源持续利用与生态环境安全学术会议论文集 . 南京：中国土壤学会，2009：170-178.

[493] 钱暑强，金卫华，刘铮 . 从土壤中去除 Cu^{2+} 的电修复过程 [J].Journal of Chemical Industry and Engineering（China），2002，53（3）：236-240.

[494] 邱廷省，王俊峰，罗仙平 . 重金属污染土壤治理技术应用现状与展望 [J]. 四川有色金属，2003，2.

[495] 泉薛，沿宁，王会信 . 微生物展示技术在重金属污染生物修复中的研究进展 [J]. 生物工程进展，2001，21（5）：48-51.

[496] 曲向荣.土壤环境学 [M] 清华大学出版社 2010：73-74.

[497] 齐志明，冯绍元，黄冠华，等.清、污水灌溉对夏玉米生长影响的田间试验研究 [J].灌溉排水学报，2003，22 (2).

[498] 孙波，孙华，张桃林.红壤重金属复合污染修复的生态环境效应与评价指标 [J].环境科学，2004，25 (2)：104-110.

[499] 申鸿，刘于，李晓林，等.丛枝菌根真菌对 Cu 污染土壤生物修复机理初探 [J].植物营养与肥料学报，2005，11 (2)：199-204.

[500] 孙吉林，蒋玉根.农艺措施治理重金属严重污染农田土壤效果初探 [J].农业环境与发展，2002，1.

[501] 石磊，金玉青，金叶华，等.土壤重金属污染的植物修复技术 [J].上海农业科技，2009 (4)：24-26.

[502] 沙鲁生.污水灌溉标准体系探讨.节水灌溉，2007，2.

[503] 沈萍.微生物学 [M].北京：高等教育出版社，2000.

[504] 孙琴，倪吾钟，杨肖娥，等.磷对超富集植物—东南景天生长和富集 Zn 的影响 [J].环境科学学报，2003，23 (6)：818-824.

[505] 孙庆峰，余仁焕.石油污染土壤处理技术研究的进展 [J].国外金属矿选矿，2002，12.

[506] 苏少华，张玉秀，朱凌峰.近十年我国耐重金属细菌研究文献分析 [J].农业图书情报学刊，2011，23 (5)：63-67.

[507] 苏世鸣，任丽轩，霍振华，等.西瓜与旱作水稻间作改善西瓜连作障碍及对土壤微生物区系的影响 [J].2008，中国农业科学，41 (3)：704-712.

[508] 孙铁珩，李培军，周启星.土壤污染形成机理与修复技术 [M].北京：科学出版社，2005.

[509] 孙铁珩，周启星，李培军.污染生态学 [M].北京：科学出版社，2001.

[510] 盛下放，白玉，夏娟娟，等.Cd 抗性菌株的筛选及对番茄吸收 Cd 的影响 [J].中国环境科学，2003，23 (5)：467-469.

[511] 沈源源，滕应，骆永明.几种豆科、禾本科植物对多环芳烃复合污染土壤的修复 [J].土壤.2011，43 (2).

[512] 宋志海.漳州市农田土壤重金属污染现状与生物修复防治对策 [J].福建热作科技，2008，33 (3)：34-36.

[513] 孙增荣，吴丽娜，张淑兰，等.污灌区土壤、地下水、蔬菜致突变性研究 [J].环境与健康，1996，13 (5).

[514] 佟洪金，涂仕华，赵秀兰.土壤重金属污染的治理措施 [J].西南农业学报，2003，16.

[515] 田家怡，高奎江，王福花，等.小清河有机化合物污染对污灌区农产品质量影响的研究 [J].山东环境，1995，4.

[516] 唐杰，藤间幸久.土壤、地下水中有机污染物的就地处置 [J].环境污染治理技术与设备，2000，1 (4).

[517] 佟丽华，侯卫国.菌根生理机能及其在污染土壤修复中的应用 [J].安徽农学通报，2007，13 (17)：19-22.

[518] 唐世荣.污染环境植物修复的原理与方法 [M].北京：科学出版社，2006.

[519] 滕应，黄昌勇，骆永明，等.重金属复合污染下土壤微生物群落功能多样性动力学特征 [J].土壤学报，2004，41 (5)：735-741.

[520] 滕应，黄昌勇.重金属污染土壤的微生物生态效应及其修复研究进展 [J].土壤与环境，2002，11 (l)：85-89.

[521] 滕应，骆永明，高军，等.多氯联苯污染土壤菌根真菌-紫花苜蓿-根瘤菌联合修复效应 [J].环境科学，2008，29 (10).

[522] 滕应，骆永明，李振高.污染土壤的微生物修复原理与技术进展 [J].土壤，2007，39 (4)：497-502.

[523] 汤叶涛，仇荣亮，曾晓雯，等.一种新的多金属超富集植物——圆锥南芥 (Arabis paniculata L.) [J].中山大学学报 (自然科学版)，2005，44 (4)：135-136.

[524] 滕应.复合污染土壤的微生物多样性和微生物修复研究 [D].南京：中国科学院南京土壤研究所，2005.

[525] 王保军，杨惠芳.微生物与重金属的相互作用 [J].重庆环境科学，1996，18 (1)：35-38，57.

[526] 王保军.微生物与重金属的相互作用 [J].重庆环境科学，1996，18 (1)：35-38.

[527] 王保军.烟草头孢霉 F2 对氯化汞解毒作用的研究 [J].环境科学学报，1992，12 (3)：275-278.

[528] 王辰，王翠苹，刘海彬，等.微生物对芘和苯并 [a] 芘污染土壤的修复 [J].环境科学与技术，2011.34 (3).

[529] 王菲，杨官品，李晓军，等.微生物标志物在土壤污染生态学研究中的应用 [J].生态学杂志，2008，27 (1)：105-110.

[530] 吴凤芝，周新刚.不同作物间作黄瓜病害及土壤微生物群落多样性的影响 [J].土壤学报，2009，46 (5)：899-906.

[531] 王国利，刘长仲，卢子扬.白银市污水灌溉对农田土壤质量的影响 [J].甘肃农业大学学报，2005，1.

[532] 王宏树，窦争霞，剑树范.日本土壤的重金属污染及其对策 [J].农业环境保护，1987，6 (6).

[533] 王慧，马建伟，等，重金属污染土壤的电动原位修复技术研究 [J].生态环境，2007，1 (1)：223-227.

[534] 王海峰，赵保卫，徐瑾，等.重金属污染土壤修复技术及其研究进展 [J].环境科学与管理，2009，34 (11)：15-20.

[535] 王红旗，陆泗进.陈延君.污染上壤植物修复中螯合诱导和转基因技术的应用现状与前景 [J].地学前缘，2005，12 (特刊).

[536] 顾继光，周启星，王新.土壤重金属污染的治理途径及其研究进展 [J].应用基础与工程科学学报，2003，11 (2)：143-151.

[537] 王建龙，陈灿.生物吸附法去除重金属离子的研究进展 [J].环境科学学报，2010，30 (4)：673-701.

[538] 王吉秀，祖艳群，李元，等.玉米和不同蔬菜间套模式对重金属 Pb、Cu、Cd 累积的影响研究 [J].农业环境科学学报，2011，30 (11)：2168-2173.

[539] 王建林，等.水稻根际中铁的形态转化 [J].土壤学报，1992，29 (4)：358-363.

[540] 王凯荣，张玉烛，胡荣佳.不同土壤改良剂对降低重金属污染土壤上水稻糙米铅镉含量的作用 [J].农业环境科学学报，2007，26 (2)：476-481.

[541] 温丽，博大放.两种强化措施辅助黑麦草修复重金属污染土壤 [J].中国环境科学，2008，28 (9)：786-790.

[542] 王莉玮，陈玉成，董姗燕，表面活性剂与螯合剂对植物吸收 Cd 及 Cu 的影响 [J].西南农业大学学报（自然科学版），2004，26 (6)：7452-7461.

[543] 白来汉、张仕颖、张乃明，等.不同磷石膏添加量与接种菌根对玉米生长及磷、砷、硫吸收的影响 [J].环境科学学报，2011，31 (11)：2485-2492.

[544] 王丽萍，郭光霞，华素兰.丛枝菌根真菌-植物对石油污染土壤修复实验研究 [J].中国矿业大学学报，2009，38 (1).

[545] 王林，周启星.化学与工程措施强化重金属污染土壤植物修复 [J].安全与环境学报，2007，5 (10)：50-56.

[546] 王林，周启星.农艺措施强化重金属污染土壤的植物修复 [J].中国生态农业学报，2008，16 (3)：772-777.

[547] 王连生.环境化学进展 [M].北京：化学工业出版社，1995.

[548] 王敏，徐甜甜，李强，等.重金属污染土壤的微生物修复机理与技术 [J].唐山学院学报，2011，24 (3)：43-45.

[549] 王瑞兴，钱春香，吴淼，等.微生物矿化固结土壤中重金属研究 [J].功能材料，2007，38 (9)：15-26.

[550] 王儒，张锦瑞，代淑娟.我国有色金属尾矿的利用现状与发展方向 [J].现代矿业.2010.494 (6)：6-9.

[551] 王慎强，陈怀满.我国土壤环境保护研究的回顾与展望 [J].土壤，1999，31 (5)：255-260.

[552] 吴双桃，吴晓芙，胡曰利，等.铅锌冶炼厂土壤污染及重金属富集植物的研究 [J].生态环境，2004，13 (2)：156-157，160.

[553] 魏树和，周启星，刘睿.重金属污染土壤修复中杂草资源的利用 [J].自然资源学报，2005，20 (31)：432-440.

[554] 魏树和，周启星，王新，等．一种新发现的镉超富集植物龙葵（Solanum nigrum L.）．科学通报，2004，49（24）：2568-2573.

[555] 王慎强，陈怀满．我国土壤环境保护研究的回顾与展望 [J]．土壤，1999，31（5）：255-260.

[556] 王曙光，林先贵．菌根在污染土壤修复中的作用 [J]．农村生态环境，2001，17（1）：56-59.

[557] 魏树和，周启星．重金属污染土壤植物修复基本原理及强化措施探讨 [J]．生态学杂志，2004，23（1）：65-72.

[558] 吴维中，刘钧沽，常士俊，等．沈抚灌区水田土壤矿物油环境容量与自净规律的研究 [J]．农业环境保护，1985，4（3）.

[559] 王新，周启星．土壤 Hg 污染及修复技术研究 [J]．生态学杂志，2002，21（3）：43-46.

[560] 王新，周启星．土壤重金属污染生态过程，效应及修复 [J]．生态科学，2004，23（3）：278-281.

[561] 王新，周启星．重金属与土壤微生物的相互作用及污染土壤修复 [J]．环境污染治理技术与设备，2004，5（11）：1-5.

[562] 万云兵，仇荣亮，陈志良，等．重金属污染土壤中提高植物提取修复功效的探讨 [J]．环境污染治理技术与设备，2002，3（4）：56-59.

[563] 王永强，肖立中，李伯威．骨炭＋沸石对重金属污染土壤的修复效果及评价 [J]．农业环境与发展，2010，3.

[564] 王亚雄，郭瑾珑，刘瑞霞．微生物吸附剂对重金属的吸附特性 [J]．环境科学，2001，22（6）：72-75.

[565] 卫泽斌，郭晓芳，吴启堂．化学淋洗和深层土壤固定联合技术修复重金属污染土壤 [J]．农业环境科学学报，2010，29（2）：407-408.

[566] 温志良，毛友发，陈桂珠．重金属污染生物恢复技术研究 [J]．环境科学动态，1999，3.

[567] 韦朝阳，陈同斌，黄泽春，等．大叶井口边草——一种新发现的富集砷的植物 [J]．生态学报，2002，22（5）：777-778.

[568] 谢飞、吴芳云、刘建刚，等．洗涤法处理含油土壤的研究 [J]．油气田环境保护，1997，7（1）.

[569] 邢光熹，土壤学，朱建国．土壤微量元素和稀土元素化学 [M]．北京：科学出版社，2003.

[570] 徐华勤，肖润林，宋同清，等．稻草覆盖与间作对丘陵茶园土壤微生物群落功能的影响 [J]．生物多样性，2008，16（2）：166-174.

[571] 新会等．土壤环境学 [M]．北京：高等教育出版社，2007.

[572] 许嘉琳，杨居荣．陆地生态系统中的重金属 [M]．中国环境科学出版社，1995.

[573] 夏立江，华路，李向东．重金属污染生物修复机制及研究进展 [J]．核农学报，1998，12：59-64.

[574] 夏立江，王宏康．土壤污染及其防治 [M]．上海：华东理工大学出版社，2001.

[575] 席磊．二氧化碳气肥对印度芥菜和向日葵富集 Cu、Zn 的影响研究 [D]．杭州：浙江大学，2001.

[576] 夏立江．土壤污染及其防治 [M]．武汉：华中理工大学出版社，2001.

[577] 夏立江．污染土壤生物修复技术 [M]．北京：中国环境科学出版社，2000.

[578] 向梅华．北京市东南郊原污灌区重金属污染评价及生物有效性分析 [D] 北京：中国地质大学，2007.

[579] 邢前国，潘伟斌，张太平．重金属污染土壤的植物修复技术 [J]．生态科学，2003，22（3）：275 279.

[580] 肖青青，王宏镔，王海娟，等．滇白前（Silene viscidula）对铅、锌、镉的共超富集特征．生态环境学报，2009，18（4）：1299-1306.

[581] 薛生国，陈英旭，林琦，等．中国首次发现的锰超富集植物——商陆 [J]．生态学报，2003，23（5）：935-937.

[582] 肖雪毅，陈保冬，朱永官．丛枝菌根真菌对同尾矿上植物生长和矿质营养的影响 [J]．环境科学学报，2006，26（2）：312-317.

[583] 夏运生，陈保冬，朱永官，等．外加不同铁源和丛枝菌根对砷污染土壤上玉米生长及磷、砷吸收的影响 [J]．环境科学学报，2008，28（3）：516-524.

[584] 薛艳，沈振国，周东美．蔬菜对土壤重金属吸收的差异与机理 [J]．土壤，2005，37（1）：32-36.

[585] 薛艳，周东美，沈振国．土壤铜锌复合污染条件下两种青菜的响应差异 [J]．土壤，2005，37（4）.

[586] 谢建治，刘树庆，刘玉柱，等．保定市郊土壤重金属污染对蔬菜品质的影响［J］．农业环境保护，2002，21（4）．

[587] 袁保惠，吕志远，徐冰，等．污水灌溉的发展与利用［J］．内蒙古水利，2009．

[588] 闫大莲．重金属污染土壤修复技术探讨［J］．现代农业，2007，6．

[589] 杨国栋．污染土壤微生物修复技术主要研究内容和方法［J］．农业环境保护，2001，20（4）．

[590] 杨华锋，冯绍元．北京市城近郊区污水灌溉农田发展过程探讨［D］．中国农村水利水电．2005，8．

[591] 杨华锋．北京地区污水灌溉农田若干特征研究［D］．北京：中国农业大学，2005．

[592] 叶和松．生物表面活性剂产生菌株的筛选及提高植物吸收土壤铅 Cd 效应的研究［C］．南京：南京农业大学，2006．

[593] 尹晋，马小东，孙红文．电动修复不同形态铬污染土壤的研究［J］．环境工程学报，2008，2（5）．

[594] 韩力峰，李文琦，林杨，等．赤峰市城郊污灌区生物性污染现状调查与研究［J］．内蒙古环境保护，1995，7．

[595] 杨倩．微生物提高植物修复 As 污染土壤的效果和机理研究［D］．武汉：华中农业大学，2009．

[596] 于瑞莲，胡恭任．采矿区土壤重金属污染生态修复研究进展［J］．中国矿业，2008，17（2）：40-43．

[597] 俞慎，何振立，黄昌勇．重金属胁迫下土壤微生物和微生物过程研究进展［J］．应用生态学报，2003，14（4）：618-622．

[598] 杨苏才，南忠仁，曾静静．土壤重金属污染现状与治理途径研究进展［J］．安徽农业科学，2006，34（3）：549-552．

[599] 杨肖娥，龙新宪，倪吾钟，等．东南景天（Sedum alfredii H.）——一种新的锌超富集植物［J］．科学通报，2002，47（13）：1003-1006．

[600] 阎晓明，何金柱．重金属污染土壤的微生物修复机理［J］．安徽农业科学，2002，30（6）：877-879．

[601] 于鑫，张晓健．水源水及饮用水中有机物对人体健康的影响［J］．中国公共卫生，2003，19（3）．

[602] 袁耀武，张伟，李英军，等．污水灌溉对土壤中不同微生物类群数量的影响［J］．节水灌溉，2003，6．

[603] 杨志新，刘树庆．Cd、Zn、Pb 单因素及复合污染对土壤酶活性的影响［J］．土壤与环境，2000，9（1）．

[604] 杨耀，刘二东，孙英．土壤重金属污染生物修复技术的研究进展［J］．内蒙古环境科学，2009，21（6）：189-190．

[605] 于颖，周启星．污染土壤化学修复技术研究与进展［J］．环境污染治理技术与设备，2005，6（7）．

[606] 赵爱芬，赵雪，常学礼．植物对污染土壤修复作用的研究进展［J］．土壤通报，2000，31（1）．

[607] 曾德付，朱维斌．我国污水灌溉存在问题和对策探讨［J］．干旱区农业研究，2004，22（4）．

[608] 张大庚，依艳丽，郑西来．沈抚污水灌溉区石油烃对土壤及水稻的影响［J］．土壤通报，2003，34（4）．

[609] 周东美，邓昌芬．重金属污染土壤的电动修复技术研究进展［J］．农业环境科学学报，2003，22（4）：505-508．

[610] 周东美，郝秀珍，薛艳，等．污染土壤的修复技术研究进展［J］．生态环境，2004，13（2）．

[611] 朱桂芬，王学锋．重金属 Cd，Pb，Zn 在油麦菜中的富集和分布［J］．河南师范大学学报（自然科学版），2004，32（4）．

[612] 郑国璋．农业土壤重金属污染的理论与实践［M］．北京：中国环境科学出版社，2007．

[613] 张海燕，刘阳，李娟，等．重金属污染土壤修复技术综述［J］．四川环境，2010，29（6）．

[614] 张景来．环境生物技术及应用［M］．北京：化学工业出版社，2002：142-147．

[615] 周建民，党志，司徒粤，等．大宝山矿区周围土壤重金属污染分布特征研究［J］．农业环境科学学报，2004，23．

[616] 周建民，党志，陶雪琴，等．NTA 对玉米体内 Cu、Zn 的富集及亚细胞分布的影响［J］．环境科学，2005，26（6）：127-131．

[617] 周家祥，刘铮．镉污染土壤修复技术研究进展［J］．环境污染治理技术与设备，2000，1（4）：47-51．

[618] 张晶．长期有机污水灌溉对土壤固氮细菌种群的影响［J］．农业环境科学学报，2007，26（2）．

[619] 赵开弘．环境微生物学［M］．武汉：华中科技大学出版社，2009：207．

[620] 赵磊，黄益宗，朱永官，等．砷、钒与镉交互作用及其对土壤吸附镉的影响 [J]．环境化学，2004，23
（4）：409-412.

[621] 张璐．微生物强化重金属污染土壤植物修复的研究 [D]．长沙：湖南大学，2007.

[622] 张乃明．环境土壤学 [M]．北京：中国农业大学出版社，2013.

[623] 张乃明，陈建军，常晓冰．污灌区土壤重金属累积影响因素研究 [J]．土壤，2002，34（2）：90-93.

[624] 张乃明，段永蕙，毛昆明．土壤环境保护 [M]．北京：中国农业科技出版社，2002.

[625] 张乃明，李保国，胡克林．太原污灌区土壤重金属和盐分含量的空间变异特征 [J]．环境科学学报，2001，
21（3）：349-353.

[626] 张乃明，李保国，胡克林．污水灌区耕层土壤中铅，镉的空间变异特征 [J]．土壤学报，2003，40（1）.

[627] 张乃明，张守萍，武丕武．山西太原污灌区农田土壤汞污染状况及其生态效应 [J]．土壤通报，2001，32
（2）：95-96.

[628] 张乃明．环境污染与食品安全 [M]．北京：化学工业出版社，2007.

[629] 张乃明．大气沉降对土壤重金属累积的影响 [J]．土壤与环境，2001，2.

[630] 张乃明．土壤--植物系统重金属污染研究现状与展望 [J]．环境科学进展，1999，7（4）：30-33.

[631] 张乃明．山西土壤氟含量分布及影响因素研究 [J]，土壤学报，2001，2.

[632] 张乃明．污灌区农田土壤汞污染状况其生态效应 [J]，土壤通报，2001，2.

[633] 朱奇宏，黄道友，刘国胜．石灰和海泡石对镉污染土壤的修复效应与机理研究 [J]．水土保持学报，2009，
23（1）.

[634] 赵庆良，张金娜，刘志刚．再生回用水灌溉对作物品质及土壤质量的影响 [J]．环境科学，2007，2.

[635] 赵庆龄，张乃弟，路文如．土壤重金属污染研究回顾与展望Ⅱ——基于三大学科的研究热点与前沿分析
[J]．环境科学与技术，2010，33（7）：102-106，137.

[636] 周启星，魏树和，刁春燕．污染土壤生态修复基本原理及研究进展 [J]．农业环境科学学报，2007，26
（2）：419-424.

[637] 周启星，宋玉芳．植物修复的技术内涵及展望 [J]．安全与环境学报．2001，1（3）：48-53.

[638] 周启星，宋玉芳．污染土壤修复原理与方法 [M]．北京：科学出版社，2004.

[639] 周启星．污染土壤修复的技术再造与展望 [J]．环境污染治理技术与设备，2002，3（8）：36-40.

[640] 周启星．污染土壤就地修复技术研究与展望 [J]．环境防治技术，1998，11（4）：207-211.

[641] 张强，李支援．海泡石对镉污染土壤的改良效果 [J]．湖南农业大学学报，1996，22（4）：346-350.

[642] 振琪，魏忠义，秦萍矿．矿山修复土壤重构的概念与方法 [J]．土壤，2005，37（1）：8-12.

[643] 宰松梅，王朝辉，庞鸿宾．污水灌溉的现状与展望 [J]．土壤，2006.

[644] 周世伟，徐明岗．磷酸盐修复重金属污染土壤的研究进展 [J]．生态学报，2007，27（7）：3043-3050.

[645] 张素芹．重金属在根圈环境的迁移动态及根际效应 [J]．北京师范大学学报（自然科学版），1992，28（增
刊）：120-125.

[646] 张文敏，张美庆，孟娜，等．VA菌根用于矿山复垦的基础研究 [J]．矿冶，1996，5（3）：17-21.

[647] 赵文智，程国栋．菌根及其在荒漠化上地恢复中的应用 [J]．应用生态学报，2001，12（6）：947-950.

[648] 郑喜珅，鲁安怀，高翔，等．土壤中重金属污染现状与防治方法 [J]．土壤与环境，2002，11（1）：79-84.

[649] 朱宇恩，赵烨，李强．北京城郊污灌土壤-小麦体系重金属潜在健康风险评价 [J]．农业环境科学学报，
2011，30（2）.

[650] 左元梅，陈清，张福锁，等．利用14C示踪研究玉米/花生间作玉米根系分泌物对花生铁营养影响的机制
[J]．核农学报，200418（1）：43-46.

[651] 张艳，邓扬悟，罗仙平，等．土壤重金属污染以及微生物修复技术探讨 [J]．有色金属科学与工程，2012，
3（1）：63-66.

[652] 朱一民，魏德洲．Mycobacterium phlei菌对重金属 Pb^{2+}、Zn^{2+}、Ni^{2+}、Cu^{2+} 的吸附规律 [J]．东北大学学
报（自然科学版），2003，24（1）：91-93.

附 录

国务院办公厅关于印发近期土壤环境保护和
综合治理工作安排的通知

国办发〔2013〕7号

各省、自治区、直辖市人民政府，国务院各部委、各直属机构：

《近期土壤环境保护和综合治理工作安排》已经国务院同意，现印发给你们，请认真贯彻执行。

国务院办公厅
2013年1月23日

近期土壤环境保护和综合治理工作安排

近年来，各地区、各部门积极开展土壤污染状况调查，实施综合整治，土壤环境保护取得积极进展。但我国土壤环境状况总体仍不容乐观，必须引起高度重视。为切实保护土壤环境，防治和减少土壤污染，现就近期土壤环境保护和综合治理工作做出以下安排：

一、工作目标

到2015年，全面摸清我国土壤环境状况，建立严格的耕地和集中式饮用水水源地土壤环境保护制度，初步遏制土壤污染上升势头，确保全国耕地土壤环境质量调查点位达标率不低于80％；建立土壤环境质量定期调查和例行监测制度，基本建成土壤环境质量监测网，对全国60％的耕地和服务人口50万以上的集中式饮用水水源地土壤环境开展例行监测；全面提升土壤环境综合监管能力，初步控制被污染土地开发利用的环境风险，有序推进典型地区土壤污染治理与修复试点示范，逐步建立土壤环境保护政策、法规和标准体系。力争到2020年，建成国家土壤环境保护体系，使全国土壤环境质量得到明显改善。

二、主要任务

（一）严格控制新增土壤污染

加大环境执法和污染治理力度，确保企业达标排放；严格环境准入，防止新建项目对土壤造成新的污染。定期对排放重金属、有机污染物的工矿企业以及污水、垃圾、危险废物等处理设施周边土壤进行监测，造成污染的要限期予以治理。规范处理污水处理厂污泥，完善垃圾处理设施防渗措施，加强对非正规垃圾处理场所的综合整治。科学施用化肥，禁止使用重金属等有毒有害物质超标的肥料，严格控制稀土农用。严格执行国家有关高毒、高残留农药使用的管理规定，建立农药包装容器等废弃物回收制度。鼓励废弃农膜回收和综合利用。禁止在农业生产中使用含重金属、难降解有机污染物的污水以及未经检验和安全处理的污水处理厂污泥、清淤底泥、尾矿等。

（二）确定土壤环境保护优先区域

将耕地和集中式饮用水水源地作为土壤环境保护的优先区域。在 2014 年年底前，各省级人民政府要明确本行政区域内优先区域的范围和面积，并在土壤环境质量评估和污染源排查的基础上，划分土壤环境质量等级，建立相关数据库。禁止在优先区域内新建有色金属、皮革制品、石油煤炭、化工医药、铅蓄电池制造等项目。

（三）强化被污染土壤的环境风险控制

开展耕地土壤环境监测和农产品质量检测，对已被污染的耕地实施分类管理，采取农艺调控、种植业结构调整、土壤污染治理与修复等措施，确保耕地安全利用；污染严重且难以修复的，地方人民政府应依法将其划定为农产品禁止生产区域。已被污染地块改变用途或变更使用权人的，应按照有关规定开展土壤环境风险评估，并对土壤环境进行治理修复，未开展风险评估或土壤环境质量不能满足建设用地要求的，有关部门不得核发土地使用证和施工许可证。经评估认定对人体健康有严重影响的污染地块，要采取措施防止污染扩散，治理达标前不得用于住宅开发。以新增工业用地为重点，建立土壤环境强制调查评估与备案制度。

（四）开展土壤污染治理与修复

以大中城市周边、重污染工矿企业、集中污染治理设施周边、重金属污染防治重点区域、集中式饮用水水源地周边、废弃物堆存场地等为重点，开展土壤污染治理与修复试点示范。在长江三角洲、珠江三角洲、西南、中南、辽中南等地区，选择被污染地块集中分布的典型区域，实施土壤污染综合治理；有关地方要在 2013 年年底前完成综合治理方案的编制工作并开始实施。

（五）提升土壤环境监管能力

加强土壤环境监管队伍与执法能力建设。建立土壤环境质量定期监测制度和信息发布制度，设置耕地和集中式饮用水水源地土壤环境质量监测国控点位，提高土壤环境监测能力。加强全国土壤环境背景点建设。加快制定省级、地市级土壤环境污染事件应急预案，健全土壤环境应急能力和预警体系。

（六）加快土壤环境保护工程建设

实施土壤环境基础调查、耕地土壤环境保护、历史遗留工矿污染整治、土壤污染治理与修复和土壤环境监管能力建设等重点工程，具体项目由环境保护部会同有关部门确定并组织实施。

三、保障措施

（一）加强组织领导

建立由环境保护部牵头，国务院相关部门参加的部际协调机制，指导、协调和督促检查土壤环境保护和综合治理工作。有关部门要各负其责，协同配合，共同推进土壤环境保护和综合治理工作。地方各级人民政府对本行政区域内的土壤环境保护和综合治理工作负总责，要尽快编制各自的土壤环境保护和综合治理工作方案，明确目标、任务和具体措施。

（二）健全投入机制

各级人民政府要逐步加大土壤环境保护和综合治理投入力度，保障土壤环境保护工作经费。按照"谁污染、谁治理"的原则，督促企业落实土壤污染治理资金；按照"谁投资、谁受益"的原则，充分利用市场机制，引导和鼓励社会资金投入土壤环境保护和综合治理。中央财政对土壤环境保护工程中符合条件的重点项目予以适当支持。

（三）完善法规政策

研究起草土壤环境保护专门法规，制定农用地和集中式饮用水水源地土壤环境保护、新增建设用地土壤环境调查、被污染地块环境监管等管理办法。建立优先区域保护成效的评估和考核机制，制定并实施"以奖促保"政策。完善有利于土壤环境保护和综合治理产业发展的税收、信贷、补贴等经济政策。研究制定土壤污染损害责任保险、鼓励有机肥生产和使用、废旧农膜回收加工利用等政策措施。

（四）强化科技支撑

完善土壤环境保护标准体系，制（修）定土壤环境质量、污染土壤风险评估、被污染土壤治理与修复、主要土壤污染物分析测试、土壤样品、肥料中重金属等有毒有害物质限量等标准；制定土壤环境质量评估和等级划分、被污染地块环境风险评估、土壤污染治理与修复等技术规范；研究制定土壤环境保护成效评估和考核技术规程。加强土壤环境保护和综合治理基础和应用研究，适时启动实施重大科技专项。研发推广适合我国国情的土壤环境保护和综合治理技术和装备。

（五）引导公众参与

完善土壤环境信息发布制度，通过热线电话、社会调查等多种方式了解公众意见和建议，鼓励和引导公众参与和支持土壤环境保护。制定实施土壤环境保护宣传教育行动计划，结合世界环境日、地球日等活动，广泛宣传土壤环境保护相关科学知识和法规政策。将土壤环境保护相关内容纳入各级领导干部培训工作。可能对土壤造成污染的企业要加强对所用土地土壤环境质量的评估，主动公开相关信息，接受社会监督。

（六）严格目标考核

建立土壤环境保护和综合治理目标责任制，制定相应的考核办法，环境保护部要与各省级人民政府签订目标责任书，明确任务和时间要求等，定期进行考核，结果向国务院报告。地方人民政府要与重点企业签订责任书，落实企业的主体责任。要强化对考核结果的运用，对成绩突出的地方人民政府和企业给予表彰，对未完成治理任务的要进行问责。

国务院关于印发土壤污染防治行动计划的通知

国发〔2016〕31 号

各省、自治区、直辖市人民政府，国务院各部委、各直属机构：

现将《土壤污染防治行动计划》印发给你们，请认真贯彻执行。

国务院

2016 年 5 月 28 日

土壤污染防治行动计划

土壤是经济社会可持续发展的物质基础，关系人民群众身体健康，关系美丽中国建设，保护好土壤环境是推进生态文明建设和维护国家生态安全的重要内容。当前，我国土壤环境总体状况堪忧，部分地区污染较为严重，已成为全面建成小康社会的突出短板之一。为切实加强土壤污染防治，逐步改善土壤环境质量，制定本行动计划。

总体要求：全面贯彻党的十八大和十八届三中、四中、五中全会精神，按照"五位一体"总体布局和"四个全面"战略布局，牢固树立创新、协调、绿色、开放、共享的新发展理念，认真落实党中央、国务院决策部署，立足我国国情和发展阶段，着眼经济社会发展全局，以改善土壤环境质量为核心，以保障农产品质量和人居环境安全为出发点，坚持预防为主、保护优先、风险管控，突出重点区域、行业和污染物，实施分类别、分用途、分阶段治理，严控新增污染、逐步减少存量，形成政府主导、企业担责、公众参与、社会监督的土壤污染防治体系，促进土壤资源永续利用，为建设"蓝天常在、青山常在、绿水常在"的美丽中国而奋斗。

工作目标：到 2020 年，全国土壤污染加重趋势得到初步遏制，土壤环境质量总体保持稳定，农用地和建设用地土壤环境安全得到基本保障，土壤环境风险得到基本管控。到 2030 年，全国土壤环境质量稳中向好，农用地和建设用地土壤环境安全得到有效保障，土壤环境风险得到全面管控。到 21 世纪中叶，土壤环境质量全面改善，生态系统实现良性循环。

主要指标：到 2020 年，受污染耕地安全利用率达到 90% 左右，污染地块安全利用率达到 90% 以上。到 2030 年，受污染耕地安全利用率达到 95% 以上，污染地块安全利用率达到 95% 以上。

一、开展土壤污染调查，掌握土壤环境质量状况

（一）深入开展土壤环境质量调查

在现有相关调查基础上，以农用地和重点行业企业用地为重点，开展土壤污染状况详查，2018 年底前查明农用地土壤污染的面积、分布及其对农产品质量的影响；2020 年底前掌握重点行业企业用地中的污染地块分布及其环境风险情况。制定详查总体方案

和技术规定，开展技术指导、监督检查和成果审核。建立土壤环境质量状况定期调查制度，每10年开展1次。（环境保护部牵头，财政部、国土资源部、农业部、国家卫生计生委等参与，地方各级人民政府负责落实。以下均需地方各级人民政府落实，不再列出）

（二）建设土壤环境质量监测网络

统一规划、整合优化土壤环境质量监测点位，2017年年底前，完成土壤环境质量国控监测点位设置，建成国家土壤环境质量监测网络，充分发挥行业监测网作用，基本形成土壤环境监测能力。各省（区、市）每年至少开展1次土壤环境监测技术人员培训。各地可根据工作需要，补充设置监测点位，增加特征污染物监测项目，提高监测频次。2020年底前，实现土壤环境质量监测点位所有县（市、区）全覆盖。（环境保护部牵头，国家发展改革委、工业和信息化部、国土资源部、农业部等参与）

（三）提升土壤环境信息化管理水平

利用环境保护、国土资源、农业等部门相关数据，建立土壤环境基础数据库，构建全国土壤环境信息化管理平台，力争2018年年底前完成。借助移动互联网、物联网等技术，拓宽数据获取渠道，实现数据动态更新。加强数据共享，编制资源共享目录，明确共享权限和方式，发挥土壤环境大数据在污染防治、城乡规划、土地利用、农业生产中的作用。（环境保护部牵头，国家发展改革委、教育部、科技部、工业和信息化部、国土资源部、住房城乡建设部、农业部、国家卫生计生委、国家林业局等参与）

二、推进土壤污染防治立法，建立健全法规标准体系

（四）加快推进立法进程

配合完成土壤污染防治法起草工作。适时修订污染防治、城乡规划、土地管理、农产品质量安全相关法律法规，增加土壤污染防治有关内容。2016年年底前，完成农药管理条例修订工作，发布污染地块土壤环境管理办法、农用地土壤环境管理办法。2017年底前，出台农药包装废弃物回收处理、工矿用地土壤环境管理、废弃农膜回收利用等部门规章。到2020年，土壤污染防治法律法规体系基本建立。各地可结合实际，研究制定土壤污染防治地方性法规。（国务院法制办、环境保护部牵头，工业和信息化部、国土资源部、住房城乡建设部、农业部、国家林业局等参与）

（五）系统构建标准体系

健全土壤污染防治相关标准和技术规范。2017年年底前，发布农用地、建设用地土壤环境质量标准；完成土壤环境监测、调查评估、风险管控、治理与修复等技术规范以及环境影响评价技术导则制定、修订工作；修订肥料、饲料、灌溉用水中有毒有害物质限量和农用污泥中污染物控制等标准，进一步严格污染物控制要求；修订农膜标准，提高厚度要求，研究制定可降解农膜标准；修订农药包装标准，增加防止农药包装废弃物污染土壤的要求。适时修订污染物排放标准，进一步明确污染物特别排放限值要求。完善土壤中污染物分析测试方法，研制土壤环境标准样品。各地可制定严于国家标准的地方土壤环境质量标准。（环境保护部牵头，工业和信息化部、国土资源部、住房城乡建设部、水利部、农业部、质检总局、国家林业局等参与）

（六）全面强化监管执法

明确监管重点。重点监测土壤中镉、汞、砷、铅、铬等重金属和多环芳烃、石油烃等有机污染物，重点监管有色金属矿采选、有色金属冶炼、石油开采、石油加工、化工、焦化、电镀、制革等行业，以及产粮（油）大县、地级以上城市建成区等区域。（环境保护部牵头，工业和信息化部、国土资源部、住房城乡建设部、农业部等参与）

加大执法力度。将土壤污染防治作为环境执法的重要内容，充分利用环境监管网格，加强土壤环境日常监管执法。严厉打击非法排放有毒有害污染物、违法违规存放危险化学品、非法处置危险废物、不正常使用污染治理设施、监测数据弄虚作假等环境违法行为。开展重点行业企业专项环境执法，对严重污染土壤环境、群众反映强烈的企业进行挂牌督办。改善基层环境执法条件，配备必要的土壤污染快速检测等执法装备。对全国环境执法人员每3年开展1轮土壤污染防治专业技术培训。提高突发环境事件应急能力，完善各级环境污染事件应急预案，加强环境应急管理、技术支撑、处置救援能力建设。（环境保护部牵头，工业和信息化部、公安部、国土资源部、住房城乡建设部、农业部、安全监管总局、国家林业局等参与）

三、实施农用地分类管理，保障农业生产环境安全

（七）划定农用地土壤环境质量类别

按污染程度将农用地划为三个类别，未污染和轻微污染的划为优先保护类，轻度污染和中度污染的划为安全利用类，重度污染的划为严格管控类，以耕地为重点，分别采取相应管理措施，保障农产品质量安全。2017年年底前，发布农用地土壤环境质量类别划分技术指南。以土壤污染状况详查结果为依据，开展耕地土壤和农产品协同监测与评价，在试点基础上有序推进耕地土壤环境质量类别划定，逐步建立分类清单，2020年年底前完成。划定结果由各省级人民政府审定，数据上传全国土壤环境信息化管理平台。根据土地利用变更和土壤环境质量变化情况，定期对各类别耕地面积、分布等信息进行更新。有条件的地区要逐步开展林地、草地、园地等其他农用地土壤环境质量类别划定等工作。（环境保护部、农业部牵头，国土资源部、国家林业局等参与）

（八）切实加大保护力度

各地要将符合条件的优先保护类耕地划为永久基本农田，实行严格保护，确保其面积不减少、土壤环境质量不下降，除法律规定的重点建设项目选址确实无法避让外，其他任何建设不得占用。产粮（油）大县要制定土壤环境保护方案。高标准农田建设项目向优先保护类耕地集中的地区倾斜。推行秸秆还田、增施有机肥、少耕免耕、粮豆轮作、农膜减量与回收利用等措施。继续开展黑土地保护利用试点。农村土地流转的受让方要履行土壤保护的责任，避免因过度施肥、滥用农药等掠夺式农业生产方式造成土壤环境质量下降。各省级人民政府要对本行政区域内优先保护类耕地面积减少或土壤环境质量下降的县（市、区），进行预警提醒并依法采取环评限批等限制性措施。（国土资源部、农业部牵头，国家发展改革委、环境保护部、水利部等参与）

防控企业污染。严格控制在优先保护类耕地集中区域新建有色金属冶炼、石油加工、化工、焦化、电镀、制革等行业企业，现有相关行业企业要采用新技术、新工艺，加快提标升级改造步伐。（环境保护部、国家发展改革委牵头，工业和信息化部参与）

（九）着力推进安全利用

根据土壤污染状况和农产品超标情况，安全利用类耕地集中的县（市、区）要结合

当地主要作物品种和种植习惯，制定实施受污染耕地安全利用方案，采取农艺调控、替代种植等措施，降低农产品超标风险。强化农产品质量检测。加强对农民、农民合作社的技术指导和培训。2017年底前，出台受污染耕地安全利用技术指南。到2020年，轻度和中度污染耕地实现安全利用的面积达到4000万亩。（农业部牵头，国土资源部等参与）

（十）全面落实严格管控

加强对严格管控类耕地的用途管理，依法划定特定农产品禁止生产区域，严禁种植食用农产品；对威胁地下水、饮用水水源安全的，有关县（市、区）要制定环境风险管控方案，并落实有关措施。研究将严格管控类耕地纳入国家新一轮退耕还林还草实施范围，制定实施重度污染耕地种植结构调整或退耕还林还草计划。继续在湖南长株潭地区开展重金属污染耕地修复及农作物种植结构调整试点。实行耕地轮作休耕制度试点。到2020年，重度污染耕地种植结构调整或退耕还林还草面积力争达到2000万亩。（农业部牵头，国家发展改革委、财政部、国土资源部、环境保护部、水利部、国家林业局参与）

（十一）加强林地草地园地土壤环境管理

严格控制林地、草地、园地的农药使用量，禁止使用高毒、高残留农药。完善生物农药、引诱剂管理制度，加大使用推广力度。优先将重度污染的牧草地集中区域纳入禁牧休牧实施范围。加强对重度污染林地、园地产出食用农（林）产品质量检测，发现超标的，要采取种植结构调整等措施。（农业部、国家林业局负责）

四、实施建设用地准入管理，防范人居环境风险

（十二）明确管理要求

建立调查评估制度。2016年年底前，发布建设用地土壤环境调查评估技术规定。自2017年起，对拟收回土地使用权的有色金属冶炼、石油加工、化工、焦化、电镀、制革等行业企业用地，以及用途拟变更为居住和商业、学校、医疗、养老机构等公共设施的上述企业用地，由土地使用权人负责开展土壤环境状况调查评估；已经收回的，由所在地市、县级人民政府负责开展调查评估。自2018年起，重度污染农用地转为城镇建设用地的，由所在地市、县级人民政府负责组织开展调查评估。调查评估结果向所在地环境保护、城乡规划、国土资源部门备案。（环境保护部牵头，国土资源部、住房城乡建设部参与）

分用途明确管理措施。自2017年起，各地要结合土壤污染状况详查情况，根据建设用地土壤环境调查评估结果，逐步建立污染地块名录及其开发利用的负面清单，合理确定土地用途。符合相应规划用地土壤环境质量要求的地块，可进入用地程序。暂不开发利用或现阶段不具备治理修复条件的污染地块，由所在地县级人民政府组织划定管控区域，设立标识，发布公告，开展土壤、地表水、地下水、空气环境监测；发现污染扩散的，有关责任主体要及时采取污染物隔离、阻断等环境风险管控措施。（国土资源部牵头，环境保护部、住房城乡建设部、水利部等参与）

（十三）落实监管责任

地方各级城乡规划部门要结合土壤环境质量状况，加强城乡规划论证和审批管理。

地方各级国土资源部门要依据土地利用总体规划、城乡规划和地块土壤环境质量状况，加强土地征收、收回、收购以及转让、改变用途等环节的监管。地方各级环境保护部门要加强对建设用地土壤环境状况调查、风险评估和污染地块治理与修复活动的监管。建立城乡规划、国土资源、环境保护等部门间的信息沟通机制，实行联动监管。（国土资源部、环境保护部、住房城乡建设部负责）

（十四）严格用地准入

将建设用地土壤环境管理要求纳入城市规划和供地管理，土地开发利用必须符合土壤环境质量要求。地方各级国土资源、城乡规划等部门在编制土地利用总体规划、城市总体规划、控制性详细规划等相关规划时，应充分考虑污染地块的环境风险，合理确定土地用途。（国土资源部、住房城乡建设部牵头，环境保护部参与）

五、强化未污染土壤保护，严控新增土壤污染

（十五）加强未利用地环境管理

按照科学有序原则开发利用未利用地，防止造成土壤污染。拟开发为农用地的，有关县（市、区）人民政府要组织开展土壤环境质量状况评估；不符合相应标准的，不得种植食用农产品。各地要加强纳入耕地后备资源的未利用地保护，定期开展巡查。依法严查向沙漠、滩涂、盐碱地、沼泽地等非法排污、倾倒有毒有害物质的环境违法行为。加强对矿山、油田等矿产资源开采活动影响区域内未利用地的环境监管，发现土壤污染问题的，要及时督促有关企业采取防治措施。推动盐碱地土壤改良，自2017年起，在新疆生产建设兵团等地开展利用燃煤电厂脱硫石膏改良盐碱地试点。（环境保护部、国土资源部牵头，国家发展改革委、公安部、水利部、农业部、国家林业局等参与）

（十六）防范建设用地新增污染

排放重点污染物的建设项目，在开展环境影响评价时，要增加对土壤环境影响的评价内容，并提出防范土壤污染的具体措施；需要建设的土壤污染防治设施，要与主体工程同时设计、同时施工、同时投产使用；有关环境保护部门要做好有关措施落实情况的监督管理工作。自2017年起，有关地方人民政府要与重点行业企业签订土壤污染防治责任书，明确相关措施和责任，责任书向社会公开。（环境保护部负责）

（十七）强化空间布局管控

加强规划区划和建设项目布局论证，根据土壤等环境承载能力，合理确定区域功能定位、空间布局。鼓励工业企业集聚发展，提高土地节约集约利用水平，减少土壤污染。严格执行相关行业企业布局选址要求，禁止在居民区、学校、医疗和养老机构等周边新建有色金属冶炼、焦化等行业企业；结合推进新型城镇化、产业结构调整和化解过剩产能等，有序搬迁或依法关闭对土壤造成严重污染的现有企业。结合区域功能定位和土壤污染防治需要，科学布局生活垃圾处理、危险废物处置、废旧资源再生利用等设施和场所，合理确定畜禽养殖布局和规模。（国家发展改革委牵头，工业和信息化部、国土资源部、环境保护部、住房城乡建设部、水利部、农业部、国家林业局等参与）

六、加强污染源监管，做好土壤污染预防工作

（十八）严控工矿污染

加强日常环境监管。各地要根据工矿企业分布和污染排放情况，确定土壤环境重点监管企业名单，实行动态更新，并向社会公布。列入名单的企业每年要自行对其用地进行土壤环境监测，结果向社会公开。有关环境保护部门要定期对重点监管企业和工业园区周边开展监测，数据及时上传全国土壤环境信息化管理平台，结果作为环境执法和风险预警的重要依据。适时修订国家鼓励的有毒有害原料（产品）替代品目录。加强电器电子、汽车等工业产品中有害物质控制。有色金属冶炼、石油加工、化工、焦化、电镀、制革等行业企业拆除生产设施设备、构筑物和污染治理设施，要事先制定残留污染物清理和安全处置方案，并报所在地县级环境保护、工业和信息化部门备案；要严格按照有关规定实施安全处理处置，防范拆除活动污染土壤。2017年年底前，发布企业拆除活动污染防治技术规定。（环境保护部、工业和信息化部负责）

严防矿产资源开发污染土壤。自2017年起，内蒙古、江西、河南、湖北、湖南、广东、广西、四川、贵州、云南、陕西、甘肃、新疆等省（区）矿产资源开发活动集中的区域，执行重点污染物特别排放限值。全面整治历史遗留尾矿库，完善覆膜、压土、排洪、堤坝加固等隐患治理和闭库措施。有重点监管尾矿库的企业要开展环境风险评估，完善污染治理设施，储备应急物资。加强对矿产资源开发利用活动的辐射安全监管，有关企业每年要对本矿区土壤进行辐射环境监测。（环境保护部、安全监管总局牵头，工业和信息化部、国土资源部参与）

加强涉重金属行业污染防控。严格执行重金属污染物排放标准并落实相关总量控制指标，加大监督检查力度，对整改后仍不达标的企业，依法责令其停业、关闭，并将企业名单向社会公开。继续淘汰涉重金属重点行业落后产能，完善重金属相关行业准入条件，禁止新建落后产能或产能严重过剩行业的建设项目。按计划逐步淘汰普通照明白炽灯。提高铅酸蓄电池等行业落后产能淘汰标准，逐步退出落后产能。制定涉重金属重点工业行业清洁生产技术推行方案，鼓励企业采用先进适用生产工艺和技术。2020年重点行业的重点重金属排放量要比2013年下降10%。（环境保护部、工业和信息化部牵头，国家发展改革委参与）

加强工业废物处理处置。全面整治尾矿、煤矸石、工业副产石膏、粉煤灰、赤泥、冶炼渣、电石渣、铬渣、砷渣以及脱硫、脱硝、除尘产生固体废物的堆存场所，完善防扬散、防流失、防渗漏等设施，制定整治方案并有序实施。加强工业固体废物综合利用。对电子废物、废轮胎、废塑料等再生利用活动进行清理整顿，引导有关企业采用先进适用加工工艺、集聚发展，集中建设和运营污染治理设施，防止污染土壤和地下水。自2017年起，在京津冀、长江三角洲、珠江三角洲等地区的部分城市开展污水与污泥、废气与废渣协同治理试点。（环境保护部、国家发展改革委牵头，工业和信息化部、国土资源部参与）

（十九）控制农业污染

合理使用化肥农药。鼓励农民增施有机肥，减少化肥使用量。科学施用农药，推行农作物病虫害专业化统防统治和绿色防控，推广高效低毒低残留农药和现代植保机械。

加强农药包装废弃物回收处理，自 2017 年起，在江苏、山东、河南、海南等省份选择部分产粮（油）大县和蔬菜产业重点县开展试点；到 2020 年，推广到全国 30％的产粮（油）大县和所有蔬菜产业重点县。推行农业清洁生产，开展农业废弃物资源化利用试点，形成一批可复制、可推广的农业面源污染防治技术模式。严禁将城镇生活垃圾、污泥、工业废物直接用作肥料。到 2020 年，全国主要农作物化肥、农药使用量实现零增长，利用率提高到 40％以上，测土配方施肥技术推广覆盖率提高到 90％以上。（农业部牵头，国家发展改革委、环境保护部、住房城乡建设部、供销合作总社等参与）

加强废弃农膜回收利用。严厉打击违法生产和销售不合格农膜的行为。建立健全废弃农膜回收贮运和综合利用网络，开展废弃农膜回收利用试点；到 2020 年，河北、辽宁、山东、河南、甘肃、新疆等农膜使用量较高省份力争实现废弃农膜全面回收利用。（农业部牵头，国家发展改革委、工业和信息化部、公安部、工商总局、供销合作总社等参与）

强化畜禽养殖污染防治。严格规范兽药、饲料添加剂的生产和使用，防止过量使用，促进源头减量。加强畜禽粪便综合利用，在部分生猪大县开展种养业有机结合、循环发展试点。鼓励支持畜禽粪便处理利用设施建设，到 2020 年，规模化养殖场、养殖小区配套建设废弃物处理设施比例达到 75％以上。（农业部牵头，国家发展改革委、环境保护部参与）

加强灌溉水水质管理。开展灌溉水水质监测。灌溉用水应符合农田灌溉水水质标准。对因长期使用污水灌溉导致土壤污染严重、威胁农产品质量安全的，要及时调整种植结构。（水利部牵头，农业部参与）

（二十）减少生活污染

建立政府、社区、企业和居民协调机制，通过分类投放收集、综合循环利用，促进垃圾减量化、资源化、无害化。建立村庄保洁制度，推进农村生活垃圾治理，实施农村生活污水治理工程。整治非正规垃圾填埋场。深入实施"以奖促治"政策，扩大农村环境连片整治范围。推进水泥窑协同处置生活垃圾试点。鼓励将处理达标后的污泥用于园林绿化。开展利用建筑垃圾生产建材产品等资源化利用示范。强化废氧化汞电池、镍镉电池、铅酸蓄电池和含汞荧光灯管、温度计等含重金属废物的安全处置。减少过度包装，鼓励使用环境标志产品。（住房城乡建设部牵头，国家发展改革委、工业和信息化部、财政部、环境保护部参与）

七、开展污染治理与修复，改善区域土壤环境质量

（二十一）明确治理与修复主体

按照"谁污染，谁治理"原则，造成土壤污染的单位或个人要承担治理与修复的主体责任。责任主体发生变更的，由变更后继承其债权、债务的单位或个人承担相关责任；土地使用权依法转让的，由土地使用权受让人或双方约定的责任人承担相关责任。责任主体灭失或责任主体不明确的，由所在地县级人民政府依法承担相关责任。（环境保护部牵头，国土资源部、住房城乡建设部参与）

（二十二）制定治理与修复规划

各省（区、市）要以影响农产品质量和人居环境安全的突出土壤污染问题为重点，

制定土壤污染治理与修复规划，明确重点任务、责任单位和分年度实施计划，建立项目库，2017年年底前完成。规划报环境保护部备案。京津冀、长三角、珠三角地区要率先完成。（环境保护部牵头，国土资源部、住房城乡建设部、农业部等参与）

（二十三）有序开展治理与修复

确定治理与修复重点。各地要结合城市环境质量提升和发展布局调整，以拟开发建设居住、商业、学校、医疗和养老机构等项目的污染地块为重点，开展治理与修复。在江西、湖北、湖南、广东、广西、四川、贵州、云南等省份污染耕地集中区域优先组织开展治理与修复；其他省份要根据耕地土壤污染程度、环境风险及其影响范围，确定治理与修复的重点区域。到2020年，受污染耕地治理与修复面积达到1000万亩。（国土资源部、农业部、环境保护部牵头，住房城乡建设部参与）

强化治理与修复工程监管。治理与修复工程原则上在原址进行，并采取必要措施防止污染土壤挖掘、堆存等造成二次污染；需要转运污染土壤的，有关责任单位要将运输时间、方式、线路和污染土壤数量、去向、最终处置措施等，提前向所在地和接收地环境保护部门报告。工程施工期间，责任单位要设立公告牌，公开工程基本情况、环境影响及其防范措施；所在地环境保护部门要对各项环境保护措施落实情况进行检查。工程完工后，责任单位要委托第三方机构对治理与修复效果进行评估，结果向社会公开。实行土壤污染治理与修复终身责任制，2017年年底前出台有关责任追究办法。（环境保护部牵头，国土资源部、住房城乡建设部、农业部参与）

（二十四）监督目标任务落实

各省级环境保护部门要定期向环境保护部报告土壤污染治理与修复工作进展；环境保护部要会同有关部门进行督导检查。各省（区、市）要委托第三方机构对本行政区域各县（市、区）土壤污染治理与修复成效进行综合评估，结果向社会公开。2017年年底前出台土壤污染治理与修复成效评估办法。（环境保护部牵头，国土资源部、住房城乡建设部、农业部参与）

八、加大科技研发力度，推动环境保护产业发展

（二十五）加强土壤污染防治研究

整合高等学校、研究机构、企业等科研资源，开展土壤环境基准、土壤环境容量与承载能力、污染物迁移转化规律、污染生态效应、重金属低富集作物和修复植物筛选，以及土壤污染与农产品质量、人体健康关系等方面基础研究。推进土壤污染诊断、风险管控、治理与修复等共性关键技术研究，研发先进适用装备和高效低成本功能材料（药剂），强化卫星遥感技术应用，建设一批土壤污染防治实验室、科研基地。优化整合科技计划（专项、基金等），支持土壤污染防治研究。（科技部牵头，国家发展改革委、教育部、工业和信息化部、国土资源部、环境保护部、住房城乡建设部、农业部、国家卫生计生委、国家林业局、中科院等参与）

（二十六）加大适用技术推广力度

建立健全技术体系。综合土壤污染类型、程度和区域代表性，针对典型受污染农用地、污染地块，分批实施200个土壤污染治理与修复技术应用试点项目，2020年年底前完成。根据试点情况，比选形成一批易推广、成本低、效果好的适

用技术。（环境保护部、财政部牵头，科技部、国土资源部、住房城乡建设部、农业部等参与）

加快成果转化应用。完善土壤污染防治科技成果转化机制，建成以环保为主导产业的高新技术产业开发区等一批成果转化平台。2017年年底前，发布鼓励发展的土壤污染防治重大技术装备目录。开展国际合作研究与技术交流，引进消化土壤污染风险识别、土壤污染物快速检测、土壤及地下水污染阻隔等风险管控先进技术和管理经验。（科技部牵头，国家发展改革委、教育部、工业和信息化部、国土资源部、环境保护部、住房城乡建设部、农业部、中科院等参与）

（二十七）推动治理与修复产业发展

放开服务性监测市场，鼓励社会机构参与土壤环境监测评估等活动。通过政策推动，加快完善覆盖土壤环境调查、分析测试、风险评估、治理与修复工程设计和施工等环节的成熟产业链，形成若干综合实力雄厚的龙头企业，培育一批充满活力的中小企业。推动有条件的地区建设产业化示范基地。规范土壤污染治理与修复从业单位和人员管理，建立健全监督机制，将技术服务能力弱、运营管理水平低、综合信用差的从业单位名单通过企业信用信息公示系统向社会公开。发挥"互联网＋"在土壤污染治理与修复全产业链中的作用，推进大众创业、万众创新。（国家发展改革委牵头，科技部、工业和信息化部、国土资源部、环境保护部、住房城乡建设部、农业部、商务部、工商总局等参与）

九、发挥政府主导作用，构建土壤环境治理体系

（二十八）强化政府主导

完善管理体制。按照"国家统筹、省负总责、市县落实"原则，完善土壤环境管理体制，全面落实土壤污染防治属地责任。探索建立跨行政区域土壤污染防治联动协作机制。（环境保护部牵头，国家发展改革委、科技部、工业和信息化部、财政部、国土资源部、住房城乡建设部、农业部等参与）

加大财政投入。中央和地方各级财政加大对土壤污染防治工作的支持力度。中央财政整合重金属污染防治专项资金等，设立土壤污染防治专项资金，用于土壤环境调查与监测评估、监督管理、治理与修复等工作。各地应统筹相关财政资金，通过现有政策和资金渠道加大支持，将农业综合开发、高标准农田建设、农田水利建设、耕地保护与质量提升、测土配方施肥等涉农资金，更多用于优先保护类耕地集中的县（市、区）。有条件的省（区、市）可对优先保护类耕地面积增加的县（市、区）予以适当奖励。统筹安排专项建设基金，支持企业对涉重金属落后生产工艺和设备进行技术改造。（财政部牵头，国家发展改革委、工业和信息化部、国土资源部、环境保护部、水利部、农业部等参与）

完善激励政策。各地要采取有效措施，激励相关企业参与土壤污染治理与修复。研究制定扶持有机肥生产、废弃农膜综合利用、农药包装废弃物回收处理等企业的激励政策。在农药、化肥等行业，开展环保领跑者制度试点。（财政部牵头，国家发展改革委、工业和信息化部、国土资源部、环境保护部、住房城乡建设部、农业部、税务总局、供销合作总社等参与）

重金属污染土壤修复理论与实践

建设综合防治先行区。2016年年底前,在浙江省台州市、湖北省黄石市、湖南省常德市、广东省韶关市、广西壮族自治区河池市和贵州省铜仁市启动土壤污染综合防治先行区建设,重点在土壤污染源头预防、风险管控、治理与修复、监管能力建设等方面进行探索,力争到2020年先行区土壤环境质量得到明显改善。有关地方人民政府要编制先行区建设方案,按程序报环境保护部、财政部备案。京津冀、长江三角洲、珠江三角洲等地区可因地制宜开展先行区建设。(环境保护部、财政部牵头,国家发展改革委、国土资源部、住房城乡建设部、农业部、国家林业局等参与)

(二十九)发挥市场作用

通过政府和社会资本合作(PPP)模式,发挥财政资金撬动功能,带动更多社会资本参与土壤污染防治。加大政府购买服务力度,推动受污染耕地和以政府为责任主体的污染地块治理与修复。积极发展绿色金融,发挥政策性和开发性金融机构引导作用,为重大土壤污染防治项目提供支持。鼓励符合条件的土壤污染治理与修复企业发行股票。探索通过发行债券推进土壤污染治理与修复,在土壤污染综合防治先行区开展试点。有序开展重点行业企业环境污染强制责任保险试点。(国家发展改革委、环境保护部牵头,财政部、人民银行、银监会、证监会、保监会等参与)

(三十)加强社会监督

推进信息公开。根据土壤环境质量监测和调查结果,适时发布全国土壤环境状况。各省(区、市)人民政府定期公布本行政区域各地级市(州、盟)土壤环境状况。重点行业企业要依据有关规定,向社会公开其产生的污染物名称、排放方式、排放浓度、排放总量,以及污染防治设施建设和运行情况。(环境保护部牵头,国土资源部、住房城乡建设部、农业部等参与)

引导公众参与。实行有奖举报,鼓励公众通过"12369"环保举报热线、信函、电子邮件、政府网站、微信平台等途径,对乱排废水、废气,乱倒废渣、污泥等污染土壤的环境违法行为进行监督。有条件的地方可根据需要聘请环境保护义务监督员,参与现场环境执法、土壤污染事件调查处理等。鼓励种粮大户、家庭农场、农民合作社以及民间环境保护机构参与土壤污染防治工作。(环境保护部牵头,国土资源部、住房城乡建设部、农业部等参与)

推动公益诉讼。鼓励依法对污染土壤等环境违法行为提起公益诉讼。开展检察机关提起公益诉讼改革试点的地区,检察机关可以以公益诉讼人的身份,对污染土壤等损害社会公共利益的行为提起民事公益诉讼;也可以对负有土壤污染防治职责的行政机关,因违法行使职权或者不作为造成国家和社会公共利益受到侵害的行为提起行政公益诉讼。地方各级人民政府和有关部门应当积极配合司法机关的相关案件办理工作和检察机关的监督工作。(最高人民检察院、最高人民法院牵头,国土资源部、环境保护部、住房城乡建设部、水利部、农业部、国家林业局等参与)

(三十一)开展宣传教育

制定土壤环境保护宣传教育工作方案。制作挂图、视频,出版科普读物,利用互联网、数字化放映平台等手段,结合世界地球日、世界环境日、世界土壤日、世界粮食日、全国土地日等主题宣传活动,普及土壤污染防治相关知识,加强法律法规政策宣传解读，营造保护土壤环境的良好社会氛围，推动形成绿色发展方式和生活方式。把土壤环境保护宣传教育融入党政机关、学校、工厂、社区、农村等的环境宣传和培训工作。鼓励支持有条件的高等学校开设土壤环境专门课程。（环境保护部牵头，中央宣传部、教育部、国土资源部、住房城乡建设部、农业部、新闻出版广电总局、国家网信办、国家粮食局、中国科协等参与）

十、加强目标考核，严格责任追究

（三十二）明确地方政府主体责任

地方各级人民政府是实施本行动计划的主体，要于2016年底前分别制定并公布土壤污染防治工作方案，确定重点任务和工作目标。要加强组织领导，完善政策措施，加大资金投入，创新投融资模式，强化监督管理，抓好工作落实。各省（区、市）工作方案报国务院备案。（环境保护部牵头，国家发展改革委、财政部、国土资源部、住房城乡建设部、农业部等参与）

（三十三）加强部门协调联动

建立全国土壤污染防治工作协调机制，定期研究解决重大问题。各有关部门要按照职责分工，协同做好土壤污染防治工作。环境保护部要抓好统筹协调，加强督促检查，每年2月底前将上年度工作进展情况向国务院报告。（环境保护部牵头，国家发展改革委、科技部、工业和信息化部、财政部、国土资源部、住房城乡建设部、水利部、农业部、国家林业局等参与）

（三十四）落实企业责任

有关企业要加强内部管理，将土壤污染防治纳入环境风险防控体系，严格依法依规建设和运营污染治理设施，确保重点污染物稳定达标排放。造成土壤污染的，应承担损害评估、治理与修复的法律责任。逐步建立土壤污染治理与修复企业行业自律机制。国有企业特别是中央企业要带头落实。（环境保护部牵头，工业和信息化部、国务院国资委等参与）

（三十五）严格评估考核

实行目标责任制。2016年年底前，国务院与各省（区、市）人民政府签订土壤污染防治目标责任书，分解落实目标任务。分年度对各省（区、市）重点工作进展情况进行评估，2020年对本行动计划实施情况进行考核，评估和考核结果作为对领导班子和领导干部综合考核评价、自然资源资产离任审计的重要依据。（环境保护部牵头，中央组织部、审计署参与）

评估和考核结果作为土壤污染防治专项资金分配的重要参考依据。（财政部牵头，环境保护部参与）

对年度评估结果较差或未通过考核的省（区、市），要提出限期整改意见，整改完成前，对有关地区实施建设项目环评限批；整改不到位的，要约谈有关省级人民政府及其相关部门负责人。对土壤环境问题突出、区域土壤环境质量明显下降、防治工作不力、群众反映强烈的地区，要约谈有关地市级人民政府和省级人民政府相关部门主要负责人。对失职渎职、弄虚作假的，区分情节轻重，予以诫勉、责令公开道歉、组织处理或党纪政纪处分；对构成犯罪的，要依法追究刑事责任，已经调离、提拔或者退休的，

也要终身追究责任。（环境保护部牵头，中央组织部、监察部参与）

我国正处于全面建成小康社会决胜阶段，提高环境质量是人民群众的热切期盼，土壤污染防治任务艰巨。各地区、各有关部门要认清形势，坚定信心，狠抓落实，切实加强污染治理和生态保护，如期实现全国土壤污染防治目标，确保生态环境质量得到改善、各类自然生态系统安全稳定，为建设美丽中国、实现"两个一百年"奋斗目标和中华民族伟大复兴的中国梦做出贡献。

附录三

湖北省土壤污染防治条例

第一章　总　则

第一条　为了预防和治理土壤污染，保护和改善土壤环境，保障公众健康和安全，实现土壤资源的可持续利用，根据《中华人民共和国环境保护法》等有关法律、行政法规，结合本省实际，制定本条例。

第二条　本省行政区域内的土壤污染防治及其相关活动，适用本条例。

土壤污染，是指因某种物质进入土壤，导致土壤化学、物理、生物等方面特性的改变，影响土壤有效利用，危害人体健康或者破坏生态环境，造成土壤环境质量恶化的现象。

第三条　土壤污染防治应当遵循保护优先、预防为主、风险管控、综合治理、污染者担责的原则，实行政府主导、部门协同、社会参与的工作机制。

第四条　县级以上人民政府对本行政区域内的土壤环境质量负责，应当将土壤污染防治工作纳入国民经济和社会发展规划，制定土壤污染防治政策和措施，提高土壤污染防治能力，改善土壤环境。

县级以上人民政府应当统筹财政资金投入、土地出让收益、排污费等，建立土壤污染防治专项资金，完善财政资金和社会资金相结合的多元化资金投入与保障机制。

乡镇人民政府、街道办事处根据法律、法规的规定和上级人民政府有关部门的委托，开展有关土壤污染防治工作。村（居）民委员会协助政府开展有关土壤污染防治工作，引导村（居）民保护土壤环境。

第五条　县级以上人民政府应当支持土壤污染防治科学技术的研究开发、成果转化和推广应用，鼓励土壤污染防治产业的发展，提高土壤环境保护的科学技术水平。

第六条　全社会都应当遵守环境保护法律、法规，养成绿色环保的生产生活方式，采取有效措施保护土壤环境，防治土壤污染。

各级人民政府及有关部门和媒体应当加强土壤环境保护的宣传教育，将相关法律、法规纳入普法规划，增强公众土壤环境保护意识，拓展公众参与土壤环境保护途径，引导公众参与土壤环境保护工作。

县级以上人民政府及有关部门应当对在土壤污染防治工作中做出显著成绩的单位和个人，给予表彰和奖励。

第二章　土壤污染防治的监督管理

第七条　县级以上环境保护委员会应当建立由政府主要负责人召集、有关部门参加、环境保护主管部门承担日常工作的土壤污染防治综合协调机制，研究、协调、解决土壤污染防治工作中的重大问题和事项。

第八条　县级以上人民政府环境保护主管部门对本行政区域内的土壤污染防治工作实施统一监督管理，具体履行下列职责：

（一）实施土壤污染防治的法律、法规和政策措施；

（二）会同有关部门编制土壤污染防治规划；

（三）组织开展土壤环境质量状况调查；

（四）建立土壤环境监测制度和监测数据共享机制，定期发布土壤环境质量信息；

（五）批准污染地块的土壤污染控制计划或者修复方案，并监督实施；

（六）编制土壤污染突发事件应急预案，调查处理土壤污染事件；

（七）依法开展土壤环境保护督查、执法；

（八）法律、法规规定的其他职责。

县级以上人民政府应当建立健全基层土壤环境监察执法体系，加强土壤环境保护执法队伍建设，组织开展教育培训，规范执法行为，提高基层环境保护执法能力和执法水平。

第九条　县级以上人民政府农业主管部门负责本行政区域内的农产品产地土壤污染防治的监督管理，组织实施农产品产地土壤环境的调查、监测、评价和科学研究，以及已污染农产品产地土壤的治理，承担农产品产地污染事故的调查处理和应急管理。

县级以上人民政府住房和城乡建设主管部门负责本行政区域内的建设用地土壤污染防治和城乡生活垃圾处理等方面的监督管理。

县级以上人民政府国土资源主管部门负责本行政区域内的矿产资源开发利用、土地复垦等过程中的土壤污染防治监督管理。

县级以上人民政府发展和改革、经济和信息化、科技、财政、交通运输、水行政、林业、卫生、旅游等有关部门，依照有关法律、法规的规定对土壤污染防治实施监督管理，共同做好土壤环境保护工作。

第十条　实行行政首长土壤污染防治责任制和土壤环境损害责任追究制。具体办法由省人民政府制定。

县级以上人民政府应当将土壤污染防治目标完成情况纳入综合考核内容，对本级人民政府负有土壤污染防治监督管理职责的部门及其负责人和下级人民政府及其负责人进行考核，考核结果向社会公布。

县级以上人民政府应当每年向本级人民代表大会或者其常务委员会报告本行政区域内的土壤污染防治工作。

第十一条　省人民政府应当严格执行国家土壤环境保护和管理的标准，建立健全本省土壤环境保护有关标准体系，制定、完善土壤环境质量标准和土壤污染控制与修复技术规范。

省人民政府对国家土壤环境质量标准体系中未作规定的项目，可以制定本省土壤环境质量标准；对国家土壤环境质量标准体系中已作规定的项目，可以制定严于国家标准的地方标准。

土壤环境保护的有关标准应当根据经济技术发展水平、土壤环境质量安全和维护公众健康的需要，及时修订并公布实施。

第十二条　省人民政府应当加强土壤环境监测能力建设，完善监测体系，组织环境保护、农业、住房和城乡建设、国土资源等有关部门制定监测规范，建立统一的监测网络和信息共享平台。

县级以上人民政府环境保护主管部门对监测信息共享平台实行统一管理和协调，发布监测信息。

第十三条　省人民政府应当组织环境保护、农业、住房和城乡建设、国土资源等部门开展全省土壤环境质量状况普查，建立土壤环境质量档案。

县级以上人民政府应当组织相关部门对饮用水水源保护区土壤环境质量状况每年至少调查一次，对农产品产地和修复后的污染地块等重点区域土壤环境质量状况每三年至少调查一次，并建立土壤环境质量档案。

第十四条　县级以上人民政府应当根据主体功能区规划和本行政区域内的土壤环境质量状况、土壤环境承载能力，编制土壤环境功能区划，确定土壤环境功能的类型并划定土壤环境功能区，报省人民政府环境保护主管部门批准后公布。

第十五条　县级以上人民政府环境保护主管部门会同有关部门，根据土壤环境质量状况和主体功能区规划、土壤环境功能区划、水环境功能区划等，编制本行政区域内的土壤污染防治规划，报本级人民政府批准后公布实施。

土壤污染防治规划应当与土地利用总体规划、城乡规划相衔接。

第十六条　负有土壤污染防治监督管理职责的部门进行监督检查，有权采取下列措施，任何单位和个人不得拒绝或者阻碍：

（一）进入可能造成污染的场所实施现场检查，向有关单位和个人了解情况，查阅、复制有关文件资料；

（二）责令立即消除或者限期消除土壤污染事故隐患；

（三）责令停止使用不符合法律、法规规定或者国家标准、行业标准的设施、设备；

（四）依法查封、扣押造成污染物排放的设施、设备；

（五）发现污染土壤环境的违法行为，责令改正。

第十七条　上级人民政府及其环境保护主管部门对重大土壤污染事故的处理和重点排污单位的土壤污染防治工作，应当实行挂牌督办；对土壤污染问题突出、公众反映强烈的地方，应当约谈有关人民政府及其相关部门主要负责人。

第三章　土壤污染的预防

第十八条　省人民政府应当根据环境保护需要和土壤环境功能区划，制定土壤污染防治的经济政策，公布禁止新建、改建、扩建污染土壤环境的生产项目名录以及限期淘汰的工艺和设备名录。

县级以上人民政府及其有关部门应当采取措施，限期淘汰排放重金属、持久性有机污染物等污染土壤环境的工艺和设备，关停不符合产业政策的污染企业。

第十九条　省人民政府环境保护主管部门应当根据土壤环境质量状况调查结果，制定土壤污染高风险行业名录，并及时更新和公布；高风险行业名录应当包括有色金属、制革、石油、矿山、煤炭、焦化、化工、医药、铅酸蓄电池和电镀等。

县级以上人民政府环境保护主管部门应当公布土壤污染高风险行业企业名单，对其废水、废气、固体废物等处理情况及其用地和周边土壤环境进行监测、监控、监督检查，监测数据实时上传土壤环境信息化管理平台。

土壤污染高风险行业企业应当按照环境保护主管部门的规定和监测规范，对其用地及周边土壤环境每年至少开展一次监测，监测结果如实报所在地县级人民政府环境保护主管部门备案。

推行土壤污染责任保险制度，对土壤污染高风险行业企业依据国家规定实行土壤污染强制责任保险。

第二十条　实行重点行业清洁生产评价制度。支持重点行业清洁生产技术改造，完善评价指标体系，开展清洁生产绩效评价，提升重点行业清洁生产水平，减少或者避免生产、服务和产品使用过程中污染物的产生和排放，减轻或者消除对公众健康和环境的危害。

县级以上人民政府环境保护主管部门会同发展和改革、经济和信息化等有关部门，依照国家规定定期对土壤污染高风险行业企业实施清洁生产强制审核。

第二十一条　县级以上人民政府应当统一规划、科学布局开发区、工业园区等产业集聚区，依法进行规划环境影响评价，配套建设污水和固体废物集中处理设施，建立从源头到末端污染治理和资源化利用的全过程控制体系。

排放含传染病病原体的废物、危险废物、含重金属污染物或者持久性有机污染物等有毒有害物质的项目，通过环境影响评价后，方可分类进入开发区、工业园区等产业集聚区。

第二十二条　建设项目的环境影响评价应当包含对土壤环境质量可能造成影响的评价及相应预防措施等内容。环境影响评价文件未经批准，不得开工建设。

对土壤环境质量不能满足土壤环境功能区划要求的区域，环境保护主管部门应当停止审批新增污染物排放的建设项目的环境影响评价文件。

建设项目的土壤污染防治设施应当与主体工程同时设计、同时施工、同时投入使用。土壤污染防治设施应当符合经批准的环境影响评价文件的要求，不得擅自拆除或者闲置。

第二十三条　禁止直接向土壤环境排放有毒有害的工业废气、废水和固体废物等物质。

从事工业生产活动的单位和个人应当采取下列措施，防止土壤污染：

（一）优先选择无毒无害的原材料，采用消耗低、排放少的先进技术、工艺和设备，生产易回收、易拆解、易降解和低残留或者无残留的工业产品；

（二）及时处理生产、贮存过程中有毒有害原材料、产品或者废物的扬散、流失和渗漏等问题；

（三）防止在运输过程中丢弃、遗撒有毒有害原材料、产品或者废物；

（四）定期巡查维护环境保护设施的运行，及时处理非正常运行情况。

第二十四条　采矿企业应当采取科学的开采方法、选矿工艺和运输方式，执行重点污染物特别排放限值，减少尾矿、矸石、废石等矿业废物的产生量和贮存量。

县级以上人民政府环境保护主管部门应当加强矿产资源开发利用的辐射安全监督管理。相关企业应当每年对矿区开展一次辐射环境监测。

矿业废物贮存设施和矿场停止使用后，采矿企业应当采取防渗漏、封场、闭库等措施，防止污染土壤环境。

第二十五条　县级以上人民政府应当建立健全城乡生活垃圾收集、转运、处理机制，采取经济、技术政策和措施，鼓励、支持市场主体参与城乡生活垃圾分类收集、资源化利用和无害化处理。

对生活垃圾实行填埋、焚烧的，应当采取耐腐防渗、除尘等无害化措施，防止污染周边土壤。

建设生活垃圾处置设施、场所的，应当按照国家标准设置卫生防护带。卫生防护带设置不符合要求的，应当及时整改。

各级人民政府及环境保护、农业、住房和城乡建设等有关部门应当开展农村环境综合整治，完善生活垃圾分类收集、转运、处理设施，提高废弃物回收利用水平，改善村庄人居环境。

第二十六条　省人民政府环境保护主管部门应当制定和完善污泥处理处置标准和技术规范。县级以上人民政府环境保护主管部门应当加强污泥处理处置的监督管理，防止污染土壤环境。

产生、运输、贮存、处置污泥的单位，应当按照国家和地方相关处理处置标准及技术规范，对污泥进行资源化利用和无害化处理。

禁止擅自倾倒、堆放、丢弃、遗撒污泥。

第二十七条　从事放射性物质、含传染病病原体的废物或者其他有毒有害物质收集、贮存、转移、运输和处置活动的单位和个人，应当采取有效措施防止污染土壤环境。

第二十八条　从事加油、洗染和车船修理、保养、清洗以及化学品贮存经营等活动的单位和个人，应当采取措施防止油品、溶剂等化学品挥发、遗撒、泄漏污染土壤环境。

第二十九条　县级以上人民政府及其循环经济发展综合管理部门应当合理布局废物回收网点和交易市场，支持企业、组织和个人开展废物的收集、贮存、运输、交易、信息交流及回收利用。

从事废旧电子产品、电池、车船、轮胎、塑料制品等回收利用活动的企业、组织和个人，应当采取预防土壤污染的措施，不得采用可能污染土壤环境的方法或者使用国家禁止使用的有毒有害物质。

第三十条　各级人民政府及有关部门和可能发生土壤污染事故的企业事业单位，应当制定土壤污染事故的应急预案，并定期进行演练，做好应急准备。

第四章　土壤污染的治理

第三十一条　县级以上人民政府环境保护主管部门应当将土壤污染物含量达到或者超过限值的地块纳入污染地块名单，报告本级人民政府和上一级环境保护主管部门，并依法向社会公布。

县级以上人民政府环境保护主管部门应当将污染地块的污染情况通报土地权属登记部门；土地权属登记部门应当自收到通报之日起十五日内载入土地登记文件档案，并为公众提供免费查询服务。

第三十二条　县级以上人民政府环境保护主管部门应当组织开展污染地块的土壤环

境风险评估，提出控制地块名单和修复地块名单。风险评估报告应当包括需要实施污染控制或者修复的土壤面积、范围、措施、期限和用途建议等内容。

污染地块的控制和修复，由造成污染的单位和个人负责。

无法确定污染责任主体的，由县级以上人民政府依法承担土壤污染控制或者修复责任。

第三十三条 土壤污染控制责任人、修复责任人应当根据风险评估情况，制定土壤污染控制计划或者修复方案，报县级以上人民政府环境保护主管部门批准后，开展土壤污染控制或者修复活动。

县级以上人民政府环境保护主管部门审查土壤污染控制计划或者修复方案，应当进行科学论证，公开征求利益相关方的意见，并监督实施。

开展土壤污染控制或者修复活动不得对土壤及其周边环境造成新的污染。

第三十四条 土壤污染修复工程竣工后，县级以上人民政府环境保护主管部门应当组织验收。验收不合格的，土壤污染修复责任人应当在环境保护主管部门规定的期限内修复。验收合格后应当将修复结果载入土地登记文件档案。

第三十五条 县级以上人民政府应当组织环境保护、农业、住房和城乡建设、国土资源、经济和信息化、卫生等部门对已搬迁、关闭企业原址场地土壤污染状况进行排查，掌握其特征污染物、原排放方式、扩散途径以及敏感目标等，建立已搬迁、关闭企业原址场地的潜在污染地块清单，并及时更新。

第三十六条 县级以上人民政府及其环境保护主管部门应当根据污染地块的具体情况，划定并公告土壤污染控制区，采取下列管控措施，减轻土壤污染危害或者避免污染扩大：

（一）设立明显标识物；

（二）设置围栏、警戒线等，疏散居民或者限制人员活动；

（三）责令停止排放污染物、限制生产或者停产；

（四）责令移除或者清理污染物；

（五）调整土地用途；

（六）其他必要措施。

土壤污染控制区内禁止新建、改建、扩建与土壤污染控制或者修复无关的建筑物、设施，以及其他可能损害公众健康和生活环境的土地利用行为。

第五章 特定用途土壤的环境保护

第一节 农产品产地

第三十七条 县级以上人民政府应当对耕地、园地、牧草地、养殖业用地等农产品产地土壤实行优先保护。

县级以上人民政府农业主管部门会同环境保护主管部门，根据土壤环境质量状况调查结果和农产品产地土壤环境质量标准，将农产品产地划分为清洁、中轻度污染和重度污染三级，设立标志，统一编号，建立档案，实行分级管理。

第三十八条 对清洁农产品产地实行永久保护，除法律规定的国家重点建设项目选址确实无法避让外，其他任何建设不得占用。

对中轻度污染的农产品产地，应当采取下列措施：

（一）对周边地区采取环境准入限制，加强污染源监督管理；

（二）加强土壤环境监测和农产品质量监测；

（三）采取农艺调控等措施控制重金属进入农产品；

（四）实施轮耕、休耕。

对重度污染的农产品产地，应当采取下列措施：

（一）禁止种植食用农产品和饲料用草；

（二）不适宜农产品生产的，由政府依法调整土地用途；

（三）调整种植结构或者退耕还林（还草）；

（四）实行土壤污染管控或者修复。

第三十九条　县级以上人民政府可以根据土壤环境保护的实际，在农产品产地外围划出一定范围的隔离带，采取植树造林、湿地修复等生态保护措施，预防和控制土壤污染。

在隔离带内，严格控制城镇开发建设，禁止新建、改建、扩建有色金属、制革、石油、矿山、煤炭、焦化、化工、医药、铅酸蓄电池和电镀等土壤污染高风险行业企业和项目。

对本条例实施前在农产品产地及其隔离带范围内建设的影响土壤环境的企业和项目，县级以上人民政府应当责令关闭或者搬迁，并依法予以补偿。

第四十条　禁止违法生产、销售、使用下列农业投入品：

（一）剧毒、高毒、高残留农药（含除草剂）；

（二）重金属、持久性有机污染物等有毒有害物质超标的肥料、土壤改良剂或者添加物；

（三）不符合标准的农用薄膜。

第四十一条　县级以上人民政府农业主管部门应当制定农药（含除草剂）、化肥、农用薄膜等农业投入品减量使用计划，定期公布农业投入品禁用目录，开展技术培训，指导农业生产者合理使用农业投入品，实施测土配方施肥，提高耕地质量，保护和改善土壤环境。

农业生产者应当采取下列措施，改善农产品产地土壤环境质量：

（一）按照规定的用药品种、用药量、用药次数、用药方法和安全间隔期施药，防止农药残留污染土壤环境；

（二）减量使用化肥、农用薄膜、植物生长调节剂等农业投入品；

（三）及时清除、回收农药、肥料的包装物和残留、废弃农用薄膜等。

县级以上人民政府环境保护主管部门会同农业主管部门，因地制宜设置农药、肥料、农用薄膜等农业投入品废弃物回收点，健全回收、贮运和综合利用网络，实施集中无害化处理。

县级以上人民政府应当采取激励措施，鼓励、支持企业和个人从事农业投入品废弃物的回收利用和无害化处理。

第四十二条　县级以上人民政府应当鼓励发展有机农业和生态循环农业，指导农业生产者调整种植结构，通过政府补贴等经济政策，推行秸秆还田、轮作休耕等有利于保护和改善土壤环境的措施，对生产高效、低毒、低残留农药和有机肥、缓释肥的企业以及从事有机农业、生态循环农业活动的生产者给予扶持。

第四十三条　县级人民政府环境保护主管部门应当定期检测农田灌溉用水水质，并报告本级人民政府。未达到农田灌溉用水水质标准的，县级人民政府应当采取措施限期予以改善。

在农产品产地范围内，禁止使用不符合农用标准的污水、污泥。

第四十四条　县级以上人民政府环境保护主管部门应当加强对畜禽、水产养殖污染防治的监督管理；农业主管部门应当加强畜禽、水产养殖废弃物综合利用的指导和服务。

严格规范兽药、饲料添加剂的生产，依法规范、限制使用抗生素等化学药品，实施农产品产地和水产品集中养殖区环境激素类化学品淘汰、限制、替代等措施，防止兽药、饲料添加剂中的有害成分通过畜禽养殖废弃物还田污染土壤环境。

从事畜禽、水产规模养殖和农产品加工的单位和个人，应当对粪便、废水和其他废弃物进行无害化处理、综合利用或者达标排放。

第二节　居住、公共管理与服务、商业服务用地

第四十五条　县级以上人民政府应当加强建设用地中的居住、公共管理与服务、商业服务用地土壤环境保护，保障人居环境安全。

第四十六条　县级以上人民政府住房和城乡建设主管部门会同环境保护主管部门，根据土壤环境质量状况调查结果，确定建设用地用途，实施分类管理。

第四十七条　作为居住、公共管理与服务、商业服务用地使用的，应当按照规定进行土壤环境质量状况评估，评估结果向社会公开。

未按照规定进行评估或者经评估认定可能损害人体健康的建设用地，不得作为居住、公共管理与服务、商业服务用地使用，相关部门不得办理供地等手续。

第四十八条　新增建设用地和改变现有建设用地用途的，在办理用地手续前，土地使用权人应当根据国家有关技术规定，委托具有法定资质的机构，开展土壤环境质量状况评估，评估结果报所在地县级人民政府环境保护主管部门备案。

现有建设用地土地使用权转让的，在办理相关规划和土地手续时，转让方应当提供具有法定资质机构编制的土壤环境质量状况评估报告，报所在地县级人民政府环境保护主管部门备案。

国有土地出让、划拨的，土壤环境质量状况评估和报备由国土资源主管部门负责。

第六章　信息公开与社会参与

第四十九条　县级以上人民政府及其负有土壤污染防治监督管理职责的部门，应当建立土壤环境信息公开与发布制度，完善社会参与程序，为公众参与和监督土壤污染防治工作提供便利。

负有土壤污染防治监督管理职责的部门应当依照有关规定，编制本部门的土壤环境信息公开指南和公开目录，并及时更新。土壤环境信息公开指南应当明确政府土壤环境信息公开的范围、形式、内容、申请程序和监督方式等事项。

第五十条　省人民政府应当定期公布本行政区域内的土壤环境质量状况。

县级以上人民政府环境保护主管部门应当及时公布严重污染土壤环境的单位名称、个人姓名和污染状况。

土壤污染高风险行业企业应当依据国家环境信息公开有关规定，如实向社会公开其产生的重金属和持久性有机污染物名称、排放方式、排放浓度、排放总量以及污染防治设施的建设和运行情况，接受社会监督。

第五十一条　任何单位和个人有权对土壤环境保护的决策活动提出意见和建议。

除依法需要保密的情形外，土壤环境保护有关标准的制定、规划编制、项目审批、环境影响评价、污染控制计划、污染修复方案等与公众土壤环境权益密切相关的事项，应当公开，并通过听证会、论证会、座谈会等形式向可能受影响的公众说明情况，充分征求意见。

第五十二条　县级以上人民政府环境保护主管部门应当将生产经营者遵守土壤环境保护法律、法规和承担土壤环境保护社会责任的情况分类记入环保诚信档案。

环保诚信档案应当向社会公开，并作为财政支持、政府采购、银行信贷、外贸出口、企业信用、上市融资、著名商标和名牌产品认定的重要依据。

第五十三条　对污染土壤环境或者不依法履行土壤污染防治监督管理职责的行为，任何单位和个人有权举报。

接受举报的机关应当及时调查处理，对举报人的信息予以保密，举报查证属实的，给予奖励。

第五十四条　县级以上人民政府应当采取激励措施，鼓励第三方开展土壤环境质量状况调查、土壤环境监测、土壤环境风险评估、土壤污染控制与修复，建立土壤污染防治市场化机制。

第五十五条　鼓励符合条件的社会组织对严重污染土壤环境、破坏生态，损害公众健康、公共利益的环境违法行为，依法提起公益诉讼。

提起土壤环境污染公益诉讼的社会组织和因土壤环境污染受到损害的当事人向人民法院提起诉讼的，负有土壤污染防治监督管理职责的部门和有关社会团体应当在确定污染源、污染范围以及污染造成的损失等事故调查方面为其提供支持。

法律援助机构应当对提起土壤环境污染公益诉讼的社会组织和因土壤污染受到损害请求赔偿的经济困难公民提供法律援助。

第七章　法律责任

第五十六条　违反本条例，法律、法规已有行政处罚规定的，从其规定。

因土壤污染受到损害的单位和个人，有权依法要求污染者承担停止侵害、排除妨碍、消除危险、恢复原状、赔偿损失等民事侵权责任。

污染土壤环境违法行为涉嫌犯罪的，负有土壤污染防治监督管理职责的部门应当及时将案件移送司法机关，依法追究刑事责任。

第五十七条　各级人民政府未完成土壤污染防治工作目标的，由上一级人民政府或者有关部门对其主要负责人进行诫勉谈话或者通报批评；对任期内不依法履行职责，使辖区内土壤环境质量恶化，造成严重后果的，政府负责人应当引咎辞职，并依照规定追责。

第五十八条　国家机关及其工作人员违反本条例规定，有下列情形之一的，由其主管机关或者监察机关依法对直接负责的主管人员和其他直接责任人员给予行政处分；构成犯罪的，依法追究刑事责任：

（一）未按照规定开展土壤环境质量状况普查、调查的；

（二）未依法实行土壤污染防治工作目标责任考核评价制度的；

（三）未按照规定监测、监控和督查的；

（四）违反产业政策批准项目建设、造成土壤污染的；

（五）应当停止审批新增污染物建设项目的环境影响评价文件而未停止审批的；

（六）违法批准土壤污染控制计划或者修复方案的；

（七）违法批准占用农产品产地的；

（八）违法办理建设用地供地手续的；

（九）未依法履行信息公开义务的；

（十）其他不依法履行职责的行为。

第五十九条　土壤污染高风险行业企业未按照规定对其用地及周边土壤进行监测的，由环境保护主管部门责令限期改正；逾期未改正的，处 2 万元以上 5 万元以下罚款，依法确定有法定资质的第三方开展监测，所需费用由违法行为人承担。

土壤污染高风险行业企业未按照规定公开信息的，由环境保护主管部门责令限期改正；逾期未改正的，处 2 万元以上 5 万元以下罚款；情节严重的，责令停产停业。

第六十条　建设项目的土壤污染防治设施未建成，主体工程即投入生产、使用，或者建成后擅自拆除、闲置的，由环境保护主管部门责令停止生产、使用，限期改正，并处 30 万元以上 50 万元以下罚款。

第六十一条　违法生产、销售本条例第四十条所列农药（含除草剂）、肥料、土壤改良剂、添加物、农用薄膜的，由农业主管部门或者法律、行政法规规定的其他有关部门责令停止生产、销售，没收违法所得，并处违法所得五倍以上十倍以下罚款；没有违法所得的，处 5 万元以上 10 万元以下罚款；情节严重的，依法吊销有关资质证书。

有下列情形之一的，由农业主管部门给予警告，责令改正；拒不改正的，公告违法单位名称和个人姓名；造成严重后果的，对农业生产经营组织可以并处 1 万元以上 3 万元以下罚款：

（一）违法使用剧毒、高毒、高残留农药（含除草剂）的；

（二）使用重金属等有毒有害物质超标的肥料、土壤改良剂或者添加物的；

（三）使用不符合标准的农用薄膜的；

（四）在农产品产地范围内，使用不符合农用标准的污水、污泥的。

第六十二条　土壤污染控制责任人、修复责任人未按照规定开展土壤污染控制或者修复活动的，由环境保护主管部门责令限期改正；逾期未改正的，处 5 万元以上 10 万元以下罚款，依法确定有法定资质的第三方开展污染控制或者修复活动，所需费用由违法行为人承担。

第六十三条　第三方在土壤环境质量状况调查、土壤环境监测、土壤环境风险评估、土壤污染控制或者修复活动中弄虚作假的，由环境保护主管部门没收违法所得，并处 5 万元以上 10 万元以下罚款，列入从业信誉不良的环保诚信档案；情节严重或者造成严重后果的，依法吊销有关资质证书。

第六十四条　单位和其他生产经营者违法排放污染物受到罚款处罚，被责令改正，拒不改正的，环境保护主管部门可以自责令改正之日的次日起，按照原处罚数额按日连续处罚，对排放污染物的单位主要负责人处 5 万元以上 10 万元以下罚款；情节严重的，报经有批准权的人民政府批准，责令停产停业、关闭。

第八章　附　则

第六十五条　本条例自 2016 年 10 月 1 日起施行。

附录四

重金属污染土壤填埋场建设与运行技术规范

1 范围

本标准规定了重金属污染土壤填埋场的选址、设计、施工、运行和管理等技术要求。

本标准适用于污染场地中的重金属污染土壤的处置。

2 规范性引用文件

下列文件对于本文件的应用是必不可少的。凡是注日期的引用文件，仅所注日期的版本适用于本文件。凡是不注日期的引用文件，其最新版本（包括所有的修改单）适用于本文件。

GB 5085.1 危险废物鉴别标准腐蚀性鉴别

GB 5085.2 危险废物鉴别标准急性毒性初筛

GB 5085.3 危险废物鉴别标准浸出毒性鉴别

GB 5085.4 危险废物鉴别标准易燃性鉴别

GB 5085.5 危险废物鉴别标准反应性鉴别

GB 5085.6 危险废物鉴别标准毒性物质含量鉴别

GB 5085.7 危险废物鉴别标准通则

DB11/T 656 场地环境评价导则

DB11/307 水污染物排放标准

HJ/T 91 地表水和污水监测技术规范

CJJ 113 生活垃圾卫生填埋场防渗系统工程技术规范

CJ/T 234 垃圾填埋场用高密度聚乙烯土工膜

JGJ/T111 建筑与市政降水工程技术规范

DB11/T 811—2011 场地土壤环境风险评价筛选值

3 术语和定义

下列术语和定义适用于本文件。

3.1 重金属污染土壤 contaminated soil

由于人类活动导致的重金属进入土壤，其浓度累积并超过城市用地健康风险可接受水平的土壤。

3.2 缓冲区 buffer area

填埋场内进行车辆运输、污染物装卸、设备检测及维修等活动的区域。

3.3 填埋作业区 landfill area

填埋场内进行污染土壤填埋操作的区域。

3.4 防渗衬层 liner system

设置于污染土壤填埋场底部及四周边坡的由天然低渗透性黏土层和（或）人工合成材料组成的防止渗漏的垫层。

3.5 天然基础层 natural base layer

位于防渗衬层下方的天然低渗透性黏土层。

3.6 天然材料衬层 natural material lining

由天然黏土经机械压实后形成的防渗衬层。

3.7 单层复合衬层 single composite liner

由一层人工合成材料与天然材料衬层（或具有同等以上隔水效力的其他材料）组成的复合防渗衬层。

4 填埋场选址

4.1 填埋场不应选在城市工农业发展规划区、农业保护区、自然保护区、风景名胜区、文物（考古）保护区、生活饮用水水源保护区、供水远景规划区、矿产资源储备区、军事要地、国家保密地区和其他需要特别保护的区域内。

4.2 填埋场应避开地质灾害易发区及可能危及填埋场安全的区域。

5 填埋区设计

5.1 组成

由若干处置单元和构筑物组成，包括缓冲区和填埋作业区，主要设施有防渗系统、地表径流收集系统及覆盖系统等。

5.2 缓冲区

填埋作业区周围均应设置缓冲区。

5.3 填埋作业区

5.3.1 填埋作业区应按照水文地质与工程地质勘查结论确定边坡坡度和开挖深度，填埋作业区的最大边坡坡度应不大于33%。

5.3.2 当区域上连续稳定分布的第一含水层为承压含水层时，最大开挖深度至承压含水层顶板的距离应不小于1.5m；当区域上连续稳定分布的第一含水层为潜水含水层时，最大开挖深度至潜水水位的距离应不小于2m。

5.3.3 填埋作业区地基应为具有承载填埋体负荷的天然基础层或经过地基处理的平稳层，填埋作业区地基在填埋之前应进行承载力计算，不满足承载要求时，需要对地基进行处理，不应因填埋污染土壤的沉降而使基层失稳。

5.4 防渗系统

5.4.1 填埋场底部防渗系统由下至上依次由防渗衬层和渗滤液收集系统两部分组成，侧向防渗系统由防渗衬层组成。防渗系统的构建应根据天然基础层的地质情况，选择天然材料衬层或单层复合衬层作为防渗衬层。防渗衬层饱和渗透系数应采用渗透试验测定。

5.4.2 防渗衬层

5.4.2.1 当天然基础层的饱和渗透系数不大于 7～10cm/s，且厚度不小于 2m 时，可选用天然材料衬层作为防渗衬层。天然材料衬层经机械压实后的饱和渗透系数不应大于 7～10cm/s，且厚度不应小于 2m。结构如附图 1 所示。

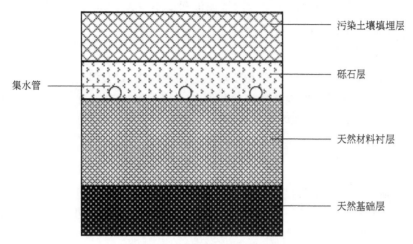

附图 1　天然材料衬层防渗系统

5.4.2.2 当天然基础层的饱和渗透系数大于 7～10cm/s，或厚度小于 2m 时，可选用单层复合衬层作为防渗衬层。人工合成材料衬层下应铺设厚度不小于 0.75m，且经机械压实后的饱和渗透系数小于 7～10cm/s 的天然材料防渗衬层，或铺设同等及以上隔水效力的其他材料防渗衬层。人工合成材料防渗衬层应采用满足 CJ/T 234 中规定技术要求的高密度聚乙烯土工膜或者其他具有同等性能的人工合成材料。结构如附图 2 所示。

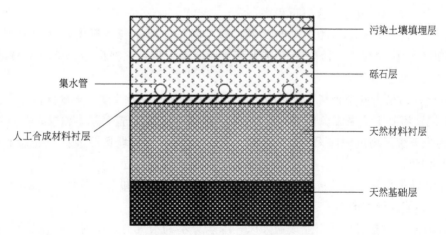

附图 2　单层复合衬层防渗系统

5.4.2.3 底部防渗衬层的坡度不应小于 2%。

5.4.3 渗滤液收集系统

由防渗衬层上方铺设的砾石层和集水管组成，应符合以下要求：

a. 防渗衬层上铺设的砾石层由粒径为 30～50mm 的砾石组成，厚度不小于 50cm；

b. 砾石层上面应铺设一层土工布；

　　c. 填埋区周围应建设地下水位监测井和潜水含水层地下水降水设施，地下水位应保持在防渗衬层以下，降水设施应符合 JGJ/T111 要求；

　　d. 填埋场运行期内防渗衬层上方的渗滤液深度不应大于 30cm；

　　e. 若渗滤液超标应进行处理。

5.5　地表径流收集系统

5.5.1　应采用转向、斜坡等方式避免填埋区外的径流进入填埋区。

5.5.2　填埋区应构建独立的地表径流收集系统。填埋区内未与重金属污染土壤接触的地表径流可直接排出，填埋区内与污染土壤接触的地表径流收集后，应达到 DB11/307 要求后方可排放。

6　填埋场施工

6.1　填埋场施工前应编制施工方案和质量保证报告，施工单位和监理单位应按照施工方案和质量保证报告进行施工和监理工作。在天然材料衬层施工过程中，应及时检测渗透系数等指标，确保达到设计要求。

6.2　土工膜的铺设应符合 CJJ 113 要求，并应检查连续性和完整性，不得有破损或漏洞，并保留相关的影像资料；铺设的高密度聚乙烯土工膜应及时覆盖无纺布土工膜，防止阳光直接曝晒。

7　填埋场运行管理

7.1　按照标准 GB 5085.1～GB 5085.7 鉴别为危险废物的污染土壤不得进入填埋场。

7.2　污染土壤中有机污染物的浓度宜低于《场地土壤环境风险评价筛选值》（DB11/T 811—2011）规定的居住用地筛选值，且含水率应低于 20%。

7.3　污染土壤的接收应符合以下程序：

　　a. 应核查入场土壤的相关记录文件（包括污染土壤来源、污染物浓度检测报告、土壤物理性质检测报告、污染土壤易燃性、易爆性、毒性、浸出性、反应性检测报告等），确保污染土壤符合填埋要求；

　　b. 检查污染土壤是否与文件记录一致，并采样进行检测，样品至少保留 1 个月；

　　c. 记录污染土壤来源、种类、数量、入场日期和填埋位置等基本信息。

7.4　污染土壤运输过程应采取防尘措施，运输车辆离开填埋场前应冲洗轮胎和底盘，防止带泥上路。

7.5　不同种类的污染土壤进行分区填埋，填埋操作应包括卸车、分层、摊铺、压实等工序，完成填埋操作的单元区域应及时覆盖。

7.6　在短期内不进行填埋作业或遇大风、降水等不利天气时，应对污染土壤采用适当的材料进行覆盖。

7.7　应控制填埋堆体的坡度，保持堆体的稳定性。

8　填埋场封场

8.1　填埋作业完成后，应及时进行封场。封场覆盖系统的结构示意图如附图 3 所示，从下至上应依次由下列材料构成：

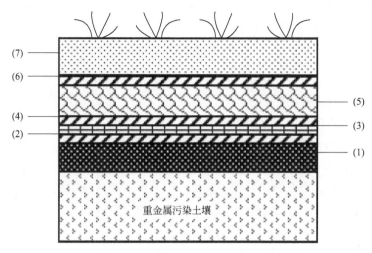

附图3　覆盖系统结构示意图

1）最小厚度为 0.5m 的压实黏土层；

2）无纺布保护层；

3）1.5mm 高密度聚乙烯衬层系统；

4）无纺布保护层；

5）0.3m 砾石排水层；

6）无纺布保护层；

7）最小厚度为 0.5m 的表土和植被层。

8.1　封场顶面坡度不应小于 5%；当边坡坡度大于 10% 时，宜采用多级台阶进行封场，台阶的坡度不宜超过 33%（1∶3）。

8.2　填埋场封场后，应设立永久性警示标志。警示的内容应包括填埋场启用、封场日期、污染土壤的种类、主要污染物等。

8.3　填埋场封场后，应维护覆盖层的完整性和有效性，并维持渗滤液收集系统和地表径流收集系统的正常运转。

8.4　封场覆盖系统应与生态恢复相结合。覆盖层植被选择应考虑防止植物根系对覆盖系统造成损害。

9　环境监测

9.1　地下水监测井的布置要求如下：

　　a. 填埋场地下水上游至少设置一个监测井；

　　b. 填埋场地下水下游至少设置两个监测井；

　　c. 地下水监测井应按照 DB11/T 656 的要求建设。

9.2　运行期应定期监测填埋场渗滤液，监测频次按照 HJ/T 91 执行，监测项目根据填埋土壤所含的污染物确定。

9.3　运行期应定期监测填埋场地表水和地下水水质，地表水样品为填埋场周边 500m 范围内地表水体的代表性样品。检测频次为每季度至少一次，监测项目至少包括填埋污染土壤所含的污染物。

9.4 封场后应每年监测一次，连续监测五年。

10 记录与报告

10.1 在填埋场选址、设计、施工、运行、封场等各阶段均应有完整的记录，并按照国家有关档案管理的规定存档管理。

10.2 填埋选址报告应至少包括以下内容：

    a. 从技术、经济和环境等角度对预选场址的比选分析；

    b. 预选场址的水文地质勘查结论。

10.3 填埋场竣工后，应及时编制竣工报告。报告内容除应说明场地施工条件、施工过程及其质量保证等是否符合设计要求外，还应包含以下内容：

    a. 与填埋区域施工相关的水文地质资料；

    b. 防渗系统的施工和测试；

    c. 渗滤液收集系统、地表水、地下水监测设施的建设；

    d. 其他配套工程或设施的施工建设。

10.4 填埋场作业期间，每月应编写填埋场作业报告，内容包括土壤入场时间、来源、数量和特征、覆盖材料、每日填埋量等。

10.5 每季度应编制填埋场运行报告。运行报告应包括以下内容：

    a. 本季度填埋场渗滤液、地下水和地表水的监测结果，并评估是否需要修订监测方案；

    b. 本季度填埋场的工作区域、使用面积、配套设施的使用情况，并预计下一阶段的使用情况；

    c. 每日污染土壤填埋量和本季度的填埋总量。

10.6 填埋场封场后，应编制封场报告。封场报告应包括封场程序、封场设计与施工、封场后的维护和监测要点。